建筑工程项目管理
（第3版）

主　编　陈　俊　张国强　吴海燕

副主编　刘志红　贺　嘉　郑世美

参　编　李邦曜　马卫明　王　婧

北京理工大学出版社
BEIJING INSTITUTE OF TECHNOLOGY PRESS

内容提要

本书按照高等院校人才培养目标以及专业教学改革的需要，依据最新标准规范进行编写。全书共十二章，主要内容包括项目与项目管理、建筑工程项目管理组织、建筑工程项目人力资源管理、建筑工程项目成本管理、建筑工程项目进度管理、建筑工程项目质量管理、建筑工程项目职业健康安全与环境管理、建筑工程项目合同管理、建筑工程项目资源管理、建筑工程项目信息管理、建筑工程项目风险管理、建筑工程项目收尾管理等。

本书可作为高等院校土木工程类相关专业的教材，也可作为函授和自考辅导用书，还可供工程项目施工现场相关技术和管理人员工作时参考使用。

图书在版编目（CIP）数据

建筑工程项目管理 / 陈俊，张国强，吴海燕主编.—3版.—北京：北京理工大学出版社，2019.9

ISBN 978-7-5682-6105-0

Ⅰ.①建…　Ⅱ.①陈…　②张…　③吴…　Ⅲ.①建筑工程－工程项目管理－高等学校－教材　Ⅳ.①TU71

中国版本图书馆CIP数据核字（2018）第189308号

出版发行 /	北京理工大学出版社有限责任公司	
社　　址 /	北京市海淀区中关村南大街5号	
邮　　编 /	100081	
电　　话 /	（010）68914775（总编室）	
	（010）82562903（教材售后服务热线）	
	（010）68948351（其他图书服务热线）	
网　　址 /	http://www.bitpress.com.cn	
经　　销 /	全国各地新华书店	
印　　刷 /	北京紫瑞利印刷有限公司	
开　　本 /	787毫米×1092毫米　1/16	
印　　张 /	16.5	责任编辑 / 陈莉华
字　　数 /	391千字	文案编辑 / 陈莉华
版　　次 /	2019年9月第3版　2019年9月第1次印刷	责任校对 / 周瑞红
定　　价 /	58.00元	责任印制 / 边心超

第3版前言

建筑工程项目管理是针对建筑工程而言在一定约束条件下，以建筑工程项目为对象，以最优实现建筑工程项目目标为目的，以建筑工程项目奖励负责制为基础，以建筑工程承包合同为纽带，是对建筑工程项目进行高效率的计划、组织、协调、控制和监督的系统管理活动。

"建筑工程项目管理"是高等院校土木工程类相关专业的基础性课程，是讲述如何对建筑工程项目施工全过程实施科学有效的管理，研究建筑工程项目管理的一般方法和规律的一门综合性学科。其主要培养目标是使学生掌握工程项目管理的理论和方法，掌握工程项目管理工作所需要的科学知识和技术手段，具备从事建设工程项目管理的初步能力。通过本课程的学习，学生能够按《建设工程项目管理规范》（GB/T 50326—2017）的要求实施建筑工程项目管理，会运用工程项目全面管理的基本方法，初步具备工程项目成本、质量、安全、进度、资源和合同管理的能力；会编制一般的横道图计划和网络计划，能根据发包单位的不同要求和条件编制相应的投标文件，具有评判投标文件优劣的能力；能够整理竣工验收文件及工程备案资料，能够签订工程保修合同。

本教材自第1、2版出版发行以来，经相关高等院校教学使用后，深受广大师生的欢迎和认可，对此，编者深感荣幸。本教材在内容的选择上力求将现代工程项目管理的基本思想和我国工程领域长期以来形成的建筑施工组织模式结合起来，使之更具有针对性，更加适应工程实际，从而帮助学生掌握建筑工程项目管理的理论知识，具备从事建筑工程项目管理的专业能力。本次修订对各章"知识目标""能力目标""本章小结"以及"思考与练习"均重新进行了编写，以强化教材的实用性、操作性，进一步提升学生在工作环境中的动手实践能力。

本教材由陈俊、张国强、吴海燕担任主编，刘志红、贺嘉、郑世美担任副主编，李邦曜、马卫明、王婧参与编写。具体编写分工为：陈俊编写第一章、第三章、第十一章，张国强编写第二章、第四章，吴海燕编写第五章，刘志红编写第六章，贺嘉编写第八章，郑世美编写第七章，李邦曜编写第十章，马卫明编写第九章，王婧编写第十二章。本次修订过程中参考了国内同行的多部著作，并得到部分高校老师的帮助，在此表示衷心的感谢。

限于编者水平和实践经验的不足，修订后的教材仍难免有不妥之处，敬请广大读者批评指正。

编　者

建筑工程项目管理是项目管理者对项目进行管理的行为，是将知识、技能、工具与技术应用到项目各项活动中，以实现或超过项目利益相关方的要求和希望；是以具体的建设项目或施工项目为对象、目标、内容，不断优化目标全过程的一次性综合管理与控制。建筑工程项目管理的内涵是自项目开始至项目完成，通过项目策划、项目控制，使质量目标、进度目标、费用目标和安全目标得以实现。鉴于建筑项目的一次性，为了节约投资，达到节能减排和建设预期目标的实现，建造符合需求的建筑产品，作为工程项目管理人员，必须清醒地认识到工程项目管理在工程建设过程中的重要性。

"建筑工程项目管理"课程是讲述如何对建筑工程项目施工全过程实施科学有效的管理，研究建筑工程项目管理的一般方法和规律的一门综合性学科。其基本任务是帮助学生系统地了解、熟悉和掌握建筑工程项目管理的基本内容、基本程序和基本方法，掌握建筑工程项目从招标投标到竣工保修阶段全过程的管理实施方案。通过本课程的学习，学生能够按《建设工程项目管理规范》的要求实施建筑工程项目管理，会运用工程项目全面管理的基本方法，初步具备工程项目成本、质量、安全、进度、资源和合同管理的能力；会编制一般的横道图计划和网络计划，能根据发包单位的不同要求和条件编制相应的投标文件，具有评判投标文件优劣的能力；能够整理竣工验收文件及工程备案资料，能够签订工程保修合同。

《建筑工程项目管理》一书自出版发行以来，经有关院校教学使用，深受广大师生的喜爱，编者备感荣幸。教材对广大学生如何从理论上掌握建筑工程项目管理的基础理论，从实践上掌握建筑工程项目管理的基本程序与方法提供了力所能及的帮助。根据各院校使用者的建议，结合近年来高等教育教学改革的动态，我们对本书的相关内容进行了修订。

本次修订以强化教材的实用性和可操作性，坚持以理论知识够用为度，以培养面向生产第一线的应用型人才为目的，进一步提升学生的实践能力和动手能力，从而使修订后的教材能更好地满足高等院校教学工作的需要。本次修订时还对各章的"能力目标""知识目标"及"本章小结"重新进行了编写，明确了学习目标，便于教学重点的掌握。

本书由陈俊、张国强、谢志秦担任主编，刘志红、王英丽、孙炜担任副主编，付晓红、余秀娣参与了部分章节的编写工作；具体编写分工如下：陈俊编写第一章、第四章、第十章，张国强编写第二章、第三章、第五章，谢志秦编写第六章、第八章、第十三章，刘志红编写第七章、第九章，王英丽编写第十一章，孙炜编写第十二章，付晓红、余秀娣共同编写第十四章。

本书在修订过程中，参阅了国内同行多部著作，部分高等院校教师提出了很多宝贵意见供我们参考，在此表示衷心的感谢！对于参与本书第1版编写但不再参加本次修订的教师、专家和学者，本书所有编写人员向你们表示敬意，感谢你们对高等教育改革所做出的不懈努力，希望你们对本书保持持续关注并多提宝贵意见。

限于编者的学识及专业水平和实践经验，修订后的教材仍难免有疏漏或不妥之处，敬请广大读者指正。

编　者

工程项目管理是一门系统理论学科，其研究的内容是工程项目在投资前期和投资建设期的规划、决策、计划、组织、指挥、控制及协调的理论、方法和手段。项目管理的目的是使建设项目在规定的投资预算范围内，以最短的工期，高质量地完成项目建设，使投资尽快发挥效益，收回投资并使投资增值。建筑工程项目管理是一个重要的工作岗位，在这个岗位上，建筑工程项目管理者为使建筑工程项目取得成功而进行计划、组织、指挥、协调和控制等工作。

"建筑工程项目管理"是高等院校土建类相关专业的基础性课程。本课程的主要培养目标是使学生掌握工程项目管理的理论和方法，掌握工程项目管理工作所需要的科学知识和技术手段，具备从事建设工程项目管理的初步能力。

本教材在编写过程中，在知识结构上基本延续了《建设工程项目管理规范》（GB/T 50326—2006）的结构知识体系，注重实用性和可操作性。在内容上，结合建筑工程的特点，系统阐述了建筑工程项目管理的知识体系，引入了项目管理领域的最新理论方法和项目管理工作实践经验，正确把握了施工项目管理岗位的前瞻性理论和先进性、专业性方法，既能满足在校学生学习项目管理知识的需要，又能满足工程项目管理人员继续教育的需要。

本教材共分14章，从建筑工程项目管理组织、招标与投标、合同管理、采购管理、进度管理、质量管理、成本管理、安全生产管理、资源管理、信息管理、风险管理、沟通管理及收尾管理等方面由浅入深地讲解了工程项目管理的基础知识及管理要点，结合实际列举了相关实例，并引用了相关法律规范作为依据，具有实用、全面、系统，知识性、可操作强等特点。

为方便教学，本教材在各章前设置了【学习重点】和【培养目标】，【学习重点】以章节提要的形式概括了本章的重点内容，【培养目标】则对需要学生了解和掌握的知识要点进行了提示，对学生学习和老师教学进行引导；在各章后面设置了【本章小结】和【思考与练习】，【本章小结】以学习重点为框架，对各章知识做了归纳，【思考与练习】以简答题和综合题的形式，从更深的层次给学生提供思考和复习的切入点，从而构建了一个"引导—学习—总结—练习"的教学全过程。

本教材的编写人员，一是来自具有丰富教学经验的教师，因此教材内容更加贴近教学实际需要，方便"老师的教"和"学生的学"，增强了教材的实用性；二是来自工程项目管理领域的工程师或专家学者，在编写内容上更加贴近工程项目管理的需要，保证了学生所学到的知识就是进行工程项目管理所需要的知识，真正做到"学以致用"。

本教材以现行最新工程项目管理的标准规范及相关法律法规为依据进行编写，且编入了工程项目管理领域的最新理论与发展趋势，不仅具有原理性、基础性，还具有现代性。另外，本教材的编写倡导先进性，注重可行性，注重淡化细节，强调对学生综合思维和能力的培养，编写时既考虑内容的相互关联性和体系的完整性，又不拘泥于此，对部分在理论研究上有较大意义，但在实践中实施尚有困难的内容就没有进行深入的讨论。

本教材既可作为高等院校土建类相关专业的教材，也可作为建造师、工程项目经理、工程技术人员和管理人员学习工程项目管理知识、进行工程项目管理工作的参考用书。本教材在编写过程中，参阅了国内同行多部著作，部分高等院校老师提出了很多宝贵意见供我们参考，在此对他们表示衷心的感谢！

本教材编写过程中，虽经推敲核证，但限于编者的专业水平和实践经验，仍难免有疏漏或不妥之处，恳请广大读者指正。

编　者

Contents 目 录

第一章　项目与项目管理

知识目标

1. 了解项目的概念和特征、工程项目的概念和特征、建筑工程项目的概念和特征、建筑工程项目管理的概念和特征。

2. 熟悉建筑工程项目管理的主要内容、建筑工程项目管理的参与方、建筑工程项目管理的目标和任务。

3. 了解建筑工程项目全寿命周期管理的概念；熟悉建筑工程项目全寿命周期管理的内容和基本特点；掌握建筑工程项目全寿命周期各阶段的工作程序和工作内容。

能力目标

1. 具备分析项目管理、建筑工程项目管理特征的能力。

2. 具备分析建筑工程项目全寿命周期各阶段的工作程序、工作内容的能力。

第一节　项目与工程项目

一、项目的概念和特征

(一)项目的概念

"项目"来源于人类有组织的活动，并越来越广泛地被人们利用。中国的长城、埃及的金字塔和古罗马的尼姆水道桥都是人类历史上运作大型复杂项目的范例。迄今为止，在国际上还未对项目形成统一、权威的定义。

美国项目管理协会(Project Management Institute，PMI)将项目定义为："项目是为完成某一独特的产品或服务所做的一次性努力。"

德国DIN(德国标准化协会)69901认为："项目是指在总体上具有预定目标、时间、财务、人力、专门组织以及其他限制条件的唯一性任务。"

国际标准《质量管理——项目管理质量指南》(ISO 10006)将项目定义为："由一组有起止时间的、相互协调的受控活动所组成的特定过程，该过程要达到符合规定要求的目标，包括时间、成本和资源的约束条件。"

许多管理专家从不同角度描述了项目的定义，其核心内容可以概括为："项目是指在一定的约束条件下(主要是限定时间、限定资源)，具有明确目标的一次性任务。"如建造一栋大楼、一座饭店、一座桥梁，或完成某项科研课题、研制一项设备，都可以称为项目。

(二)项目的特征

1. 项目的单件性或一次性

项目的单件性或一次性是项目的最主要特征。所谓单件性或一次性，是指就任务本身和最终成果而言，没有与这项任务完全相同的另一项任务。例如，建设一项工程或开发一种新产品，不同于其他工业产品的批量性，也不同于其他生产过程的重复性。项目的单件性和管理过程的一次性，给管理带来了较大的风险。只有充分认识项目的一次性，才能有针对性地根据项目的特殊情况和要求进行科学、有效的管理，以保证项目一次成功。

2. 项目具有生命周期

项目的单件性和项目过程的一次性决定了每个项目都具有生命周期。任何项目都有其产生时间、发展时间和结束时间，在不同的阶段中都有特定的任务、程序和工作内容。掌握和了解项目的生命周期，就可以有效地对项目实施科学的管理和控制。成功的项目管理是对项目全过程的管理和控制，是对整个项目生命周期的管理。同时，整个项目生命周期又明显划分为若干特定阶段，每一个阶段都有一定的时间要求，都有它特定的目标，都是下一个阶段成长的前提，都对整个生命周期有决定性的影响。

3. 项目具有明确的目标

目标是项目立项的依据，也是构成项目的基本条件。共同的目标是把各种资源(人、财、物、各种活动)组合成一个整体，这就是项目。项目实施的目的在于得到特定的结果，即项目是面向目标的。目标贯穿于项目，一系列的项目计划和实施活动都是围绕目标进行的。目标由于需求而产生，可以将项目的目标依照工作范围、进度计划和成本来定义(或分解)，使之明确。项目目标一般包括以下三点：

(1)完成项目对象的要求，包括满足预定产品的性能、使用功能、范围、质量、数量、技术指标等，这是对预定的可交付成果的质和量的规定。

(2)完成项目任务的时间要求，如开始时间、持续时间等。

(3)完成这个任务所要求的预订费用等。

4. 项目具有一定的约束性

项目都有一定的限制、约束条件，包括时间的限制、费用的限制、质量和功能的要求以及地区、资源和环境的约束等。因此，如何协调和处理这些约束条件，是项目管理的重要内容。工程建设项目和其他项目不同，还必须有明确的空间要求。

二、工程项目的概念和特征

(一)工程项目的概念

工程项目在建设领域中是数量最大的一类。工程项目一般是指为某种特定的目的而进行投资建设并含有一定建筑或建筑安装工程的建设项目。工程项目属于投资项目中最重要的一类，是一种投资行为与建设行为相结合的投资项目。

建设过程实质上是投资的决策和实施过程，是投资项目的实现过程，是把投入的资金转换为实物资产的经济活动过程。

(二)工程项目的特征

1. 具有明确的建设目标

任何工程项目都具有明确的建设目标，包括宏观目标和微观目标。政府主管部门在审核项目时，主要审核项目的宏观经济效果、社会效果和环境效果；企业则多重视项目的营利能力等微观财务目标。

2. 受条件约束性

工程项目的实施要受到多方面的限制：环境条件的限制，如自然条件的限制，包括气候、水文和地质条件、地理位置、地形和现场空间的制约；社会条件的限制和法律的制约；资金限制，任何工程项目都不可能没有财力上的限制；人力资源和其他资源的限制，如劳动力、材料和设备的供应条件和供应能力的限制、技术条件的限制、信息资源的限制等。

3. 具有一次性和不可逆性

一次性和不可逆性主要表现为工程项目建设地点固定，项目建成后不可移动，以及设计的单一性、施工的单件性。工程项目与一般的商品生产不同，不是批量生产。工程项目一旦建成，要改变非常困难。

4. 管理的复杂性

工程项目在实施过程的不同阶段存在许多结合部，这些是工程项目管理的薄弱环节，使得参与工程项目建设的各有关单位之间的沟通、协调困难重重，这也正是工程实施过程中容易出现事故和质量问题的地方。

5. 影响的长期性

工程项目一般建设周期长，投资回收期长，工程项目的使用寿命长，工程质量好坏影响面大，作用时间长。

6. 投资的风险性

由于工程项目投资巨大和项目建设的一次性，建设过程中涉及面广，各种不确定因素多，因此，工程项目投资的风险很大。

三、建筑工程项目的概念和特征

(一)建筑工程项目的概念

建设工程项目是指为完成依法立项的新建、改建、扩建的各类工程(土木工程、建筑工程及安装工程等)而进行的有起止日期的、达到规定要求的一组相互关联的受控活动组成的特定过程，包括策划、勘察、设计、采购、施工、试运行、竣工验收和移交等。

建设工程项目是工程项目中最重要的一类，一个建设工程项目就是一个固定资产投资项目。建设工程项目是指按照一定的投资，经过决策和实施的一系列程序，在一定的约束条件下以形成固定资产为明确目标的一次性事业。

建筑工程项目是建设工程的主要组成内容，也称为建筑产品。建筑产品的最终形式为建筑物和构筑物。

(二)建筑工程项目的特征

1. 施工管理方面的特征

(1)广交性。在整个建筑产品的施工过程中参与的单位和部门繁多，作为一个项目管理者，要与上至国家机关各部门的领导，下到施工现场的操作工人打交道，需要协调各方面和各层次之间的关系。

（2）多变性。由于建筑产品建造时间长、建造地质和地域差异、环境变化、政策变化、价格变化等因素使得整个过程充满了变数和不确定因素。

2. 产品施工方面的特征

（1）复杂性。建筑产品的多样性，决定了建筑产品的施工应该根据不同的地质条件、结构形式、地域环境、劳动对象、劳动工具和不同的劳动者去组织实施。因此，整个建造过程相当复杂，随着工程进展还需要不断地调整。

（2）连续性。一般建筑物可分成基础工程、主体工程和装饰工程三部分。一个功能完善的建筑产品则需要完成所有的工作步骤才能够使用。另外，某些情况下由于工艺上的要求不能够间断施工，使得工作具有一定的连续性，如混凝土的浇筑。

（3）流动性。建筑产品的固定性造成了施工生产的流动性。因为建筑的房屋是不动的，故所需要的劳动力、材料、设备等资源均需要从不同的地点流动到建设地，这也给建筑工人的生活、生产带来很多不便和困难。

（4）季节性。建筑产品的庞大性，使得整个建筑产品的建造过程受到风吹、雨淋、日晒等自然条件的影响，因此，建筑工程施工有冬期施工、夏期施工和雨期施工等季节性施工。

第二节　建筑工程项目管理

一、建筑工程项目管理的概念和特征

(一)建筑工程项目管理的概念

建筑工程项目管理是针对建筑工程而言，是在一定约束条件下，以建筑工程项目为对象，以最优实现建筑工程项目目标为目的，以建筑工程项目经理负责制为基础，以建筑工程承包合同为纽带，对建筑工程项目进行高效率的计划、组织、协调、控制和监督的系统的管理活动。

(二)建筑工程项目管理的特征

1. 建筑工程项目管理是一种约束性强的控制管理

建筑工程项目管理的一次性特征，以及明确的目标(成本低、进度快、质量好)、限定的时间和资源消耗、既定的功能要求和质量标准，决定了约束条件的约束强度比其他管理要高。因此，建筑工程项目管理是强制约束管理。这些约束条件是项目管理的条件，也是不可逾越的限制条件。项目管理的重要特点在于项目管理者如何在一定时间内，在不超过这些条件的前提下，充分利用这些条件，去完成既定任务，达到预期目标。

2. 建筑工程项目管理是一种一次性管理

建筑工程项目的单件性特征，决定了建筑工程项目管理的一次性特点。由于在建筑工程项目管理过程中，一旦出现失误则很难纠正，损失严重。所以，对建筑工程项目建设中的每个环节都应进行严密管理，认真选择项目经理、配备项目人员和设置项目机构。

3. 建筑工程项目管理是一种全过程的综合性管理

建筑工程项目生命周期的各阶段既有明显的界限，又相互有机衔接，不可间断，这就决定了建筑工程项目管理是对项目生命周期全过程的管理。如对项目可行性研究、勘察设计、招标投标、施工等各阶段全过程的管理，它们的每个阶段，又包含有进度、质量、成本、安全的管理。因此，建筑工程项目管理是全过程的综合性管理。

二、建筑工程项目管理的主要内容

1. 合同管理

建设工程项目
管理规范

建筑工程合同是指业主和参与项目实施各主体之间明确责任、权利和义务关系的具有法律效力的协议文件，也是运用市场经济体制、组织项目实施的基本手段。从某种意义上讲，项目的实施过程就是建筑工程合同订立和履行的过程。一切合同所赋予的责任、权利履行到位之日，也就是建筑工程项目实施完成之时。

建筑工程合同管理主要是指对各类合同的依法订立过程和履行过程的管理，包括合同文本的选择，合同条件的协商、谈判，合同书的签署；合同履行、检查、变更和违约、纠纷的处理；索赔事宜的处理工作；总结评价等。

2. 组织协调管理

组织协调是工程项目管理的职能之一，是实现项目目标必不可少的方法和手段。在项目实施过程中，项目的参与单位需要处理和调整众多复杂的业务组织关系，其主要内容包括：

（1）外部环境协调。外部环境协调包括与政府管理部门之间的协调，如规划、城建、市政、消防、人防、环保、城管部门的协调；资源供应方面的协调，如供水、供电、供热、通信、运输和排水等方面的协调；生产要素方面的协调，如图纸、材料、设备、劳动力和资金方面的协调；社区环境方面的协调等。

（2）项目参与单位之间的协调。项目参与单位之间的协调主要包括业主、监理单位、设计单位、施工单位、供货单位、加工单位等。

（3）项目参与单位内部的协调。项目参与单位内部的协调是指项目参与单位内部各部门、各层次之间及个人之间的协调。

3. 进度控制

进度控制包括方案的科学决策、计划的优化编制和实施有效控制三个方面的任务。方案的科学决策是实现进度控制的先决条件，包括方案的可行性论证、综合评估和优化决策。计划的优化编制包括科学确定项目的工序及其衔接关系、持续时间，优化编制网络计划和实施措施，这些是实现进度控制的重要基础。实施有效控制是实现所承担的进度控制目标的关键。

4. 投资控制

投资控制包括编制投资计划、审核投资支出、分析投资变化情况、研究投资减少途径和采取投资控制措施五项任务。前两项是对投资的静态控制，后三项是对投资的动态控制。

5. 质量控制

质量控制包括制定各项工作的质量要求及质量事故预防措施、各个方面的质量监督与验收制度，以及各个阶段的质量事故处理和控制措施三个方面的任务。制定的质量要求要具有科学性，质量事故预防措施要具备有效性。质量监督和验收包含对设计质量、施工质量及材料设备质量的监督和验收，要严格检查并加强分析。质量事故处理与控制对每一个阶段均要严格管理和控制，采取细致而有效的质量事故预防和处理措施，以确保质量目标的实现。

6. 信息管理

信息管理工作的好坏将直接影响项目管理的成败。在我国工程建设的长期实践中，由于缺乏信息、难以及时取得信息、所获取的信息不准确或信息的综合程度不满足项目管理的要求、信息存储分散等原因，造成项目决策、控制、执行和检查困难，以致影响项目总目标实现。因此，对于信息管理工作应加强和重视。

信息管理是工程项目管理的基础工作，是实现项目目标控制的保证。只有不断提高信息管理水平，才能更好地承担起项目管理的任务。

7. 风险管理

风险管理是一个确定和度量项目风险，并制定、选择和管理风险处理方案的过程。其目的是通过风险分析减少项目决策的不确定性，以便使决策更加科学；在项目实施阶段，保证目标控制的顺利进行，可以更好地实现项目质量、进度和投资目标。

8. 环境保护

项目管理者必须充分研究并掌握国家和地区的有关环保法律和规定。对于环保方面有要求的建设工程项目，在项目可行性研究和决策阶段，必须提出环境影响报告及其对策措施，并评估其措施的可行性和有效性，严格按建设程序向环保管理部门报批。在项目实施阶段，做到主体工程与环保措施工程同步设计、同步施工、同步投入运行。在工程建设中强化环保意识，切实有效地把环境保护和克服损害自然环境、破坏生态平衡、污染空气和水质、扰动周围建筑物和地下管网等现象的发生，作为项目管理的重要任务之一。在工程施工承发包中，必须把依法做好环保工作列为重要的合同条件加以落实，并在施工方案的审查和施工过程中，始终把落实环保措施、克服建设公害作为重要的内容予以密切注视。

三、建筑工程项目管理的参与方

建筑工程项目的实施和管理贯穿于从项目策划到投入使用的全过程，这个过程的实施需要多方单位的参与，如建筑项目投资方(项目法人或项目业主)、勘察设计方、施工单位、材料供货方、监理方、项目的总承包方等，他们在此期间所起的作用各不相同。从管理的角度来看，它们各有各自的管理职责和范围。

(1)业主方。业主方又称项目法人或建设单位，是指建筑工程项目最终成果的接受者和经营者。

(2)工程咨询服务机构。工程咨询服务机构包括工程咨询单位、造价咨询单位、招标代理单位、工程建设监理单位等。

(3)勘察设计方。勘察设计方包括工程勘察单位、工程规划单位、工程设计单位等。

(4)施工方。施工方包括施工总承包单位、施工分包单位等。

(5)供货方。供货方包括材料、设备的生产厂家和供应单位等。

(6)项目总承包方。项目总承包方受业主委托,按合同约定对建筑工程项目的设计、采购、施工、试运行等实行全过程承包。

除此之外,在建筑工程项目实施过程中还会涉及许多其他相关部门和单位,这些均可称为项目相关方,如金融机构、政府及社会有关管理部门。

以上各方形成了建筑工程项目的不同管理主体。

项目的建设往往由许多参与单位(包括业主方)承担着不同的建设任务和管理任务,而由于各参与方的工作性质、工作任务和利益不同,因此,就形成了不同类型的项目管理。按建筑工程项目不同、参与方的工作性质和组织特征划分项目管理的类型,主要有业主方项目管理、设计方项目管理、施工方项目管理、供货方项目管理、监理方项目管理等。

四、建筑工程项目管理的目标和任务

(一)建设单位项目管理的目标和任务

建设单位即业主为建设工程项目的主体,客体是指从建筑工程项目提出设想到项目竣工交付使用全过程所涉及的全部工作。其根本目的是实现投资者的投资目标和期望;努力使工程项目投资控制在预定或可接受的范围之内;保证工程项目建成后在项目功能与质量等指标上达到设计标准。在项目实施阶段,业主的主要工作是按合同规定为项目顺利实施提供必要的条件,并在实施过程中督促、检查并协调有关各方的工作,定期对项目的进展情况进行研究分析,最终实现合同约定的目标和国家强制性规范目标。

在项目具体实施过程中应注意以下几点:

(1)组建一个相对独立、专职、责权分明的基建班子,本着对法定代表人、领导负责的态度工作,以利于在施工管理过程中准确、快速地处理日常事务。

(2)选择一个好的施工队伍和一位优秀的项目经理。在建筑工程项目实施过程中,工程整体进展和质量以及全体人员的协作等各方面的好坏,关键在于项目经理的整体素质和这支施工队伍的团队精神。

(3)《建设工程质量管理条例》明确要求总承包单位对工程项目的质量向业主负全面责任,项目经理对所承担的单项工程、分部工程、分项工程负有直接责任。要给予总承包单位一定的权利,充分相信项目经理在质量方面的管理能力。

(4)建设单位充足的资金与成熟的设计方案(包括装饰)是决定施工进度快慢的主要因素。提倡多优惠少垫资,好钢用到刀刃上。纵观施工的全过程,主体工程施工速度很快(机械化程度高),装饰工程速度非常慢,因为装饰本身是细活,而业主往往"见异思迁",导致装饰方案多次修改,这样往往容易造成某些部位多次修改返工。

(5)抓住材料管理就是抓住项目成本管理的命脉,这样可以控制项目投资。甲方在材料方面(主要是装饰材料)可以适当地干预,货比三家,但不要偏激。不要将施工企业正常的管理费用、利润等当成节约投资的重点。

(6)安全文明施工应放到一定的地位来认识,要充分了解国家《中华人民共和国国家安全法》的规定,按照政府对现场噪声、扬尘等文明施工方面的要求去做。安全文明施工做得好,可以对质量、进度起到促进作用,对提高整个项目的管理水平有着相当好的推进作用。

(7)建设单位不要代替其他单位行使职责,应充分发挥各单位的作用,在管理中起到

"领头羊"的作用，讲究"度"，"外圆内方"不失为一种好的管理心态，形成良性循环的施工态势，营造一个良好的工作氛围。

(二)设计方项目管理的目标和任务

设计方作为项目建设的一个参与方，其项目管理主要服务于项目的整体利益和设计方本身的利益。由于项目的投资目标能否得以实现与设计工作密切相关，因此，设计方项目管理的目标包括设计的成本目标、设计的进度目标和设计的质量目标，以及项目的投资目标。

设计方的项目管理工作主要在设计阶段进行，但也涉及设计前的准备阶段、施工阶段、动用前准备阶段和保修期。设计方项目管理的任务包括：

(1)与设计工作有关的安全管理。

(2)设计成本控制和与设计工作有关的工作造价控制。

(3)设计进度控制。

(4)设计质量控制。

(5)设计合同管理。

(6)设计信息管理。

(7)与设计工作有关的组织和协调。

(三)供货方项目管理的目标和任务

供货方作为项目建设的一个参与方，其项目管理主要服务于项目的整体利益和供货方本身的利益，其项目管理的目标包括供货方的成本目标、供货的进度目标和供货的质量目标。

供货方的项目管理主要在施工阶段进行，但也涉及设计准备阶段、设计阶段、动用前准备阶段和保修期。供货方项目管理的主要任务包括：

(1)供货的安全管理。

(2)供货方的成本控制。

(3)供货的进度控制。

(4)供货的质量控制。

(5)供货的合同管理。

(6)供货的信息管理。

(7)与供货有关的组织与协调。

(四)项目总承包方项目管理的目标和任务

1. 项目总承包方项目管理的目标

由于项目总承包方(或称建筑项目工程总承包方，或简称工程总承包方)是受业主方的委托而承担工程建设任务，故项目总承包方必须树立服务观念，为项目建设服务，为业主提供建设服务。另外，合同也规定了项目总承包方的任务和义务，因此，项目总承包方作为项目建设的一个重要参与方，其项目管理主要服务于项目的整体利益和项目总承包方本身的利益，其项目管理的目标应符合合同的要求，包括：

(1)工程建设的安全管理目标。

(2)项目的总投资目标和项目总承包方的成本目标(前者是业主方的总投资目标，后者是项目总承包方本身的成本目标)。

(3)项目总承包方的进度目标。

(4)项目总承包方的质量目标。

项目总承包方项目管理工作涉及项目实施阶段的全过程,即设计前的准备阶段、设计阶段、施工阶段、动用前准备阶段和保修期。

2. 项目总承包方项目管理的任务

项目总承包方项目管理的主要任务包括:

(1)安全管理。

(2)项目的总投资控制和项目总承包方的成本控制。

(3)进度控制。

(4)质量控制。

(5)合同管理。

(6)信息管理。

(7)与项目总承包方有关的组织和协调等。

(五)施工方项目管理的目标和任务

1. 施工方项目管理的目标

由于施工方是受业主方的委托承担工程建设任务,施工方必须树立服务观念,为项目建设服务,为业主提供建设服务;另外,合同也规定了施工方的任务和义务,因此,施工方作为项目建设的一个重要参与方,其项目管理不仅应服务于施工方本身的利益,也必须服务于项目的整体利益。项目的整体利益和施工方本身的利益是对立统一关系,两者有其统一的一面,也有其矛盾的一面。

施工方项目管理的目标应符合合同的要求,它包括以下几项:

(1)施工的安全管理目标。

(2)施工的成本目标。

(3)施工的进度目标。

(4)施工的质量目标。

如果采用工程施工总承包或工程施工总承包管理模式,施工总承包方或施工总承包管理方必须按工程合同规定的工期目标和质量目标完成建设任务。而施工总承包方或施工总承包管理方的成本目标是由施工企业根据其生产和经营的情况自行确定的。分包方则必须按工程分包合同规定的工期目标和质量目标完成建设任务,分包方的成本目标是该施工企业内部自行确定的。

按国际工程的惯例,当采用指定分包商时,不论指定分包商与施工总承包方,或与施工总承包管理方,或与业主方签订合同,由于指定分包商合同在签约前必须得到施工总承包方或施工总承包管理方的认可,因此,施工总承包方或施工总承包管理方应对合同规定的工期目标和质量目标负责。

2. 施工方项目管理的任务

施工方项目管理的任务包括:

(1)施工安全管理。

(2)施工成本控制。

(3)施工进度控制。

(4)施工质量控制。

(5)施工合同管理。

(6)施工信息管理。

(7)与施工有关的组织与协调等。

施工方的项目管理工作主要在施工阶段进行，但由于设计阶段和施工阶段在时间上往往是交叉的，因此，施工方的项目管理工作也会涉及设计阶段。在动用前准备阶段和保修期施工合同尚未终止期间，还有可能出现涉及工程安全、费用、质量、合同和信息等方面的问题，因此，施工方的项目管理也涉及动用前准备阶段和保修期。

第三节　建筑工程项目全寿命周期管理

一、建筑工程项目全寿命周期管理的概念

建筑工程项目全寿命周期管理于 20 世纪 60 年代出现在美国军界，其主要用于军队航母、激光制导导弹、先进战斗机等高科技武器的管理上。从 20 世纪 70 年代开始，全寿命周期管理理念被各国广泛应用于交通运输系统、航天科技、国防建设、能源工程等领域。

全寿命周期管理，就是从长期效益出发，应用一系列先进的技术手段和管理方法，统筹规划、建设、生产、运行和退役等各环节。在确保规划合理、工程优质、生产安全、运行可靠的前提下，以建筑工程项目全寿命周期的整体最佳作为管理目标。

二、建筑工程项目全寿命周期各阶段的工作程序

(1)根据国民经济和社会发展长远规划，结合行业和地区发展规划的要求，编制项目建议书。

(2)在勘察、试验、调查研究及详细技术经济论证的基础上编制可行性研究报告。

(3)根据项目的咨询评估情况对建设项目进行决策。

(4)根据可行性研究报告编制设计文件。

(5)在初步设计批准后，做好施工前的各项准备工作。

(6)组织施工并根据工程进度做好生产准备。

(7)项目按批准的设计内容建成并经竣工验收合格后正式投产，交付生产使用。

(8)生产运营一段时间后(一般为两年)进行项目后评价。

建筑工程项目全寿命周期是指从建设项目构思开始到建设工程报废(或建设项目结束)的全过程。建筑工程项目全寿命周期包括项目的决策阶段、实施阶段和使用阶段(或称为运营阶段、运行阶段)。

项目的决策阶段包括编制项目建议书和可行性研究报告；项目的实施阶段包括设计前准备阶段、设计阶段、施工阶段、动用前准备阶段和保修阶段，如图 1-1 所示。

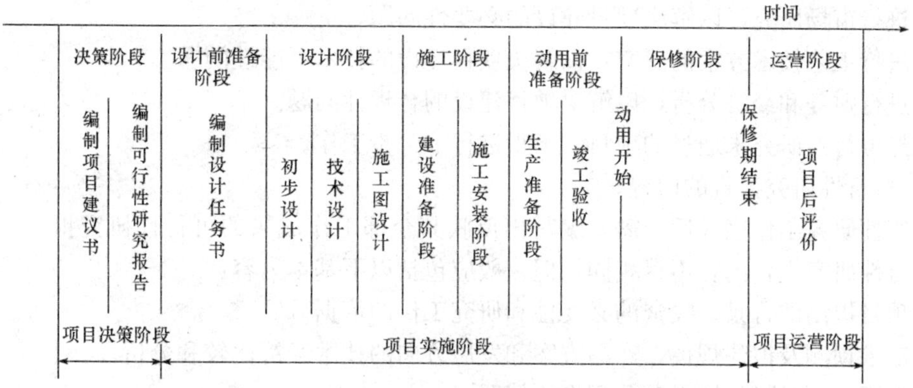

时间

决策阶段		设计前准备阶段	设计阶段			施工阶段		动用前准备阶段		保修阶段	运营阶段
编制项目建议书	编制可行性研究报告	编制设计任务书	初步设计	技术设计	施工图设计	建设准备阶段	施工安装阶段	生产准备阶段	动用开始 / 竣工验收	保修期结束	项目后评价

项目决策阶段 —— 项目实施阶段 —— 项目运营阶段

图1-1 建筑工程项目全寿命周期各阶段的工作程序

三、建筑工程项目全寿命周期各阶段的工作内容

1. 编制项目建议书阶段

项目建议书是业主单位向国家提出的要求建设某一项目的建议文件，是对工程项目建设的轮廓设想。项目建议书的主要作用是推荐一个拟建项目，论述其建设的必要性、建设条件的可行性和获利的可能性，供国家选择并确定是否进行下一步工作。

项目建议书的内容视项目的不同而有繁有简，但一般应包括以下几方面：

(1)项目提出的必要性和依据。

(2)产品方案、拟建规模和建设地点的初步设想。

(3)资源情况、建设条件、协作关系等的初步分析。

(4)投资估算和资金筹措设想。

(5)项目的进度安排。

(6)经济效益和社会效益的估计。

项目建议书按要求编制完成后，应根据建设规模和限额划分分别报送有关部门审批。按现行规定，大、中型及限额以上项目的项目建议书首先应报送行业归口主管部门，同时抄送国家发展和改革委员会(以下简称发改委)。行业归口主管部门根据国家中长期规划要求，着重从资金来源、建设布局、资源合理利用、经济合理性、技术政策等方面进行初审。行业归口主管部门初审通过后报国家发改委，由国家发改委从建设总规模、生产力总布局、资源优化配置及资金供应可能、外部协作条件等方面进行综合平衡，还要委托具有相应资质的工程咨询单位评估后审批。凡行业归口主管部门初审未通过的项目，国家发改委不予审批；凡属小型或限额以下项目的项目建议书，按项目隶属关系由部门或地方发改委审批。项目建议书经批准后，可以进行详细的可行性研究工作，但并不表示项目非上不可。项目建议书不是项目的最终决策。

2. 编制可行性研究报告阶段

项目建议书一经批准，即可着手开展项目可行性研究工作。可行性研究是对工程项目在技术上是否可行和经济上是否合理进行科学的分析和论证。

(1)可行性研究的工作内容。

1）进行市场研究，以解决项目建设的必要性问题。

2）进行工艺技术方案的研究，以解决项目建设的技术可能性问题。

3）进行财务和经济分析，以解决项目建设的合理性问题。

凡经可行性研究未通过的项目，不得进行下一步工作。

（2）可行性研究报告的内容。

可行性研究工作完成后，需要编写出反映其全部工作成果的可行性研究报告。各类项目的可行性研究报告内容不尽相同，但一般应包括以下基本内容：

1）项目提出的背景、投资的必要性和研究工作的依据。

2）需求预测及拟建规模，产品方案和发展方向的技术经济比较和分析。

3）资源、原材料、燃料及公用设施情况。

4）项目设计方案及协作配套工程。

5）建厂条件与厂址方案。

6）环境保护、防震、防洪等要求及其相应措施。

7）企业组织、劳动定员和人员培训。

8）建设工期和实施进度。

9）投资估算和资金筹措方式。

10）经济效益和社会效益。

（3）可行性研究报告的审批。按照国家现行规定，凡属中央政府投资、中央和地方政府合资的大、中型和限额以上项目的可行性研究报告，都要报送国家发改委审批。国家发改委在审批过程中要征求行业主管部门和国家专业投资公司的意见，同时要委托具有相应资质的工程咨询公司进行评估。总投资在2亿元以上的项目，无论是中央政府投资还是地方政府投资，都要经国家发改委审查后报国务院审批。中央各部门所属小型和限额以下项目的可行性研究报告，由各部门审批。总投资额在2亿元以下的地方政府投资项目，其可行性研究报告由地方发改委审批。

可行性研究报告经过正式批准后，将作为初步设计的依据，不得随意修改和变更。如果在建设规模、产品方案、建设地点、主要协作关系等方面有变动以及突破原定投资控制数时，应报请原审批单位同意，并正式办理变更手续。可行性研究报告经批准后，建设项目才算正式"立项"。

3. 设计阶段

设计是对拟建工程的实施在技术上和经济上所进行的全面而详尽的安排，是基本建设计划的具体化，同时也是组织施工的依据。工程项目的设计工作一般分为两个阶段，即初步设计阶段和施工图设计阶段。重大项目和技术复杂项目，可根据需要增加技术设计阶段。

（1）初步设计。初步设计是根据可行性研究报告的要求所做的具体实施方案，目的是阐明在指定的地点、时间和投资控制数额内，拟建项目在技术上的可能性和经济上的合理性，并通过对工程项目所做出的基本技术经济规定，编制项目总概算。

初步设计不得随意改变被批准的可行性研究报告所确定的建设规模、产品方案、工程标准、建设地址和总投资等控制目标。如果初步设计提出的总概算超过可行性研究报告总投资的10％以上或其他主要指标需要变更时，应说明原因和计算依据，并重新向原审批单位报批可行性研究报告。

（2）技术设计。应根据初步设计和更详细的调查研究资料，进一步解决初步设计中的重大技术问题，如工艺流程、建筑结构、设备选型及数量确定等，使工程建设项目的设计更具体、更完善，技术指标更好。

（3）施工图设计。根据初步设计或技术设计的要求，结合现场实际情况，完整地表现建筑物外形、内部空间分割、结构体系、构造状况以及建筑群的组成和周围环境的配合。它还包括各种运输、通信、管道系统、建筑设备的设计。在工艺方面，应具体确定各种设备的型号、规格及各种非标准设备的制造加工图。

4. 建设准备阶段

项目在开工建设之前要切实做好各项准备工作，其主要内容包括以下几项：

（1）征地、拆迁和场地平整。

（2）完成施工用水、电、路等工作。

（3）组织设备、材料订货。

（4）准备必要的施工图纸。

（5）组织施工招标，择优选定施工单位。

按规定进行了建设准备和具备了开工条件以后，便应组织开工。建设单位申请批准开工要经国家发改委统一审核后，编制年度大、中型和限额以上工程建设项目新开工计划报国务院批准。部门和地方政府无权自行审批大、中型和限额以上工程建设项目开工报告。年度大、中型和限额以上新开工项目经国务院批准，国家发改委下达项目计划。

一般项目在报批开工前，必须由审计机关对项目的有关内容进行审计证明。审计机关主要是对项目的资金来源是否正当及其落实情况，项目开工前的各项支出是否符合国家有关规定，资金是否存入规定的专业银行进行审计。新开工的项目还必须具备按施工顺序需要至少3个月以上的工程施工图纸，否则不能开工建设。

5. 施工安装阶段

施工安装活动应按照工程设计要求、施工合同条款及施工组织设计，在保证工程质量、工期、成本及安全、环保等目标的前提下进行，达到竣工验收标准后，由施工单位移交给建设单位。

6. 生产准备阶段

对于生产性工程建设项目而言，生产准备是项目投产前由建设单位进行的一项重要工作。它是衔接建设和生产的桥梁，是由项目建设转入生产经营的必要条件。建设单位应适时组成专门班子或机构做好生产准备工作，确保项目建成后能及时投产。

生产准备工作的内容根据项目或企业的不同，其要求也各不相同，但一般应包括以下主要内容：

（1）招收和培训生产人员。招收项目运营过程中所需要的人员，并采用多种方式进行培训。特别要组织生产人员参加设备的安装、调试和工程验收工作，使其能尽快掌握生产技术和工艺流程。

（2）组织准备。组织准备主要包括生产管理机构设置、管理制度和有关规定的制定、生产人员配备等。

（3）技术准备。技术准备主要包括国内装置设计资料的汇总，有关国外技术资料的翻译、编辑，各种生产方案、岗位操作法的编制以及新技术的准备等。

（4）物资准备。物资准备主要包括落实原材料、协作产品、燃料、水、电、气等的来源和其他需协作配合的条件，并组织工装、器具、备品、备件等的制造或订货工作。

7. 竣工验收阶段

当工程项目按设计文件的规定内容和施工图纸的要求全部建完后，便可组织验收。竣工验收是工程建设过程的最后一道工序，是投资成果转入生产或使用的标志，也是全面考核基本建设成果、检验设计和工程质量的重要步骤。竣工验收对促进建设项目及时投产，发挥投资效益及总结建设经验，都有重要作用。通过竣工验收，可以检查建设项目实际形成的生产能力或效益，也可避免项目建成后继续消耗建设费用。

（1）竣工验收的范围和标准。按照国家现行规定，所有基本建设项目和更新改造项目，按批准的设计文件所规定的内容建成，符合验收标准，即：工业项目经过投料试车（带负荷运转）合格、形成生产能力的，非工业项目符合设计要求、能够正常使用的，都应及时组织验收，办理固定资产移交手续。工程项目竣工验收、交付使用，应达到下列标准：

1）生产性项目和辅助公用设施已按设计要求建完，能满足生产要求。

2）主要工艺设备已安装配套，经联动负荷试车合格，形成生产能力，能够生产出设计文件规定的产品。

3）职工宿舍和其他必要的生产福利设施，能适应投产初期的需要。

4）生产准备工作能适应投产初期的需要。

5）环境保护设施、劳动安全卫生设施、消防设施已按设计要求与主体工程同时建成使用。

各类工程建设项目除了遵循这些共同标准外，还要结合专业特点确定其竣工应达到的具体条件。

对某些特殊情况，工程施工虽未全部按设计要求完成，也应进行验收。这些特殊情况主要包括：

1）因少数非主要设备或某些特殊材料短期内不能解决，虽然工程内容尚未全部完成，但已可以投产或使用。

2）按规定的内容已建完，但因外部条件的制约（如流动资金不足、生产所需原材料不能满足等），而使已建成工程不能投入使用。

3）有些工程项目或单位工程，已形成部分生产能力，但近期内不能按原设计规模续建，应从实际情况出发经主管部门批准后，可缩小规模对已完成的工程和设备组织竣工验收，移交固定资产。

按国家现行规定，已具备竣工验收条件的工程，3个月内不办理验收投产和移交固定资产手续的，取消企业和主管部门（或地方）的基建试车收入分成，由银行监督全部上缴财政。如3个月内办理竣工验收确有困难，经验收主管部门批准，可以适当推迟竣工验收时间。

（2）竣工验收的准备工作。建设单位应认真做好工程竣工验收的准备工作，主要包括：

1）整理技术资料。技术资料主要包括土建施工、设备安装方面及各种有关的文件、合同和试生产情况报告等。

2）绘制竣工图。工程建设项目竣工图是真实记录各种地下、地上建筑物等详细情况的技术文件，是对工程进行交工验收、维护、扩建、改建的依据，同时也是使用单位长期保存的技术资料。关于绘制竣工图的规定如下：

①凡按图施工没有变动的,由施工承包单位(包括总包单位和分包单位)在原施工图上加盖"竣工图"标志后即作为竣工图。

②凡在施工中,虽有一般性设计变更,但能将原施工图加以修改补充作为竣工图的,可不重新绘制,由施工承包单位负责在原施工图上注明修改部分,并附以设计变更通知单和施工说明,加盖"竣工图"标志后,即作为竣工图。

③凡结构形式改变、工艺改变、平面布置改变、项目改变以及有其他重大改变,不宜再在原施工图上修改补充者,应重新绘制改变后的竣工图。由于设计原因造成的,由设计单位负责重新绘图;由于施工原因造成的,由施工承包单位负责重新绘图;由于其他原因造成的,由业主自行绘图或委托设计单位绘图,施工承包单位负责在新图上加盖"竣工图"标志,并附以有关记录和说明,作为竣工图。

竣工图必须准确、完整,符合归档要求,方能交工验收。

3)编制竣工决算。建设单位必须及时清理所有财产、物资和未花完或应收回的资金,编制工程竣工决算,分析概(预)算执行情况,考核投资效益,报请主管部门审查。

(3)竣工验收的程序和组织。根据国家现行规定,规模较大、较复杂的工程建设项目应先进行初验,然后进行正式验收;规模较小、较简单的工程项目,可以一次进行全部项目的竣工验收。

工程项目全部建完,经过各单位工程的验收,符合设计要求,并具备竣工图、竣工决算、工程总结等必要文件资料后,由项目主管部门或建设单位向负责验收的单位提出竣工验收申请报告。

大、中型和限额以上项目由国家发改委或由国家发改委委托项目主管部门、地方政府组织验收。小型和限额以下项目,由项目主管部门或地方政府组织验收。竣工验收要根据工程规模及复杂程度组成验收委员会或验收组。验收委员会或验收组负责审查工程建设的各个环节,听取各有关单位的工作汇报,审阅工程档案,实地查验建筑安装工程实体,对工程设计、施工和设备质量等做出全面评价。不合格的工程不予验收。对遗留问题要提出具体解决意见,限期落实完成。

8. 后评价阶段

项目后评价是工程项目竣工投产、生产运营一段时间后,再对项目的立项决策、设计施工、竣工投产、生产运营等全过程进行系统评价的一种技术经济活动,是固定资产投资管理的一项重要内容,也是固定资产投资管理的最后一个环节。通过建设项目后评价,可以达到肯定成绩、总结经验、研究问题、吸取教训、提出建议、改进工作、不断提高项目决策水平和投资效果的目的。

项目后评价的内容包括立项决策评价、设计施工评价、生产运营评价和建设效益评价。在实际工作中,可以根据建设项目的特点和工作需要而有所侧重。

项目后评价的基本方法是对比法,就是将工程项目投产后所取得的实际效果、经济效益和社会效益、环境保护等情况与前期决策阶段的预测情况相对比,与项目建设前的预测情况相对比,从中发现问题,并总结经验和教训。在实际工作中,往往从以下三个方面对建设项目进行后评价。

(1)影响评价。影响评价是指通过项目竣工投产(营运、使用)后对社会的经济、政治、技术和环境等方面所产生的影响来评价项目决策的正确性。如果项目投产后达到了原来预期的效果，对国民经济发展、产业结构调整、生产力布局、人民生活水平的提高、环境保护等方面都带来有益的影响，说明项目决策是正确的；如果背离了既定的决策目标，就应具体问题具体分析，找出原因，改进工作。

(2)经济效益评价。经济效益评价是指通过项目竣工投产后所产生的实际经济效益与可行性研究时所预测的经济效益相比较，对项目进行评价。对生产性建设项目要运用投产运营后的实际资料计算财务内部收益率、财务净现值、财务净现值率、投资利润率、投资利税率、贷款偿还期、国民经济内部收益率、经济净现值、经济净现值率等一系列后评价指标，然后与可行性研究阶段所预测的相应指标进行对比，从经济上分析项目投产运营后是否达到了预期效果。没有达到预期效果的，应分析原因，采取措施，提高经济效益。

(3)过程评价。过程评价是指对工程项目的立项决策、设计施工、竣工投产、生产运营等全过程进行系统分析，找出项目后评价与原预期效益之间的差异及其产生的原因，使后评价结论有根有据，同时，针对问题提出解决办法。

以上三个方面的评价有着密切的联系，必须全面理解和运用，才能对后评价项目做出客观、公正、科学的结论。

四、建筑工程项目全寿命周期管理的内容和基本特点

1. 建筑工程项目全寿命周期管理的内容

建筑工程项目全寿命周期管理的内容包括对资产、时间、费用、质量、人力资源、沟通、风险、采购的集成管理。管理的周期由原来的以项目期为主转变为现在以运营期为主的全寿命模式，能更全面地考虑项目所面临的机遇和挑战，有利于提高项目价值。建筑工程项目全寿命周期管理具有宏观预测与全面控制两大特征，它考虑了从规划设计到报废的整个寿命周期，避免短期成本行为，并从制度上保证 LCC 方法的应用；打破了部门界限，将规划、基建、运行等不同阶段的成本统筹考虑，以企业总体效益为出发点寻求最佳方案；考虑所有会产生的费用，在合适的可用率和全部费用之间寻求平衡，找出 LCC 最佳的方案。

2. 建筑工程项目全寿命周期管理的基本特点

建筑工程项目全寿命周期管理具有与其他管理理念不同的特点：

(1)建筑工程项目全寿命周期管理是一个系统工程，需要系统、科学地管理，才能实现各阶段目标，确保最终目标(投资的经济、社会和环境效益最大化)的实现。

(2)建筑工程项目全寿命周期管理贯穿于建筑项目全过程，并在不同阶段有不同的特点和目标，各阶段的管理环环相连，如图 1-2 所示。

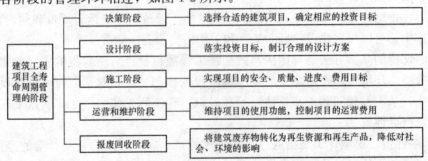

图 1-2　建筑工程全寿命周期管理的阶段

(3)建筑工程项目全寿命周期管理的持续性，即建筑项目全寿命周期管理既具有阶段性，又具有整体性，要求各阶段工作具有良好的持续性。

(4)建筑工程项目全寿命周期管理的参与主体多，各主体之间相互联系、相互制约。

(5)建筑工程项目全寿命周期管理的复杂性，它由建筑工程项目全寿命周期管理的系统性、阶段性、多主体性决定。

本章小结

项目管理是以项目为对象的系统管理方法，通过一个临时性的、专门的柔性组织，对项目进行高效率的计划、组织、指挥和控制，以实现项目全过程的动态管理和项目目标的综合协调与优化。它以项目经理为中心，有着特定的管理程序和步骤，采用现代管理方法和技术手段，运用动态控制实施。本章主要介绍了项目与工程项目的概念和特征，建筑工程项目管理的概念、特征和主要内容，建筑工程项目全寿命周期管理的概念和内容等。

思考与练习

一、填空题

1. _____一般是指为某种特定的目的而进行投资建设并含有一定建筑或建筑安装工程的建设项目。

2. 进度控制包括方案的_____、_____和_____三个方面的任务。

3. _____是业主单位向国家提出的要求建设某一项目的建议文件，是对工程项目建设的轮廓设想。

4. 工程项目的设计工作一般分为两个阶段，即_____和_____。

5. 全寿命周期管理的内容包括对资产、时间、费用、质量、人力资源、沟通、风险、采购的_____管理。

6. 项目后评价的内容包括_____、_____、_____和_____。

二、单项选择题

1. 项目是指(   )。

   A. 一系列必须在一个确定的日期完成的任务或功能

   B. 一组以协作方式管理、获得一个期望的结果的主意

   C. 创立独特的产品或服务所承担的临时努力

   D. 一定的约束条件下(主要是限定时间、限定资源)，具有明确目标的一次性任务

2. 根据项目的定义，可以总结出的项目特征不包括(   )。

   A. 项目经理起着重要作用

   B. 项目具有生命周期

   C. 有明确的目标

   D. 项目具有一定的约束性

3. 组织协调管理的主要内容不包括(　　)。

    A. 内部环境协调　　　　　　　　B. 外部环境协调

    C. 项目参与单位之间的协调　　　D. 项目参与单位内部的协调

4. (　　)是建设项目最终成果的接受者和经营者。

    A. 勘察设计方　　　　　　　　　B. 施工方

    C. 业主方　　　　　　　　　　　D. 供货方

5. 建筑工程项目全寿命周期是指从(　　)开始到建设工程报废(或建设项目结束)的全过程。

    A. 可行性研究阶段　　　　　　　B. 建设项目立项

    C. 建设项目开始施工　　　　　　D. 建设项目构思

三、简答题

1. 建筑工程项目管理具有哪些特征?

2. 简述建设单位项目管理的目标和任务。

3. 什么是全寿命周期管理?

4. 简述建筑工程项目全寿命周期各阶段的工作程序。

5. 在实际工作中，往往从哪几个方面对建筑工程项目进行后评价?

第二章 建筑工程项目管理组织

第一节 建筑工程项目管理组织结构

一、建筑工程项目组织概述

1. 建筑工程项目组织的基本原理

建筑工程项目组织的基本原理源于组织论，组织论是一门学科。它主要研究系统的组织结构模式、组织分工和工作流程组织(图 2-1)，它是与项目管理学相关的一门非常重要的基础理论学科。

组织结构模式反映了一个组织系统中各子系统之间或各元素(各工作部门或各管理人员)之间的指令关系。指令关系指的是哪一个工作部门或哪一位管理人员可以对哪一个工作部门或哪一位管理人员下达工作指令。

组织分工反映了一个组织系统中各子系统或各元素的工作任务分工和管理职能分工。组织结构模式和组织分工都是一种相对静态的组织关系。

工作流程组织则可反映一个组织系统中各项工作之间的逻辑关系，是一种动态关系。对建筑工程项目而言，其是项目实施任务的工作流程组织，例如，设计的工作流程组织可以是方案设计、初步设计、技术设计、使用图设计，也可以是方案设计、初步设计(扩大初

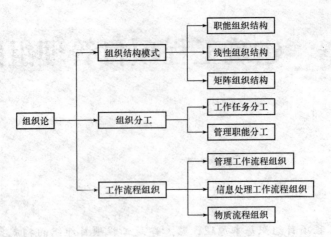

图 2-1　组织论的基本内容

步设计)、施工图设计；施工作业也有多个可能的工作流程。

在考虑一个建筑工程项目的组织问题，或进行项目管理的组织设计时，应充分考虑以下特征：

(1)建筑项目都是一次性的，没有两个完全相同的项目。

(2)建筑项目全寿命周期一般由决策阶段、实施阶段和运营阶段组成，各阶段的工作任务和工作目标不同，其参与或涉及的单位也不相同，它的全寿命周期持续时间长。

(3)一个建筑项目的任务往往由多个，甚至很多个单位共同完成，它们的合作多数不是固定的合作关系，并且一些参与单位的利益不尽相同，甚至相对立。

2. 建筑工程项目组织的构成要素

建筑工程项目组织由管理层次、管理跨度、管理部门和管理职能四大因素构成，形成相互关联、相互制约的关系。

(1)管理层次。管理层次是指从组织的高层管理者到基层的实际工作人员的等级层次的数量，如图 2-2 所示。

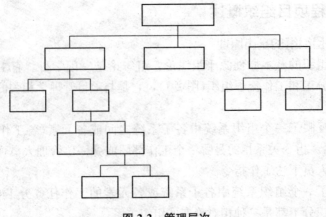

图 2-2　管理层次

(2)管理跨度。管理跨度是指某一组织单元直接管理下一层次的组织单元的数量。在组织中，某级管理人员管理跨度的大小直接取决于该组织管理人员所需要协调的工作量。如果跨度大，处理各方关系时的数量也随之增大，如图 2-3 所示。

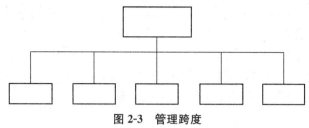

图 2-3　管理跨度

（3）管理部门。管理部门按照类别对通过专业化细分的工作进行分解，以便将共同的工作进行协调，即为部门化。组织中的各部门的合理划分对发挥组织效能非常重要。如果划分得不合理，会造成控制和协调的困难，浪费人力、物力和财力。

（4）管理职能。管理职能是指组织机构设计确定的各部门的职能，在纵向，要将指令进行传递，信息反馈要及时；在横向，要将各部门的关系进行协调，使各部门之间相互联系、协调一致。其主要包括组织设计、组织联系、组织运行、组织行为和组织调整五个方面。

二、建筑工程项目组织的结构形式

建筑工程项目组织的结构形式是指在建筑工程项目管理组织中处理管理层次、管理跨度、部门设置和上下级关系的组织结构的类型。建筑施工单位在实施工程项目的管理过程中，常用的组织结构形式有以下几种。

1. 直线式组织结构

在直线式组织结构中，项目管理组织中各种职能均按直线排列，项目经理直接进行单线垂直领导，任何一个下级只能接受唯一上级的指令，如图 2-4 所示。

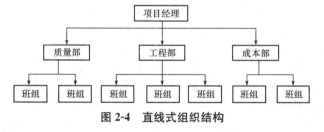

图 2-4　直线式组织结构

优点：组织结构简单，隶属关系明确，权力集中，命令统一，职责分明，决策迅速。

缺点：项目经理的综合素质要求较高，因此比较适合于中小型项目。

2. 职能式组织结构

在职能式组织结构中，项目管理组织中设置若干职能部门，并且各个职能部门在其职能范围内有权直接指挥下级，如图 2-5 所示。

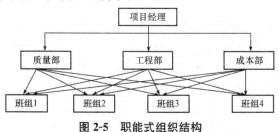

图 2-5　职能式组织结构

优点：充分发挥了职能机构的专业管理作用，项目的运转启动时间短。

缺点：容易产生矛盾的指令，沟通、协调缓慢，因此，一般适用于小型或单一的、专业性较强、不需要涉及许多部门的项目，在项目管理中应用较少。

3. 直线职能式组织结构

在直线职能式组织结构中，项目管理组织呈直线状，并且设有职能部门或职能人员，如图2-6所示。图中的实线为领导关系，虚线为指导关系。

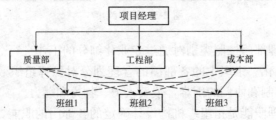

图 2-6　直线职能式组织结构

优点：既保持了直线式组织结构的统一指挥、职责明确等优点，又体现了职能式组织结构的目标管理专业化等优点。

缺点：职能部门可能与指挥部门产生矛盾，信息传递线路较长，因此，主要适用于中小型项目。

4. 矩阵式组织结构

矩阵式组织结构是一种较新的组织结构形式，项目管理组织由公司职能、项目两个维度组成，并呈矩阵状。其中的项目管理人员由企业相关职能部门派出并进行业务指导，接受项目经理直接领导，如图2-7所示。

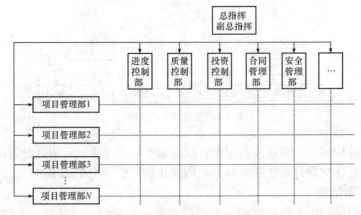

图 2-7　矩阵式组织结构

优点：加强了各职能部门的横向联系，体现了职能原则与对象原则的有机结合；组织具有弹性，应变能力强，能有效地利用人力资源，有利于人才的全面培养。

缺点：员工要同时面对两个上级，纵向、横向的协调工作量大，可能产生矛盾指令，经常出现项目经理的责任与权力不统一的现象，对于管理人员的素质要求较高，协调较困难。因此，主要适用于大型复杂项目或多个同时进行的项目。

5. 事业部式组织结构

在事业部式组织结构中，企业成立事业部，事业部对企业内来说是职能部门，对企业外来说享有相对独立的经营权，可以是一个独立单位，具有相对独立的经营权，有相对独立的利益和相对独立的市场，这三者构成事业部的基本要素，如图 2-8 所示。

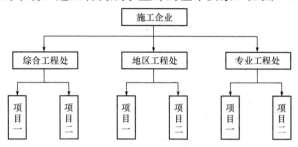

图 2-8　事业部式组织结构

优点：适用于大型经营性企业的工程承包，特别适用于远离公司本部的工程承包；有利于延伸企业的经营职能，扩大企业的经营业务，便于开拓企业的业务领域，有利于迅速适应环境变化以加强项目管理。

缺点：企业对项目经理部的约束力减弱，协调指导的机会减少，故有时会造成企业机构松散。因此，它主要适用于在一个地区有长期的市场或拥有多种专业施工能力的大型施工企业。

第二节　建筑工程项目策划

一、建筑工程项目策划概述

建筑工程项目策划是指通过调查研究和收集资料，在充分占有信息的基础上，针对建筑工程项目的决策和实施，或决策和实施中的某个问题，进行组织、管理、经济和技术等方面的科学分析和论证，为建筑工程项目的决策和实施增值。其增值主要反映在以下几个方面：

(1)有利于人类生活和工作的环境保护。

(2)有利于建筑环境的改善。

(3)有利于项目的使用功能和建设质量的提高。

(4)有利于合理地平衡建筑工程项目建设成本和运营成本的关系。

(5)有利于提高社会效益和经济效益。

(6)有利于实现合理的建设周期。

(7)有利于建设过程的组织和协调等。

工程项目策划的过程是专家知识的组织和集成，以及信息的组织和集成的过程，其实质是知识管理的过程，即通过知识的获取，经过知识的编写、组合和整理，而形成新的知识。

工程项目策划是一个开放性的工作过程，它需要整合多方面专家的知识，如：

(1)组织知识。

(2)管理知识。

(3)经济知识。

(4)技术知识。

(5)设计经验。

(6)施工经验。

(7)项目管理经验。

(8)项目策划经验。

二、项目决策阶段策划的工作内容

建筑工程项目决策阶段策划的主要任务是定义(指的是严格地确定)项目开发或建设的任务和意义。建筑工程项目决策阶段策划的基本内容如下所述。

1. 项目环境和条件的调查与分析

环境和条件包括自然环境、宏观经济环境、政策环境、市场环境、建设环境(能源、基础设施等)等。

2. 项目定义和项目目标论证

项目定义和项目目标论证主要工作内容包括：

(1)确定项目建设的目的、宗旨和指导思想。

(2)项目的规模、组成、功能和标准的定义。

(3)项目总投资的规划和论证。

(4)建设周期的规划和论证。

3. 组织策划

组织策划主要工作内容包括：

(1)决策期的组织结构。

(2)决策期的任务分工。

(3)决策期的管理职能分工。

(4)决策期的工作流程。

(5)实施期组织总体方案。

(6)项目编码体系分析。

4. 管理策划

管理策划主要工作内容包括：

(1)项目实施期管理总体方案。

(2)生产运营期设施管理总体方案。

(3)生产运营期经营管理总体方案。

5. 合同策划

合同策划主要工作内容包括：

(1)决策期的合同结构。

（2）决策期的合同内容和文本。

（3）实施期合同结构总体方案。

6．经济策划

经济策划主要工作内容包括：

（1）项目建设成本分析。

（2）项目效益分析。

（3）融资方案。

（4）编制资金需求量计划。

7．技术策划

技术策划主要工作内容包括：

（1）技术方案分析和论证。

（2）关键技术分析和论证。

（3）技术标准、规范的应用和制定。

三、项目实施阶段策划的工作内容

建筑工程项目实施阶段策划是在建筑工程项目立项之后，为了把项目决策付诸实施而形成的指导性的项目实施方案。建筑工程项目实施阶段策划的内容涉及的范围和深度，在理论上和工程实践中并没有统一的规定，应视项目的特点而定。

建筑工程项目实施阶段策划的主要任务是确定如何组织该项目的开发或建设。建筑工程项目实施阶段策划的基本内容如下所述。

1．项目实施的环境和条件的调查与分析

环境和条件包括自然环境、建设政策环境、建筑市场环境、建设环境（能源、基础设施等）、建筑环境（民用建筑的风格和主色调等）等。

2．项目目标的分析和再论证

项目目标的分析和再论证主要工作内容包括：

（1）投资目标的分解和论证。

（2）编制项目投资总体规划。

（3）进度目标的分解和论证。

（4）编制项目建设总进度规划。

（5）项目功能分解。

（6）建筑面积分配。

（7）确定项目质量目标。

3．项目实施的组织策划

项目实施的组织策划主要工作内容包括：

（1）业主方项目管理的组织结构。

（2）任务分工和管理职能分工。

（3）项目管理工作流程。

（4）建立编码体系。

4. 项目实施的管理策划

项目实施的管理策划主要工作内容包括：

(1)项目实施各阶段项目管理的工作内容。

(2)项目风险管理与工程保险方案。

5. 项目实施的合同策划

项目实施的合同策划主要工作内容包括：

(1)方案设计竞赛的组织。

(2)项目管理委托、设计、施工、物资采购的合同结构方案。

(3)合同文本。

6. 项目实施的经济策划

项目实施的经济策划主要工作内容包括：

(1)资金需求量计划。

(2)融资方案的深化分析。

7. 项目实施的技术策划

项目实施的技术策划主要工作内容包括：

(1)技术方案的深化分析和论证。

(2)关键技术的深化分析和论证。

(3)技术标准和规范的应用和制定等。

除上述内容外还包括项目实施的风险策划等内容。

本章小结

　　组织结构是建筑工程项目管理的焦点，项目组织一直是各国项目管理专家普遍重视的问题。组织管理是建筑工程项目管理的任务之一，在整个项目管理班子中，由哪个组织确定项目的目标任务，怎样确定各项任务的分工，如何确保组织的正常运行，这些都涉及项目的组织问题，只有在理顺组织的前提下，才可能有序地进行项目管理。本章主要介绍了建筑工程项目管理的项目结构和建筑工程项目策划；通过对本章的学习，形成一定的组织协调能力。

思考与练习

一、填空题

　　1. 组织结构模式反映了一个组织系统中各子系统之间或各元素(各工作部门或各管理人员)之间的_____关系。

　　2. 组织分工反映了一个组织系统中各子系统或各元素的_____和_____。

　　3. 建筑工程项目组织由_____、_____、_____和_____四大因素构成。

4. 建筑工程项目实施阶段策划的主要任务是确定如何组织该项目的_____。

5. _____是指建筑项目业主将全部施工任务委托给一家或多家施工单位。

二、单项选择题

1. 每个部门只有唯一的上级部门，指令来源是唯一的，这种组织结构是(　　)式组织结构。

  A. 线性   B. 职能   C. 矩阵   D. 事业部

2. 构成具有相对独立的经营权，有相对独立的利益和相对独立的市场，这三者构成事业部的基本要素不包括(　　)。

  A. 有相对独立的经营权   B. 有相对独立的利益

  C. 有相对独立的市场   D. 有相对独立的销售人员

3. 矩阵式组织结构较适用于(　　)。

  A. 地区分散的组织系统   B. 地区集中的组织系统

  C. 小的组织系统   D. 大型复杂项目

4. 项目决策阶段组织策划工作内容包括(　　)。

  A. 决策期管理职能分工   B. 决策期工作流程

  C. 建设周期规划和论证   D. 项目编码体系分析

三、简答题

1. 考虑一个建筑工程项目的组织问题，或进行项目管理的组织设计时，应充分考虑哪些特征？

2. 建筑工程项目实施阶段策划的基本内容包括哪些？

3. 业主自行项目管理的特点有哪几个方面？

4. 实行委托项目管理的业主主要是哪两个方面的？

5. 业主方和工程咨询单位(项目管理公司)共同进行项目管理有哪几种组织形式？

第三章　建筑工程项目人力资源管理

知识目标

1. 了解人力资源和人力资源管理的概念；熟悉施工企业人力资源管理的任务。
2. 了解项目经理的概念、项目经理所需的素质；熟悉项目经理的基本工作和地位，项目经理的职责、权限与利益，项目经理责任制。
3. 熟悉建造师与项目经理的区别和联系。

能力目标

1. 能够正确地设立人力资源部和项目经理部。
2. 能够充分发挥项目经理在项目经理部的作用并熟练掌握其工作内容。

第一节　人力资源和人力资源管理

一、人力资源和人力资源管理的概念

1. 人力资源的概念

人力资源是指在一个国家或地区中，处于劳动年龄、未到劳动年龄和超过劳动年龄但具有劳动能力的人口之和，或者表述为，在一定时期内组织中的人所拥有的能够被企业所用，且对价值创造起贡献作用的教育、能力、技能、经验、体力等的总称。通常来说，人力资源的数量可以定义为具有劳动能力的人口数量，其质量是指经济活动人口具有的体质、文化知识和劳动技能水平。一定数量的人力资源是社会生产的必要的先决条件。

人力资源包括体力和脑力，如果从现实的应用形态来看，则包括体质、智力、知识和技能四个方面。具有劳动能力的人，不是泛指一切具有一定的脑力和体力的人，而是指能独立参加社会劳动、推动整个经济和社会发展的人。所以，人力资源既包括劳动年龄内具有劳动能力的人口，也包括劳动年龄外参加社会劳动的人口。

2. 人力资源管理的概念

人力资源管理是指从一个组织的目标出发，为提高其成员的积极性、主动性、创造性和工作绩效，对人力资源的获得、开发、保持、使用、理解、协调、评价等一切对组织的成员构成影响的管理思想、理论、决策、方法和实践活动的总称。

项目人力资源管理主要包括两个层次的目标：一是广义的目标，是通过人力资源的潜质的最大化，提高个人工作绩效和组织绩效，以最高的效率达到组织的目标；二是狭义的目标，是通过组织的人力资源政策，有效地管理组织成员。

二、建筑工程项目人力资源管理

工程项目的建设表现为在一定的资源约束下，项目组织、管理、经济、技术等多个方面活动的高度复杂的融合和概括。投资建筑工程项目中的所有参与方以经济合同关系为基础成为直接利益相关方。项目管理不仅需要协调管理各利益相关方组织之间的关系，也要协调管理组织中的分工与协作。

三、施工企业人力资源管理的任务

1. 资源管理、项目资源管理、人力资源管理和项目人力资源管理的内涵

(1)资源管理。资源管理包括人力资源管理、材料管理、机械设备管理、技术管理和资金管理。

(2)项目资源管理。项目资源管理的全过程包括项目资源计划、配置、控制和处置。

(3)在一般的意义上，人力资源管理的工作步骤包括：

1)编制人力资源规划；

2)通过招聘增补员工；

3)通过解聘减少员工；

4)进行人员甄选，经过以上四个步骤，可以确定和选聘到有能力的员工；

5)员工的定向；

6)员工的培训；

7)形成能适应组织、不断更新技能与知识的能干的员工；

8)员工的绩效考评；

9)员工的业务提高和发展。

(4)项目人力资源管理。项目人力资源管理包括有效地使用涉及项目的人员所需要的过程。项目人力资源管理的目的是调动所有项目参与人的积极性，在项目承担组织的内部和外部建立有效的工作机制，以实现项目目标。

2. 项目人力资源管理计划、项目人力资源管理控制和项目人力资源管理考核的内涵

项目人力资源管理的全过程包括项目人力资源管理计划、项目人力资源管理控制和项目人力资源管理考核。

(1)项目人力资源管理计划应包括：

1)人力资源需求计划；

2)人力资源配置计划；

3)人力资源培训计划。

(2)项目人力资源管理控制应包括：

1)人力资源的选择；

2) 订立劳务分包合同；

3) 教育培训和考核。

(3) 项目人力资源管理考核。项目人力资源管理考核应以有关管理目标或约定为依据，对人力资源管理方法、组织规划、制度建设、团队建设、使用效率和成本管理等进行分析和考核。

3. 施工企业劳动用工和工资支付管理

施工企业必须根据《中华人民共和国劳动法》（以下简称《劳动法》）及有关规定，规范企业劳动用工及工资支付行为，保障劳动者的合法权益，维护建筑市场的正常秩序和稳定。

(1) 施工企业劳动用工的种类。目前，我国施工企业劳动用工大致分为三种情况。

1) 企业自有职工。通常是长期合同工或无固定期限的合同工。企业对这部分员工的管理纳入正式的企业人力资源管理范畴，管理较为规范。

2) 劳务分包企业用工。劳务分包企业以独立企业法人形式出现，由其直接招收、管理进城务工人员，为施工总承包和专业承包企业提供劳务分包服务，或承建制提供给施工总承包和专业承包企业使用。

3) 施工企业直接雇佣的短期用工。他们往往由包工头带到工地劳动，也有一定数量的零散工。

上述第 2)、3) 种情况的用工对象主要是进城务工人员，是目前施工企业劳务用工的主力军。对这部分用工的管理存在问题较多，是各级政府主管部门明令必须加强管理的重点对象。

(2) 劳动用工管理。近年来，各级政府主管部门陆续制定了许多有关建设工程劳动用工管理的规定，其主要内容如下。

1) 建筑施工企业（包括施工总承包企业、专业承包企业和劳务分包企业，下同）应当按照相关规定办理用工手续，不得使用零散工，不得允许未与企业签订劳动合同的劳动者在施工现场从事施工活动。

2) 建筑施工企业与劳动者建立劳动关系，应当自用工之日起按照劳动合同法规的规定订立书面劳动合同。劳动合同中必须明确规定劳动合同期限，工作内容，工资支付的标准、项目、周期和日期，劳动纪律，劳动保护和劳动条件以及违约责任。劳动合同应一式三份，双方当事人各持一份，劳动者所在工地保留一份备查。

3) 施工总承包企业和专业承包企业应当加强对劳务分包企业与劳动者签订劳动合同的监督，不得允许劳务分包企业使用未签订劳动合同的劳动者。

4) 建筑施工企业应当将每个工程项目中的施工管理、作业人员劳务档案中有关情况在当地建筑业企业信息管理系统中按规定如实填报。人员发生变更的，应当在变更后 7 个工作日内，在建筑业企业信息管理系统中作相应变更。

(3) 工资支付管理。为了防止拖欠、克扣进城务工人员工资，各级政府主管部门又制定了针对建筑施工企业劳务用工的工资支付管理规定，其主要内容如下。

1) 建筑施工企业应当按照当地的规定，根据劳动合同约定的工资标准、支付周期和日期，支付劳动者工资，不得以工程款被拖欠、结算纠纷、垫资施工等理由克扣劳动者工资。

2) 建筑施工企业应当每月对劳动者应得的工资进行核算，并由劳动者本人签字。

3) 建筑施工企业应当至少每月向劳动者支付一次工资，且支付部分不得低于当地最低工资标准，每季度末应结清劳动者剩余应得的工资。

4)建筑施工企业应当将工资直接发给劳动者本人，不得将工资发放给包工头或者不具备用工主体资格的其他组织或个人。

5)建筑施工企业应当对劳动者出勤情况进行记录，作为发放工资的依据，并按照工资支付周期编制工资支付表，不得伪造、变造、隐匿、销毁出勤记录和工资支付表。

6)建筑施工企业因暂时生产经营困难无法按劳动合同约定的日期支付工资的，应当向劳动者说明情况，并经与工会或职工代表协商一致后，可以延期支付工资，但最长不得超过30日。超过30日不支付劳动者工资的，属于无故拖欠工资行为。

7)建筑施工企业与劳动者终止或者依法解除劳动合同，应当在办理终止或解除合同手续的同时一次性付清劳动者工资。

第二节 项目经理

一、项目经理的概念

施工企业通过投标获得工程项目后，就要围绕该项目设立项目经理部，并通过一定的组织程序聘任或任命项目经理。项目经理上对企业和企业法定代表人负责，下对工程项目的各项活动和全体职员负责。项目经理既是实施项目管理活动的核心，担负着对施工项目各项资源(如机械设备、材料、资金、技术、人力资源等)的优化配置及保障施工项目各项目标(如工期、质量、安全、成本等)顺利实现的重任，又是企业各项经济技术指标的直接实施者，在现代建筑企业管理中具有举足轻重的地位。从一定意义上讲，项目经理素质的高低，在一定程度上决定着整个企业的经营管理水平和企业整体素质。

项目经理是指企业法定代表人在建设工程项目上的授权委托代理人。项目经理受企业法定代表人委托和授权，在建设工程项目施工中担任项目经理岗位职务，其既是直接负责工程项目施工的组织实施者，也是对建设工程项目实施全过程、全面负责的项目管理者。项目经理是建设工程施工项目的责任主体。

二、项目经理所需的素质

项目经理必须具备符合从事该工程项目管理的资质条件，包括其学历、经历、知识结构、组织能力、实践经验、工作业绩、思想作风、职业道德和身体状况等，具体来说分为以下几个方面。

1. 政治素质

(1)具有高度的政治思想觉悟，能正确处理各方利益关系。

(2)遵守国家的法律、法规，服从企业的领导和监督。

(3)有强烈的事业心和责任感，敢于承担风险，实事求是，开拓进取。

(4)具有良好的道德品质和团队意识，诚实守信，公道正直，以身作则。

(5)密切联系群众，发扬民主作风，大公无私、作风正派，克己奉公、不谋私利。

2. 能力素质

(1)领导能力。

1)营造共同目标指导和民主式的领导方式；

2)制定目标、规则、结果评价办法，让队员在自己的职责范围内自主决策；

3)营造相互信任、乐观、主动、充满乐趣的环境；

4)多表扬、赞赏、奖励，少批评，多倾听；

5)身体力行，言行一致；

6)懂得激励成员，设计出具有支持和鼓励的工作环境。

(2)人员开发能力。

1)重视队员的训练和培养，营造学习环境；

2)向队员阐述自我发展的重要意义；

3)鼓励队员创新、承担风险。

(3)沟通能力。

1)增进理解、聚焦共同目标、增强凝聚力、提高工作效率、减少浪费；

2)具有主持会议的技巧。

(4)人际交往能力。

1)树立平等意识，了解队员的个人兴趣，关心队员的生活及遇到的困难；

2)慎重处理队员的矛盾。

(5)处理压力的能力。

1)敢于承担责任，保护队员；

2)激励队员克服困难。

(6)解决问题的能力。

1)尽早发现问题；

2)对影响项目目标的重大问题，集体讨论，果断决策；

3)洞察全局的能力，考虑问题对其他部分的影响。

(7)应变能力。

1)创建完整的文件记录和批准审核工作程序；

2)专人负责评估变化的影响；

3)充分讨论、沟通，使各方了解实情，减少变化。

3. 知识素质

(1)项目经理应当接受过良好的教育，具有相应的学历水平及相应的职业和岗位资格证书，并在工作中注意更新知识、不断提高。

(2)掌握建筑施工技术知识、经营管理知识，掌握施工项目管理的基本规律和基本知识。

(3)懂得基本经济理论，了解国家的方针、政策，特别是有关经济方面的法令、法规和法律知识。

(4)受过有关项目经理岗位的专门培训，取得相关资质证书。

4. 身体素质

(1)项目经理必须具有健康的身体、充沛的精力且思维敏捷、记忆力良好。

(2)项目经理要有坚强的毅力和意志、健康的情感和良好的个性。

5. 实践经验

(1)项目经理必须具有相应的施工项目管理经验以及必要的业绩。

(2)项目经理要有一定的施工实践经历和处理实际问题的能力。

三、项目经理的基本工作和地位

(一)项目经理的基本工作

1. 规划施工项目管理目标

(1)施工项目经理应当对质量、工期、成本、安全等目标做出规划。

(2)应当组织项目经理班子成员对目标系统做出详细规划，绘制目标系统展开图，进行目标管理。规划做得如何，从根本上决定了项目管理的效能。

2. 选用人才

一个优秀的项目经理，必须下一番功夫去选择好的项目经理班子成员及主要的业务人员。项目经理在选人时，首先要掌握"用最少的人干最多的事"的最基本效率原则，要选得其才，用得其能，置得其所。

3. 制定规章制度

项目经理要负责制定合理而有效的项目管理规章制度，从而保证规划目标的实现。规章制度必须符合现代管理的基本原理，特别是"系统原理"和"封闭原理"。规章制度必须面向全体职工，使他们乐意接受，以有利于推进规划目标的实现。

项目经理除上述所说的基本工作外，还有日常工作，主要包括以下内容：

(1)决策。项目经理对重大决策必须按照完整的科学方法进行。项目经理不需要包揽一切决策，只有以下两种情况要做出及时明确的决断：一是出现了例外性事件，例如，特别的合同变更，对某种特殊材料的购买，领导重要指示的执行决策等；二是下级请示的重大问题，即涉及项目目标的全局性问题，项目经理要明确及时做出决断。项目经理可不直接回答下属问题，只直接回答下属建议。决策要及时、明确，不要模棱两可。

(2)联系群众。项目经理必须密切联系群众，经常深入实际，这样才能发现问题，便于开展领导工作。要帮助群众解决问题，把关键工作做在最恰当的时候。

(3)实施合同。对合同中确定的各项目标的实现进行有效的协调与控制，协调各种关系，组织全体职工实现工期、质量、成本、安全、文明的施工目标，提高经济利益。

(4)学习。项目管理涉及现代生产、科学技术、经营管理，它往往集中了这三者的最新成就。故项目经理必须事先学习，在工作中学习。事实上，群众的水平是在不断提高的。项目经理如果不学习提高，就不能很好地领导水平提高了的下属，也不能很好地解决出现的新问题。项目经理必须不断抛弃陈旧的知识，学习新知识、新思想和新方法，要跟上改革的形势，推进管理改革，使各项管理能力与国际惯例接轨。

(二)项目经理的地位

1. 项目经理是施工工程中责、权、利的主体

(1)项目经理是项目中人、财、物、技术、信息和管理等所有生产要素的组织管理人。与技术、财务等专业的负责人不同，项目经理必须把组织管理职责放在首位。项目经理首

先必须是项目实施阶段的责任主体，是实现项目目标的最高责任者，而且目标的实现还应该不超出限定的资源条件。其责任是实现项目经理责任制的核心，它构成了项目经理工作的压力，是确定项目经理权力和利益的依据。对项目经理的上级管理部门来说，最重要的工作之一就是把项目经理的这种压力转化为动力。

(2)项目经理必须是项目的权力主体。权力是确保项目经理能够承担起责任的条件与手段，所以权力的范围必须视项目经理责任的要求而定。如果没有相应的权力，项目经理就无法对工作负责。项目经理还必须是项目的利益主体。利益是项目经理工作的动力，是因项目经理负有相应的责任而得到的报酬，所以，利益的形式及利益的多少也应该视项目经理的责任而定。项目经理必须处理好与项目经理部、企业和职工之间的利益关系。

2. 项目经理是各种信息的集散中心

自上、自下、自外而来的信息通过各种渠道汇集到项目经理，项目经理又通过报告和计划等形式对上反馈信息，对下发布信息。通过信息的集散达到控制的目的，使项目管理取得成功。

3. 项目经理是协调各方面关系的桥梁与纽带

项目经理对项目承担合同责任，履行合同义务，执行合同条款，处理合同纠纷，是协调各方面关系的桥梁与纽带。

4. 项目经理是项目实施阶段的第一责任人

从企业内部看，项目经理是施工项目实施过程中所有工作的总负责人，是项目动态管理的体现者，是项目生产要素合理投入和优化组合的组织者。从对外方面看，企业法定代表人不直接对每个建设单位负责，而是由项目经理在授权范围内对建设单位直接负责。由此可见，施工项目经理是项目目标的全面实现者，既要对建设单位的成果性目标负责，又要对企业的效益性目标负责。

四、项目经理的职责、权限与利益

1. 职责

(1)按《项目管理目标责任书》处理项目经理部与国家、企业、分包单位以及职工之间的利益分配。

(2)代表企业实施施工项目管理，贯彻执行国家法律、法规、方针、政策和强制性标准，执行企业的管理制度，维护企业的合法权益。

(3)建立质量管理体系和安全管理体系并组织实施。

(4)组织编制项目管理实施规划。

(5)履行《项目管理目标责任书》规定的任务。

(6)在授权范围内负责与企业管理层、劳务作业层、各协作单位、发包人、分包人和监理工程师等的协调，解决项目中出现的问题。

(7)对进入现场的生产要素进行优化配置和动态管理。

(8)进行现场文明施工管理，发现和处理突发事件。

(9)参与工程竣工验收，准备结算资料和分析总结，接受审计，处理项目经理部的善后工作。

(10)协助企业进行项目的检查、鉴定和评奖申报。

2. 权限

(1)参与项目招标、投标和合同签订。

(2)参与组建项目经理部。

(3)主持项目经理部工作。

(4)决定授权范围内的项目资金的投入和使用。

(5)参与选择物资供应单位。

(6)参与选择并使用具有相应资质的分包人。

(7)制定内部计酬办法。

(8)在授权范围内协调与项目有关的内、外部关系。

(9)法定代表人授予的其他权力。

3. 利益和责任

项目经理最终的利益是项目经理行使权力和承担责任的结果，也是市场经济条件下责、权、利、效相互统一的具体体现。项目经理享有的利益和责任主要表现在以下几个方面：

(1)获得基本工资、岗位工资和绩效工资。

(2)除按规定获得物质奖励外，还可获得表彰、记功、优秀项目经理等荣誉称号和其他精神奖励。

(3)项目经理经考核和审计，未完成《项目管理目标责任书》确定的责任目标或造成亏损的，按有关条款承担责任，并接受经济或行政处罚。

五、项目经理责任制

(一)项目经理责任制概述

项目经理责任制是指企业制定的，以项目经理为责任主体，确保项目管理目标实现的责任制度。项目经理责任制是项目管理目标实现的具体保障和基本条件，用以确定项目经理部与企业、职工三者之间的责、权、利关系。它是以施工项目为对象，以项目经理全面负责为前提，以"项目管理目标责任书"为依据，以创优质工程为目标，以求得项目产品的最佳经济效益为目的，实行从施工项目开工到竣工验收的一次性全过程的管理。

项目经理责任制作为项目管理的基本制度，是评价项目经理绩效的依据。项目经理责任制的核心是项目经理承担实现项目管理目标责任书确定的责任。项目经理与项目经理部在工程建设中应严格遵守和实行项目管理责任制度，以确保项目目标全面实现。

施工企业在推行项目管理时，应实行项目经理责任制，注意处理好企业管理层、项目管理层和劳务作业层的关系，并应在"项目管理目标责任书"中明确项目经理的责任、权力和利益。企业管理层、项目管理层和劳务作业层的关系应符合下列规定：

(1)企业管理层应制定和健全施工项目管理制度，规范项目管理。

(2)企业管理层应加强计划管理，保持资源的合理分布和有序流动，并为项目生产要素的优化配置和动态管理服务。

(3)企业管理层应对项目管理层的工作进行全过程指导、监督和检查。

(4)项目管理层应该做好资源的优化配置和动态管理，执行和服从企业管理层对项目管理的监督检查和宏观调控。

(5)企业管理层与劳务作业层应签订劳务分包合同。项目管理层与劳务作业层应建立共同履行劳务分包合同的关系。

企业管理层对整个企业行使管理职能；而项目管理层只是对自身项目进行管理。企业管理层可以同时管理各个项目；而项目管理层的管理对象是唯一的。企业管理层对项目所进行的指导和管理，目的是为了保证项目的正常实施，保证项目目标的顺利实现，这一目标既包括工期、质量，同时又包括利润和安全；而项目管理层对项目所进行的管理是直接管理，其目的是保证项目各项目标的顺利实现。项目管理层是成本的控制中心；而企业管理层是利润的保证中心。二者之间对于施工项目的实施来说是直接与间接的关系，对于施工项目管理工作来说是微观与宏观的关系，对于企业经济利益来说是成本与利润的关系，其最终目的是统一的，都是为了实现施工项目的各项既定目标。

项目管理层与劳务作业层应建立共同履行劳务分包合同的关系，而劳务分包合同的订立，则应由企业管理层与劳务公司进行。项目管理层应是施工项目在实施期间的决策层，其职能是在"项目管理目标责任书"的要求下，合理有效地配置项目资源，组织项目实施，对项目各实施环节进行跟踪控制，其管理对象就是劳务作业层。劳务作业层是施工项目的具体实施者，它是按照劳务合同，在项目管理层的直接领导下，从事项目劳务作业。项目经理与企业法人代表之间应是委托与被委托的关系，也可以概括为授权与被授权的关系。他们之间不存在集权和分权的问题。

（二）项目经理责任制的特点

1. 对象终一性

项目经理责任制以施工项目为对象，实行项目产品形成过程的一次性全面负责，不同于过去企业的年度或阶段性承包。

2. 主体直接性

项目经理责任制实行经理负责、全员管理、标价分离、指标考核、项目核算、确保上缴、集约增效、超额奖励的复合型指标责任制，重点突出了项目经理个人的主要责任。

3. 内容全面性

项目经理责任制是根据先进、合理、实用、可行的原则，以保证提高工程质量、缩短工期、降低成本、保证安全和文明施工等各项目标为内容的全过程的目标责任制。它明显地区别于单项承包或利润指标承包。

4. 责任风险性

项目经理责任制充分体现了"指标突出、责任明确、利益直接、考核严格"的基本要求。其最终结果与项目经理部成员，特别是与项目经理的行政晋升、奖、罚等个人利益直接挂钩，经济利益与责任风险同在。

（三）实行项目经理责任制的条件

项目经理责任制要求项目经理个人全面负责，项目管理班子集体全面管理，应注重发扬项目管理的团队精神。项目经理责任制的重点在于管理，在实施项目管理责任制的过程中，要注重现代化管理的内涵和运用，不断提高科学管理水平。实行项目经理责任制的条件如下：

（1）有一批懂法律、会管理、敢负责并掌握施工项目管理技术的人才，组织一个精干、得力、高效的项目管理班子。

（2）建立企业业务工作系统化管理，使企业具有为项目经理部提供人力资源、材料、设备及生活设施等各项服务的功能。

(3)能按计划落实、提供各种工程技术资料、施工图纸、劳动力配备和三大主材等。

(4)项目任务落实、开工手续齐全，具有切实可行的项目管理规划大纲或施工组织总设计。

第三节 建筑工程执业资格制度

一、建筑工程执业资格制度概述

《中华人民共和国建筑法》(以下简称《建筑法》)第14条规定："从事建筑活动的专业技术人员，应当依法取得相应的执业资格证书，并在执业证书许可的范围内从事建筑活动。"

按照《建筑法》的要求，我国在建设领域已设立了注册建筑师、注册结构工程师、注册监理工程师、注册造价工程师、注册房地产估价工程师、注册规划师、注册岩土工程师等执业资格。2002年12月9日，原人事部、建设部联合下发了《关于印发〈建造师执业资格制度暂行规定〉的通知》(人发〔2002〕111号)，标志着我国建立建造师执业资格制度的工作正式启动。

二、建造师与项目经理的区别

建造师执业资格
制度暂行规定

(一)本质区别

(1)建造师是从事建设工程管理包括工程项目管理的专业技术人员的执业资格，按照规定具备一定条件，并参加考试合格的人员，才能获得这个资格。获得建造师执业资格的人员，经注册后可以担任工程项目的项目经理及其他有关岗位职务。

(2)项目经理是建筑业企业实施工程项目管理设置的一个岗位职务，项目经理根据企业法定代表人的授权，对工程项目自开工准备至竣工验收实施全面全过程的组织管理。项目经理的资质由行政审批获得。

(二)定位不同

1. 建造师

(1)建造师执业资格制度是政府对某种责任重大、社会通用性强、关系公共安全利益的专业技术工作实行的市场准入控制。它是专业技术人员从事某种专业技术工作学识、技术和能力的必备条件。所以，要想取得建造师执业资格，就必须具备一定的条件，比如规定的学历、从事工作年限等，同时还要通过全国建造师执业资格统一考核或考试，并经国家主管部门授权的管理机构注册后方能取得建造师执业资格证书。建造师从事建造活动是一种执业行为，取得资格后可使用建造师名称，依法单独执行建造业务，并承担法律责任。

(2)建造师又是一种证明某个专业人士从事某种专业技术工作知识和实践能力的体现。这里特别注重"专业"二字。所以，一旦取得建造师执业资格，提供工作服务的对象有多种选择，可以是建设单位(业主方)，也可以是施工单位(承包人)，还可以是政府部门、学校科研单位等，从而从事相关专业的工程项目管理活动。

2. 项目经理

（1）经理或项目经理与建造师不仅是名称不同，其内涵也不一样。经理通常解释为经营管理，这是广义概念；狭义的解释即负责经营管理的人，可以是经理、项目经理和部门经理。作为项目经理，理所当然是负责工程项目经营管理的人，对工程项目的管理是全方位、全过程的。对项目经理的要求，不但在专业知识上要求有建造师资格，更重要的是还必须具备政治和领导素质、组织协调和对外洽谈能力以及工程项目管理的实践经验。

（2）项目经理是企业法定代表人在项目上的一次性授权管理者和责任主体。项目经理从事项目管理活动，通过实行项目经理责任制，履行岗位职责，在授权范围内行使权力，并接受企业的监督考核。项目经理资质是企业资质的人格化体现，从工程投标开始，就必须出示项目经理资质证书，并不得低于工程项目和业主对资质等级的要求。

三、建造师与项目经理的联系

建造师与项目经理的定位不同，但所从事的都是建设工程的管理。建造师执业的覆盖面较大，可涉及工程建设项目管理的许多方面，担任项目经理只是建造师执业中的一项，且项目经理仅限于企业内某一特定工程的项目管理。建造师选择工作相对自由，可在社会市场上有序流动，有较大的活动空间；项目经理岗位则是企业设定的，项目经理是由企业法人代表授权或聘用的一次性的工程项目施工管理者。

本章小结

建筑工程项目人力资源管理是在对项目目标、规划、任务、进展以及各种变量进行合理、有序地分析、规划和统筹的基础上，对参与项目过程的所有人员，包括项目经理、项目班子其他成员、项目发起人、项目投资人、项目业主以及项目客户等予以有效协调、控制和管理，使他们能够与项目整个工作班子紧密配合，尽可能适合项目发展的需要，最大可能地挖掘个体的工作潜力，最终实现项目的整体利益最大化。本章主要介绍人力资源和人力资源管理、项目经理的素质和职责、建筑工程执业资格制度等。

思考与练习

一、填空题

1. 人力资源包括体力和脑力，如果从现实的应用形态来看，则包括_____、_____、_____和_____四个方面。

2. 人力资源的数量可以定义为具有_____的人口数量，其质量是指经济活动人口具有的体质、文化知识和劳动技能水平。

3. 投资建设项目中的所有参与方以_____为基础成为直接利益相关方。

4. 资源管理包括_____、_____、_____、_____和_____。

5. 项目资源管理的全过程包括_____、_____、_____和_____。

6. 项目人力资源管理的目的是_____，在项目承担组织的内部和外部建立有效的工作机制，以实现项目目标。

7. _____是指企业法定代表人在建设工程项目上的授权委托代理人。

8. 获得_____执业资格的人员，经注册后可以担任工程项目的项目经理及其他有关岗位职务。

9. _____是实现建设工程管理的主要方式、方法、手段和途径。

二、单项选择题

1. 项目人力资源管理计划不包括(　　)。
   A. 人力资源需求计划　　　　　　　B. 人力资源配置计划
   C. 人力资源培训计划　　　　　　　D. 人力资源考核计划

2. 建筑施工企业劳务用工的工资支付管理规定，主要内容不包括(　　)。
   A. 建筑施工企业应当按照当地的规定，根据劳动合同约定的工资标准、支付周期和日期，支付劳动者工资，不得以工程款被拖欠、结算纠纷、垫资施工等理由克扣劳动者工资
   B. 建筑施工企业应当每月对劳动者应得的工资进行核算，并由劳动者本人签字
   C. 建筑施工企业应当至少一季度向劳动者支付一次工资，且支付部分不得低于当地最低工资标准
   D. 建筑施工企业应当将工资直接发给劳动者本人，不得将工资发放给包工头或者不具备用工主体资格的其他组织或个人

3. 下列不属于项目经理基本工作的是(　　)。
   A. 规划施工项目管理目标　　　　　B. 选用人才
   C. 联系群众　　　　　　　　　　　D. 制定规章制度

4. 下列不能表现项目经理地位的是(　　)。
   A. 项目经理是施工工程中责、权、利的主体
   B. 项目经理必须是项目的权利主体
   C. 项目经理是协调各方面关系的桥梁与纽带
   D. 项目经理是项目资金来源的第一责任人

5. 项目经理责任制是以(　　)为依据，实行从施工项目开始到竣工验收的一次性全过程的管理。
   A. 项目管理责任书　　　　　　　　B. 项目管理政策法规
   C. 项目管理部门规章　　　　　　　D. 国家法律法规

6. 项目经理责任制的特点不包括(　　)。
   A. 对象终一性　　　B. 主体间接性　　　C. 内容全面性　　　D. 责任风险性

三、简答题

1. 什么是人力资源管理？项目人力资源管理主要包括哪两个层次的目标？
2. 我国施工企业劳动用工大致分为哪三种情况？
3. 项目经理所需的能力素质包括哪些？
4. 实行项目经理责任制的条件有哪些？

第四章 建筑工程项目成本管理

知识目标

1. 了解施工成本的基本概念、分类；熟悉施工成本管理的任务；掌握施工成本管理的措施。

2. 了解施工成本计划的类型、编制原则；熟悉施工成本计划的编制依据、具体内容；掌握施工成本计划的编制方法。

3. 了解施工成本控制的意义和目的；掌握施工成本控制的步骤和方法。

4. 了解施工成本分析的依据；掌握施工成本分析的方法和项目成本考核。

能力目标

1. 能够清晰了解项目成本的组成。

2. 具备进行项目成本管理的能力。

3. 能够正确编制项目成本计划。

4. 能够进行项目成本分析与考核。

第一节 建筑工程项目成本管理概述

建筑工程项目施工成本管理就是要在保证工期和满足质量要求的情况下，采取相应的管理措施把成本控制在计划范围内，并进一步寻求最大限度的节约成本。

一、施工成本的基本概念

成本是一种耗费，是耗费劳动的货币表现形式。工程项目是拟建或在建的建筑产品，其成本属于生产成本，是生产过程所消耗的生产资料、劳动报酬和组织生产的管理费用的总和，包括消耗的主辅材料、结构件、周转材料的摊销费或租赁费、施工机械使用费或租赁费、支付给生产工人的工资和奖金，以及在现场进行施工组织与管理所发生的全部费用支出。工程项目成本是产品价格的主要组成部分，降低成本以增加利润是项目管理的主要目标之一，即成本管理是项目管理的核心问题之一。

施工成本是指建筑企业在施工成本核算对象的施工过程中所耗费的生产资料转移价值和劳动者的必要劳动所创造的价值的货币形式，也就是某施工项目在施工中所发生的全部生产费用的总和。

二、施工成本的分类

1. 按成本计价的定额标准来划分

(1)预算成本。预算成本是指按照建筑安装工程的实物量和国家或地区制定的预算定额单价及取费标准计算的社会平均成本。它是以施工图预算为基础进行分析、归集、计算确定的，是确定工程成本的基础，也是编制计划成本、评价实际成本的依据。

(2)计划成本。计划成本是指项目经理部在一定时期内，为完成一定建筑安装施工任务而计划支出的各项生产费用的总和。它是成本管理的目标，也是控制项目成本的标准。它是在预算成本基础上，根据上级下达的降低工程成本指标，结合施工生产的实际情况和技术组织措施而确定的企业标准成本。

(3)实际成本。实际成本是指为完成一定数量的建筑安装任务实际所消耗的各类生产费用的总和。

2. 按生产费用与工程量的关系来划分

(1)固定成本。固定成本是指在一定期间和一定的工程量范围内，发生的成本额不受工程量增减变动的影响而相对固定的成本，如折旧费、大修理费、管理人员工资。

(2)变动成本。变动成本是指发生总额随着工程量的增减变动而成正比例变动的费用，如直接用于工程的材料费。

3. 按生产费用计入成本的方式来划分

(1)直接成本。直接成本是指施工过程中耗费的构成工程实体和有助于工程形成的各项费用支出，包括人工费、材料(包含工程设备)费、施工机具使用费。当直接费用发生时就能够确定其用于哪些工程，可以直接记入该工程成本。

直接成本的构成，如图 4-1 所示。

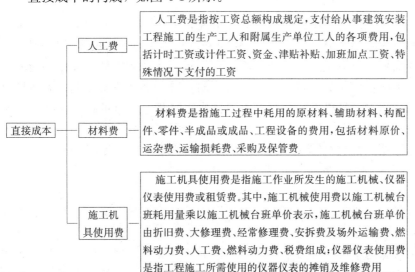

建筑安装工程费
用项目组成
(建标[2013]44 号)

图 4-1　直接成本的构成

（2）间接成本。间接成本是指项目经理部为准备施工、组织施工生产和管理所支出的全部费用，当间接费用发生时不能明确区分其用于哪些工程，只能采用分摊费用方法计入。

间接成本的构成，如图 4-2 所示。

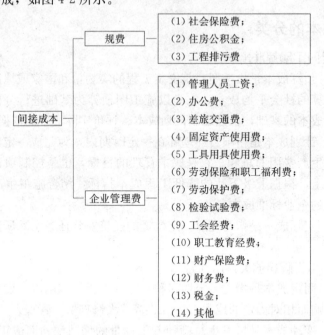

图 4-2　间接成本的构成

三、施工成本管理的任务

施工成本管理的任务主要包括：施工成本预测、施工成本计划、施工成本控制、施工成本核算、施工成本分析、施工成本考核。

1. 施工成本预测

施工成本预测是根据成本信息和施工项目的具体情况，运用一定的专门方法，对未来的成本水平及其可能的发展趋势做出科学的估计。它是在工程施工以前对成本进行的估算。通过成本预测，可以在满足项目业主和本企业要求的前提下，选择成本低、效益好的最佳成本方案，并能够在施工项目成本形成过程中，针对薄弱环节，加强成本控制，克服盲目性，提高预见性。因此，施工项目成本预测是施工项目成本决策与计划的依据。施工成本预测，通常是对施工项目计划工期内影响其成本变化的各个因素进行分析，比照近期已完工施工项目或将完工施工项目的成本（单位成本），预测这些因素对工程成本中有关项目（成本项目）的影响程度，以及预测出工程的单位成本或总成本。

2. 施工成本计划

施工成本计划是以货币形式编制施工项目在计划期内的生产费用、成本水平、成本降低率以及为降低成本所采取的主要措施和规划的书面方案，它是建立施工项目成本管理责任制、开展成本控制和核算的基础。一般来说，一个施工项目成本计划应包括从开工到竣工所必需的施工成本。它是该施工项目降低成本的指导文件，是设立目标成本的依据。可以说，成本计划是目标成本的一种形式。

3. 施工成本控制

施工成本控制是指在施工过程中，对影响项目施工成本的各种因素加强管理，并采取各种有效措施，将施工中实际发生的各种消耗和支出严格控制在成本计划范围内，随时揭示并及时反馈，严格审查各项费用是否符合标准，计算实际成本和计划成本之间的差异并进行分析，进而采取多种形式，消除施工中的损失、浪费现象。施工项目成本控制应贯穿于施工项目从投标阶段开始直到项目竣工验收的全过程，它是企业全面成本管理的重要环节。施工成本控制可分为事先控制、事中控制（过程控制）和事后控制。在项目的施工过程中，需按动态控制原理对实际施工成本的发生过程进行有效控制。

4. 施工成本核算

施工成本核算包括两个基本环节：一是按照规定的成本开支范围对施工费用进行归集和分配，计算出施工费用的实际发生额；二是根据成本核算对象，采用适当的方法，计算出该施工项目的总成本和单位成本。施工成本管理需要正确及时地核算施工过程中发生的各项费用，计算施工项目的实际成本。施工成本核算所提供的各种成本信息，是成本预测、成本计划、成本控制、成本分析和成本考核等各个环节的依据。施工成本一般以单位工程为成本核算对象，但也可以按照承包工程项目的规模、工期、结构类型、施工组织和施工现场等情况，结合成本管理要求，灵活划分成本核算对象。

5. 施工成本分析

施工成本分析是在施工成本核算的基础上，对成本的形成过程和影响成本升降的因素进行分析，以寻求进一步降低成本的途径，包括有利偏差的挖掘和不利偏差的纠正。

施工成本分析贯穿于施工成本管理的全过程。它是在成本的形成过程中，主要利用施工项目的成本核算资料（成本信息），与目标成本、预算成本以及类似施工项目的实际成本等进行比较，了解成本的变动情况，同时也要分析主要技术经济指标对成本的影响，系统地研究成本变动的因素，检查成本计划的合理性，并通过成本分析，深入揭示成本变动的规律，寻找降低施工项目成本的途径，以便有效地进行成本控制。对成本偏差的控制，分析是关键，纠偏是核心，要先通过分析得出偏差的发生原因，再采取切实措施加以纠正。

6. 施工成本考核

施工成本考核是指在施工项目完成后，对施工项目成本形成中的各责任者，按施工项目成本目标责任制的有关规定，将成本的实际指标与计划、定额、预算进行对比和考核，评定施工项目成本计划的完成情况和各责任者的业绩，并据此给以相应的奖励和处罚。通过成本考核，做到有奖有惩、赏罚分明，才能有效地调动每一位员工在各自施工岗位上努力完成目标成本的积极性，为降低施工项目成本和增加企业的积累，做出自己的贡献。

施工成本管理的每一个环节都是相互联系和相互作用的。成本预测是成本决策的前提，成本计划是成本决策所确定目标的具体化。成本计划实施则是对成本计划的实施进行控制和监督，保证决策的成本目标得以实现，而成本核算又是对成本计划是否实现的最后检验，它所提供的成本信息又会为下一个施工项目成本预测和决策提供基础资料。成本考核是实现成本目标责任制的保证和实现决策目标的重要手段。

四、施工成本管理的措施

为了取得施工成本管理的理想成效，应当从多方面采取措施实施管理，通常可以将这些措施归纳为四个方面：组织措施、技术措施、经济措施、合同措施。

1. 组织措施

组织措施是从施工成本管理的组织方面采取的措施。施工成本控制是全员的活动，如实行项目经理责任制，落实施工成本管理的组织机构和人员，明确各级施工成本管理人员的任务和职能分工、权利和责任。施工成本管理不仅是专业成本管理人员的工作，各级项目管理人员都负有成本控制责任。

组织措施的另一方面是编制施工成本控制工作计划，确定合理详细的工作流程。要做好施工采购规划，通过生产要素的优化配置、合理使用、动态管理，有效控制实际成本；加强施工定额管理和施工任务单管理，控制活劳动和物化劳动的消耗；加强施工调度，避免因施工计划不周和盲目调度造成窝工损失、机械利用率降低、物料积压等而使施工成本增加。成本控制工作只有建立在科学管理的基础之上，具备合理的管理体制、完善的规章制度、稳定的作业秩序、完整准确的信息传递，才能取得成效。组织措施是其他各类措施的前提和保障，而且一般不需要增加什么费用，运用得当就可以收到良好的效果。

2. 技术措施

技术措施不仅在解决施工成本管理过程中的技术问题是必不可少，而且对纠正施工成本管理目标偏差也有相当重要的作用。因此，运用技术纠偏措施的关键：一是要能提出多个不同的技术方案；二是要对不同的技术方案进行技术经济分析。

施工过程中降低成本的技术措施包括：进行技术经济分析，确定最佳的施工方案；结合施工方法，进行材料使用的比选；在满足功能要求的前提下，通过代用、改变配合比、使用添加剂等方法降低材料消耗的费用；确定最合适的施工机械、设备使用方案；结合项目的施工组织设计及自然地理条件，降低材料的库存成本和运输成本；应用先进的施工技术，运用新材料，使用新开发机械设备等。在实践中，也要避免仅从技术角度选定方案而忽视对其经济效果的分析论证。

3. 经济措施

经济措施是最易被人们所接受和采用的措施。管理人员应编制资金使用计划，确定、分解施工成本管理目标。对施工成本管理目标进行风险分析，并制定防范性对策。对各种支出，应认真做好资金的使用计划，并在施工中严格控制各项开支。及时准确地记录、收集、整理、核算实际发生的成本。对各种变更，及时做好增减账，及时落实业主签证，及时结算工程款。通过偏差分析和未完工工程预测，若发现一些潜在的问题将引起未完工程施工成本增加，就应对这些问题以主动控制为出发点，及时采取预防措施。由此可见，经济措施的运用绝不仅仅是财务人员的事情。

4. 合同措施

采用合同措施控制施工成本，应贯穿整个合同周期，包括从合同谈判开始到合同终结的全过程。首先，选用合适的合同结构，对各种合同结构模式进行分析、比较，在合同谈判时，要争取选用适合于工程规模、性质和特点的合同结构模式。其次，在合同的条款中应仔细考虑一切影响成本和效益的因素，特别是潜在的风险因素。通过对引起成本变动的风险因素的识别和分析，采取必要的风险对策，如通过合理的方式，增加承担风险的个体数量，降低损失发生的概率，并最终使这些策略反映在合同的具体条款中。在合同执行期间，合同管理的措施既要密切注视对方合同执行的情况，以寻求合同索赔的机会，同时也要密切关注自己履行合同的情况，以防止被对方索赔。

第二节　施工成本计划

成本计划通常包括从开工到竣工所必需的施工成本，它是以货币形式预先规定项目进行中的施工生产耗费的计划总水平，是实现降低成本费用的指导性文件。

一、施工成本计划的类型

1. 竞争性成本计划

竞争性成本计划是指工程项目投标及签订合同阶段的估算成本计划。这类成本计划是以招标文件中的合同条件、投标者须知、技术规程、设计图纸或工程量清单等为依据，以有关价格条件说明为基础，结合调研和现场考察获得的情况，根据本企业的工料消耗标准、水平、价格资料和费用指标，对本企业完成招标工程所需要支出的全部费用的估算。

2. 指导性成本计划

指导性成本计划是指选派项目经理阶段的预算成本计划，是项目经理的责任成本目标。它是以合同标书为依据，按照企业的预算定额标准制订的设计预算成本计划，且一般情况下只是确定责任总成本指标。

3. 实施性成本计划

实施性成本计划是指项目施工准备阶段的施工预算成本计划。它是以项目实施方案为依据，落实项目经理责任目标为出发点，采用企业的施工定额，通过施工预算的编制而形成的实施性计划。

二、施工成本计划的编制原则

为了编制出能够发挥积极作用的施工成本计划，在编制施工成本计划时应遵循以下原则。

1. 从实际情况出发

编制成本计划必须根据国家的方针政策，从企业的实际情况出发，充分挖掘企业内部潜力，使降低成本指标既积极可靠，又切实可行。施工项目管理部门降低成本的潜力在于正确选择施工方案，合理组织施工；提高劳动生产率；改善材料供应；降低材料消耗；提高机械利用率；节约施工管理费用等。但必须注意避免以下情况发生：为了降低成本而偷工减料，忽视质量；不顾机械的维护修理而过度、不合理使用机械；片面增加劳动强度，加班加点；忽视安全工作，未给职工办理相应的保险等。

2. 与其他计划相结合

施工成本计划必须与施工项目的其他计划，如施工方案、生产进度计划、财务计划、材料供应及消耗计划等密切结合，保持平衡。一方面，成本计划要根据施工项目的生产、技术组织措施、劳动工资、材料供应和消耗等计划来编制；另一方面，其他各项计划指标又影响着成本计划，所以，其他各项计划在编制时应考虑降低成本的要求，与成本计划密切配合，而不能单纯考虑单一计划本身的要求。

3. 采用先进技术经济定额

施工成本计划必须以各种先进的技术经济定额为依据，并结合工程的具体特点，采取切实可行的技术组织措施作保证。只有这样，才能编制出既有科学依据，又切实可行的成本计划，从而发挥施工成本计划的积极作用。

4. 统一领导、分级管理

编制成本计划时应采用统一领导、分级管理的原则，同时应树立全员进行施工成本控制的理念。在项目经理的领导下，以财务部门和计划部门为主体，发动全体职工共同进行，总结降低成本的经验，找出降低成本的正确途径，使成本计划的制度与执行更符合项目的实际情况。

5. 适度弹性

施工成本计划应留有一定的余地，保持计划的弹性。在计划期内，项目经理部的内部或外部环境都有可能发生变化，尤其是材料供应、市场价格等具有很大的不确定性，这给拟定计划带来困难。因此，在编制计划时应充分考虑到这些情况，使计划具有一定的适应环境变化的能力。

三、施工成本计划的编制依据

施工成本计划的编制依据有以下几种：

(1)投标报价文件。

(2)企业定额、施工预算。

(3)施工组织设计或施工方案。

(4)人工、材料、机械台班的市场价。

(5)企业颁布的材料指导价、企业内部机械台班价格、劳动力内部挂牌价格。

(6)周转设备内部租赁价格、摊销损耗标准。

(7)已签订的工程合同、分包合同。

(8)拟采取的降低施工成本的措施。

(9)其他相关材料等。

施工成本计划
编制的作用

四、施工成本计划的具体内容

(1)编制说明。编制说明是指对工程的范围、投标竞争过程及合同条件，承包人对项目经理提出的责任成本目标，施工成本计划编制的指导思想和依据等的具体说明。

(2)施工成本计划的指标。施工成本计划的指标应经过科学的分析预测确定，可以采用对比法、因素分析法等方法。一般情况下施工成本计划有以下三类指标：

1)成本计划的数量指标，如：

①按子项汇总的工程项目计划总成本指标；

②按分部汇总的各单位工程(或子项目)计划成本指标；

③按人工、材料、机具等各主要生产要素划分的计划成本指标。

2)成本计划的质量指标，如施工项目总成本降低率，可采用：

①设计预算成本计划降低率＝设计预算总成本计划降低额/设计预算总成本；

②责任目标成本计划降低率＝责任目标总成本计划降低额/责任目标总成本。

3)成本计划的效益指标，如工程项目成本降低额：

①设计预算总成本计划降低额＝设计预算总成本－计划总成本；

②责任目标总成本计划降低额＝责任目标总成本－计划总成本。

(3)按工程量清单列出的单位工程计划成本汇总表（表 4-1）。

表 4-1　单位工程计划成本汇总

序号	清单项目编码	清单项目名称	合同价格	计划成本
1				
2				
……				

(4)按成本性质划分的单位工程成本汇总表。按成本性质划分的单位工程成本汇总表，根据清单项目的造价分析，分别对人工费、材料费、施工机具费和企业管理费进行汇总，形成单位工程成本计划表。

成本计划应在项目实施方案确定和不断优化的前提下进行编制，因为不同的实施方案将导致人工费、材料费、施工机具费和企业管理费的差异。成本计划的编制是施工成本预控的重要手段。因此，应在工程开工前编制完成，以便将计划成本目标分解落实，为各项成本的执行提供明确的目标、控制手段和管理措施。

五、施工成本计划的编制方法

施工成本计划的编制以成本预测为基础，关键是确定目标成本。计划的制订，需结合施工组织设计的编制过程，通过不断地优化施工技术方案和合理配置生产要素，进行工料机消耗的分析，制定一系列节约成本和挖潜措施，确定施工成本计划。一般情况下，施工成本计划总额应控制在目标成本的范围内，并使成本计划建立在切实可行的基础上。施

成本计划编制实例

工总成本目标确定之后，还需通过编制详细的实施性施工成本计划把目标成本层层分解，落实到施工过程的每个环节，有效地进行成本控制。施工成本计划的编制方法有以下几种。

1. 按施工成本组成编制施工成本计划的方法

施工成本可以按成本组成分解为人工费、材料费、施工机械使用费、措施费和间接费。编制按施工成本组成分解的施工成本计划，如图 4-3 所示。

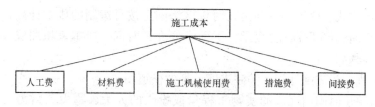

图 4-3　按施工成本组成分解的施工成本计划

2. 按项目组成编制施工成本计划的方法

大、中型工程项目通常是由若干单项工程构成的，而每个单项工程包括多个单位工程，每个单位工程又是由若干个分部分项工程所构成的。因此，首先要把项目总施工成本分解到单项工程和单位工程中，再进一步分解到分部工程和分项工程中，如图4-4所示。

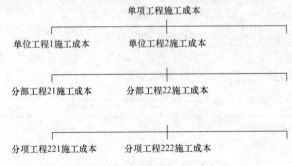

图4-4 按项目组成编制的施工成本计划

在完成施工项目成本目标分解之后，接下来就要具体地分配成本，编制分项工程的成本支出计划，从而得到详细的成本支出计划表，见表4-2。

表4-2 分项工程成本支出计划表

分项工程编码	工程内容	计量单位	工程数量	计划成本	本分项总计

在编制成本支出计划时，要在项目方面考虑总的预备费，也要在主要的分项工程中安排适当的不可预见费，避免在具体编制成本计划时，可能发现个别单位工程或工程量表中某项内容的工程量计算有较大出入，使原来的成本预算失实，并在项目实施过程中对其尽可能地采取一些措施。

3. 按工程进度编制施工成本计划的方法

编制按工程进度的施工成本计划，通常可利用控制项目进度的网络图进一步扩充而得，即在建立网络图时，一方面确定完成各项工作所需花费的时间；另一方面确定完成这一工作的合适的施工成本支出计划。在实践中，将工程项目分解为既能方便地表示时间，又能方便地表示施工成本支出计划的工作是不容易的，如果项目分解程度对时间控制合适，对施工成本支出计划就可能分解过细，以至于不可能对每项工作确定其施工成本支出计划，反之亦然。因此，在编制网络计划时，应在充分考虑进度控制对项目划分要求的同时，还要考虑确定施工成本支出计划对项目划分的要求，做到二者兼顾。通过对施工成本目标按时间进行分解，在网络计划基础上，可获得项目进度计划的横道图，并在此基础上编制成本计划。其表示方式有两种：一种是在时标网络图上按月编制的成本计划；另一种是利用时间—成本累积曲线（S形曲线）表示。下面主要介绍时间—成本累积曲线。时间—成本累积曲线的绘制步骤如下：

(1)确定工程项目进度计划，编制进度计划的横道图。

(2)根据每单位时间内完成的实物工程量或投入的人力、物力和财力，计算单位时间

(月或旬)的成本，在时标网络图上按时间编制的单位时间的投资，见表4-3。

表4-3 单位时间的投资

时间/月	1	2	3	4	5	6	7	8	9	10	11	12
投资/万元	100	200	300	500	600	800	800	700	600	400	300	200

(3)将各单位时间计划完成的投资额累计，得到计划累计完成的投资额，见表4-4。

表4-4 计划累计完成的投资额

时间/月	1	2	3	4	5	6	7	8	9	10	11	12
投资/万元	100	200	300	500	600	800	800	700	600	400	300	200
计划累计投资/万元	100	300	600	1 100	1 700	2 500	3 300	4 000	4 600	5 000	5 300	5 500

(4)按各规定时间的投资值绘制S形曲线，如图4-5所示。

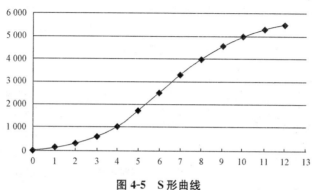

图4-5 S形曲线

每一条S形曲线都对应某一特定的工程进度计划。因为在进度计划的非关键线路中存在许多有时差的工序或工作，因此，S形曲线(成本计划值曲线)必然包络在由全部工作都按最早开始时间开始和全部工作都按最迟必须开始时间开始的曲线所组成的"香蕉图"内。项目经理可根据编制的成本支出计划来合理安排资金，同时项目经理也可以根据筹措的资金来调整S形曲线，即通过调整非关键线路上的工序项目的最早或最迟开工时间，力争将实际的成本支出控制在计划的范围内。

一般而言，所有工作都按最迟开始时间开始，对节约资金贷款利息是有利的；但同时，也降低了项目按期竣工的保证率，因此，项目经理必须合理地确定成本支出计划，达到既节约成本支出，又能控制项目工期的目的。

以上三种编制施工成本计划的方法并不是相互独立的。在实践中，往往是将这几种方式结合起来使用，从而取得扬长避短的效果。例如，将按项目分解总施工成本与按施工成本构成分解总施工成本两种方式相结合，横向按施工成本构成分解，纵向按项目分解，或相反。这种分解方式有助于检查各分部分项工程施工成本构成是否完整，有无重复计算或漏算；同时还有助于检查各项具体的施工成本支出的对象是否明确或落实，并且可以从数字上校核分解的结果有无错误。或者还可将按子项目分解总施工成本计划与按时间分解总施工成本计划结合起来，一般纵向按项目分解，横向按时间分解。

第三节　施工成本控制

一、施工成本控制的意义和目的

施工成本控制通常是指在项目成本的形成过程中，对生产经营所消耗的人力资源、物资资源和费用开支，进行指导、监督、调节和限制，及时纠正将要发生和已经发生的偏差，把各项生产费用控制在计划成本的范围之内，以保证成本目标的实现。

施工成本目标有企业下达或内部承包合同规定的，也有项目自行确定的。但这些成本目标，一般只有一个成本降低率或降低额，即使加以分解，也不过是相对明细的降低指标而已，难以具体落实，以致目标管理往往流于形式，无法发挥控制成本的作用。因此，项目经理部必须以成本目标为依据，联系施工项目的具体情况，制订明细而又具体的成本计划，使之成为"看得见、摸得着、能操作"的实施性文件。这种成本计划应该包括每一个分部分项工程的资源消耗水平，以及每一项技术组织措施的具体内容和节约数量金额，既可指导项目管理人员有效地进行成本控制，又可作为企业对项目成本检查考核的依据。

二、施工成本控制的依据

1. 工程承包合同

施工成本控制要以工程承包合同为依据，围绕降低工程成本这个目标，从预算收入和实际成本两个方面，努力挖掘增收节支潜力，以求获得最大的经济效益。

2. 施工成本计划

施工成本计划是根据施工项目的具体情况制订的施工成本控制方案，既包括预定的具体成本控制目标，又包括实现控制目标的措施和规划，是施工成本控制的指导文件。

3. 进度报告

进度报告提供了每一时刻的工程实际完成量、工程施工成本实际支付情况等重要信息。施工成本控制工作正是通过实际情况与施工成本计划相比较，找出二者之间的差别，分析偏差产生的原因，从而采取措施改进以后的工作。此外，进度报告还有助于管理者及时发现工程实施中存在的问题，并在事态还未造成重大损失之前采取有效措施，尽量避免损失。

4. 工程变更

在项目的实施过程中，由于各方面的原因，工程变更是很难避免的。工程变更一般包括设计变更、进度计划变更、施工条件变更、技术规范与标准变更、施工次序变更、工程数量变更等。一旦出现变更，工程量、工期、成本都必将发生变化，从而使施工成本控制工作变得更加复杂和困难。因此，施工成本管理人员就应当通过对变更要求中的各类数据的计算、分析，随时掌握变更情况，包括已发生工程量、将要发生工程量、工期是否拖延、支付情况等重要信息，判断变更以及变更可能带来的索赔额度等。

除上述几种施工成本控制工作的主要依据外，有关施工组织设计、分包合同等也都是施工成本控制的依据。

三、施工成本控制的步骤

要做好施工成本的过程控制，必须制定规范化的过程控制程序。成本的过程控制中，有两类控制程序，一是管理行为控制程序，二是指标控制程序。管理行为控制程序是对成本全过程控制的基础，而指标控制程序则是成本进行过程控制的重点。两个程序既相对独立又相互联系，既相互补充又相互制约。

(一)管理行为控制程序

管理行为控制的目的是确保每个岗位人员在成本管理过程中的管理行为符合事先确定的程序和方法的要求。从这个意义上讲，首先要清楚企业建立的成本管理体系是否能对成本形成的过程进行有效的控制，其次要考察体系是否处在有效的运行状态。管理行为控制程序就是为规范项目施工成本的管理行为而制定的约束和激励体系，内容如下。

1. 建立项目施工成本管理体系的评审组织和评审程序

成本管理体系的建立不同于质量管理体系，质量管理体系反映的是企业的质量保证能力，由社会有关组织进行评审和认证；成本管理体系的建立是企业自身生存发展的需要，没有社会组织来评审和认证。因此，企业必须建立项目施工成本管理体系的评审组织和评审程序，定期进行评审和总结，持续改进。

2. 建立项目施工成本管理体系运行的评审组织和评审程序

项目施工成本管理体系的运行是一个逐步推行的渐进过程。一个企业的各分公司、项目经理部的运行质量往往是不平衡的。因此，必须建立专门的常设组织，依照程序定期地进行检查和评审。发现问题，总结经验，以保证成本管理体系的保持和持续改进。

3. 目标考核，定期检查

管理程序文件应明确每个岗位人员在成本管理中的职责，确定每个岗位人员的管理行为，如应提供的报表、提供的时间和原始数据的质量要求等。要把每个岗位人员是否按要求去履行职责作为一个目标来考核。为了方便检查，应将考核指标具体化，并设专人定期或不定期地检查。表 4-5 是为规范管理行为而设计的考核表。

表 4-5　施工成本控制的依据

序号	岗位名称	职责	检查方法	检查人	检查时间
1	项目经理	1. 建立项目成本管理组织。 2. 组织编制项目施工成本管理手册。 3. 定期或不定期地检查有关人员管理行为是否符合岗位职责要求	1. 查看有无组织结构图。 2. 查看《项目施工成本管理手册》	上级或自查	开工初期检查一次，以后每月检查一次
2	项目工程师	1. 指定采用新技术降低成本的措施。 2. 编制总进度计划。 3. 编制总的工具及设备使用计划	1. 查看资料。 2. 将现场实际情况与计划进行对比	项目经理或其委托人	开工初期检查一次，以后每月检查 1~2 次

序号	岗位名称	职责	检查方法	检查人	检查时间
3	主管材料员	1. 编制材料采购计划。 2. 编制材料采用月报表。 3. 对材料管理工作每周组织检查一次。 4. 编制月材料盘点表及材料收发结存报表	1. 查看资料。 2. 将对现场实际情况与管理制度中的要求进行对比	项目经理或其委托人	每月或不定期抽查
4	成本会计	1. 编制月报成本计划。 2. 进行成本核算，编制月度成本核算表。 3. 每月编制一次材料复核报告	1. 查看资料。 2. 审核编制依据	项目经理或其委托人	每月检查一次
5	成本员	1. 编制月度用工计划。 2. 编制月材料需求计划。 3. 编制月度工具及设备计划。 4. 开具限额领料单	1. 查看资料。 2. 将计划与实际对比，考核其准确性及实用性	项目经理或其委托人	每月或不定期抽查

应根据检查的内容编制相应的检查表，由项目经理或其委托人检查后填写检查表。检查表要由专人负责整理归档。

4. 制定对策，纠正偏差

对管理工作进行检查的目的是为了保证管理工作按预定的程序和标准进行，从而保证项目施工成本管理能够达到预期的目的。因此，对检查中发现的问题，要及时进行分析，然后根据不同的情况，及时采取对策。

(二)指标控制程序

能否达到预期的成本目标，是施工成本控制是否成功的关键。对各岗位人员的成本管理行为进行控制，就是为了保证成本目标的实现。施工项目成本指标控制程序如下。

1. 确定施工项目成本目标及月度成本目标

在工程开工之初，项目经理部应根据公司与项目签订的《项目承包合同》确定项目的成本管理目标，并根据工程进度计划确定月度成本计划目标。

2. 收集成本数据，监测成本形成过程

过程控制的目的在于不断纠正成本形成过程中的偏差，保证成本项目的发生是在预定范围之内。因此，在施工过程中要定期收集反映施工成本支出情况的数据，并将实际发生情况与目标计划进行对比，从而保证有效控制成本的整个形成过程。

3. 分析偏差原因，制定对策

施工过程是一个多工种、多方位立体交叉作业的复杂活动，成本的发生和形成是很难按预定的目标进行的，因此，需要及时分析偏差产生的原因，分清是客观因素（如市场调价）还是人为因素（如管理行为失控），及时制定对策并予以纠正。

4. 用成本指标考核管理行为，用管理行为来保证成本指标

管理行为的控制程序和成本指标的控制程序是对项目施工成本进行过程控制的主要内

容，这两个程序在实施过程中，是相互交叉、相互制约又相互联系的。只有把成本指标的控制程序和管理行为的控制程序相结合，才能保证成本管理工作有序地、富有成效地进行。图 4-6 所示为成本指标控制程序图。

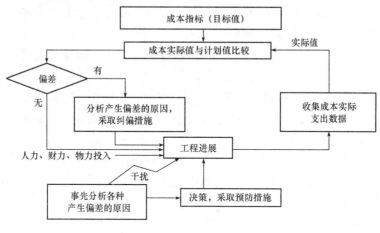

图 4-6　成本指标控制程序图

四、施工成本控制的方法

施工阶段是成本发生的主要阶段，这个阶段的成本控制主要是通过确定成本目标并按计划成本组织施工，合理配置资源，对施工现场发生的各项成本费用进行有效控制。其具体的控制方法如下。

(一)人工费的控制

人工费的控制实行"量价分离"的方法，将作业用工及零星用工按定额工日的一定比例综合确定用工数量与单价，通过劳务合同进行控制。

1. 人工费的影响因素

(1)社会平均工资水平。建筑安装工人人工单价必须和社会平均工资水平趋同。社会平均工资水平取决于经济发展水平。由于我国改革开放以来经济迅速增长，社会平均工资也有大幅增长，从而导致人工单价的大幅提高。

(2)生产消费指数。生产消费指数的提高会导致人工单价的提高，造成生活水平的下降，或维持原来的生活水平。生活消费指数的变动取决于物价的变动，尤其取决于生活消费品物价的变动。

(3)劳动力市场供需变化。劳动力市场如果供不应求，人工单价就会提高；如果供过于求，人工单价就会下降。

(4)政府推行的社会保障和福利政策也会影响人工单价的变动。

(5)经会审的施工图、施工定额、施工组织设计等决定人工的消耗量。

2. 控制人工费的方法

加强劳动定额管理，提高劳动生产率，降低工程耗用人工工日，是控制人工费支出的主要手段。

(1)制定先进合理的企业内部劳动定额，严格执行劳动定额，并将安全生产、文明施工及零星用工下达到作业队进行控制。全面推行全额计件的劳动管理办法和单项工程集体承包的经济管理办法，以不超出施工图预算人工费指标为控制目标，实行工资包干制度。认真执行按劳分配的原则，使职工个人所得与劳动贡献相一致，充分调动广大职工的劳动积极性，以提高劳动力效率。把工程项目的进度、安全、质量等指标与定额管理结合起来，提高劳动者的综合能力，并实行奖励制度。

（2）提高生产工人的技术水平和作业队的组织管理水平，根据施工进度、技术要求，合理搭配各工种工人的数量，减少和避免无效劳动。不断地改善劳动组织，创造良好的工作环境，改善工人的劳动条件，提高劳动效率。合理调节各工序人数安排情况，安排劳动力时，尽量做到技术工不做普通工的工作，高级工不做低级工的工作，避免技术上的浪费，既要加快工程进度，又要节约人工费用。

（3）加强职工的技术培训和多种施工作业技能的培训，不断提高职工的业务技术水平和熟练操作程度，培养一专多能的技术工人，提高作业工效。提倡技术革新和推广新技术，提高技术装备水平和工厂化生产水平，提高企业的劳动生产率。

（4）实行弹性需求的劳务管理制度。对施工生产各环节上的业务骨干和基本的施工力量，要保持相对稳定。对短期需要的施工力量，要做好预测、计划管理，通过企业内部的劳务市场及外部协作队伍进行调剂。严格做到对项目部的定员随工程进度要求及时进行调整，进行弹性管理。要打破行业、工种界限，提倡一专多能，提高劳动力的利用效率。

(二)材料费的控制

材料费控制同样按照"量价分离"原则，控制材料用量和材料价格。

1. 材料用量的控制

在保证符合设计要求和质量标准的前提下，合理使用材料，通过定额控制、指标控制、计量控制、包干控制等手段有效控制物资材料的消耗，具体方法如下：

（1）定额控制。对于有消耗定额的材料，以消耗定额为依据，实行限额领料制度。

1）限额领料的形式。

①按分项工程实行限额领料。按分项工程实行限额领料，就是按照分项工程进行限额，如钢筋绑扎、混凝土浇筑、砌筑、抹灰等。它是以施工班组为对象进行的限额领料。

②按工程部位实行限额领料。按工程部位实行限额领料，就是按工程施工工序分为基础工程、结构工程和装饰工程。它是以施工专业队为对象进行的限额领料。

③按单位工程实行限额领料。按单位工程实行限额领料，就是对一个单位工程从开工到竣工全过程的建设工程项目的用料实行的限额领料。它是以项目经理部或分包单位为对象开展的限额领料。

2）限额领料的依据。

①准确的工程量，是按工程施工图纸计算的正常施工条件下的数量，是计算限额领料量的基础；

②现行的施工预算定额或企业内部消耗定额，是制定限额用量的标准；

③施工组织设计，是计算和调整非实体性消耗材料的基础；

④施工过程中发包人认可的变更洽商单，它是调整限额量的依据。

3）限额领料的实施。

①确定限额领料的形式。确定限额领料的形式是指在施工前，根据工程的分包形式，

与使用单位确定限额领料的形式。

②签发限额领料单。签发限额领料单是指根据双方确定的限额领料形式，根据有关部门编制的施工预算和施工组织设计，将所需材料数量汇总后编制材料限额数量，经双方确认后下发。

③限额领料单的应用。限额领料单一式三份，一份交保管员作为控制发料的依据；一份交使用单位，作为领料的依据；一份由签发单位留存，作为考核的依据。

④限额量的调整。在限额领料的执行过程中，会有许多因素影响材料的使用，如工程量的变更、设计更改、环境因素等。限额领料的主管部门在限额领料的执行过程中要深入施工现场，了解用料情况，根据实际情况及时调整限额数量，以保证施工生产的顺利进行和限额领料制度的连续性、完整性。

⑤限额领料的核算。根据限额领料形式，工程完工后，双方应及时办理结算手续，检查限额领料的执行情况，对用料情况进行分析，按双方约定的合同，对用料节超进行奖罚兑现。

(2)指标控制。对于没有消耗定额的材料，则实行计划管理和按指标控制的办法。根据以往项目的实际耗用情况，结合具体施工项目的内容和要求，制定领用材料指标，以控制发料。超过指标的材料，必须经过一定的审批手续方可领用。

(3)计量控制。准确做好材料物资的收发计量检查和投料计量检查。

(4)包干控制。在材料使用过程中，对部分小型及零星材料(如钢钉、钢丝等)，根据工程量计算出所需材料量，将其折算成费用，由作业者包干使用。

2. 材料价格的控制

材料价格主要由材料采购部门控制。由于材料价格是由买价、运杂费、运输中的合理损耗等组成，因此，控制材料价格，主要是通过掌握市场信息，应用招标和询价等方式控制材料、设备的采购价格。

施工项目的材料物资包括构成工程实体的主要材料和结构件，以及有助于工程实体形成的周转使用材料和低值易耗品。从价值角度看，材料物资的价值约占建筑安装工程造价的 60%甚至 70%以上，因此，对材料价格的控制非常重要。由于材料物资的供应渠道和管理方式各不相同，所以，控制的内容和所采取的控制方法也将有所不同。

(三)施工机械使用费的控制

合理选择施工机械设备，合理使用施工机械设备对成本控制具有十分重要的意义，尤其是高层建筑施工。据某些工程实例统计，高层建筑地面以上部分的总费用中，垂直运输机械费用占 6%～10%。由于不同的起重运输机械各有不同的特点，因此，在选择起重运输机械时，首先应根据工程特点和施工条件确定采取的起重运输机械的组合方式。在确定采用何种组合方式时，首先应满足施工需要，其次要考虑到费用的高低和综合经济效益。

施工机械使用费主要由台班数量和台班单价两方面决定，因此，为有效控制施工机械使用费支出，应主要从这两个方面进行控制。

1. 台班数量

(1)根据施工方案和现场实际情况，选择适合项目施工特点的施工机械，制定设备需求计划，合理安排施工生产，充分利用现有机械设备，加强内部调配，提高机械设备的利用率。

(2)保证施工机械设备的作业时间，安排好生产工序的衔接，尽量避免停工、窝工，尽量减少施工中所消耗的机械台班数量。

(3)核定设备台班定额产量，实行超产奖励办法，加快施工生产进度，提高机械设备单位时间的生产效率和利用率。

(4)加强设备租赁计划管理，减少不必要的设备闲置和浪费，充分利用社会闲置机械资源。

2. 台班单价

(1)加强现场设备的维修、保养工作。降低大修、经常性修理等各项费用的开支，提高机械设备的完好率，最大限度地提高机械设备的利用率，避免因使用不当造成机械设备的停置。

(2)加强机械操作人员的培训工作。不断提高操作技能，提高施工机械台班的生产效率。

(3)加强配件的管理。建立健全配件领发料制度，严格按油料消耗定额控制油料消耗，做到修理有记录，消耗有定额，统计有报表，损耗有分析。通过经常分析总结，提高修理质量，降低配件消耗，减少修理费用的支出。

(4)降低材料成本。做好施工机械配件和工程材料采购计划，降低材料成本。

(5)成立设备管理领导小组，负责设备调度、检查、维修、评估等具体事宜。对主要部件及其保养情况建立档案，分清责任，便于尽早发现问题，找到解决问题的办法。

(四)施工分包费用的控制

施工分包工程价格的高低，必然对项目经理部的施工项目成本产生一定的影响。因此，施工项目成本控制的重要工作之一是对分包价格的控制。项目经理部应在确定施工方案的初期就要确定需要分包的工程范围，决定分包范围的因素主要是施工项目的专业性和项目规模。对分包费用的控制，主要是要做好分包工程的询价、订立平等互利的分包合同、建立稳定的分包关系网络、加强施工验收和分包结算等工作。

(五)赢得值法

赢得值法(Earned Value Management，EVM)作为一项先进的项目管理技术，最初是美国国防部于1967年首次确立的。目前，国际上先进的工程公司已普遍采用赢得值法进行工程项目的费用、进度综合分析控制。

1. 赢得值法的三个基本参数

(1)已完工作预算费用。已完工作预算费用(Budgeted Cost for Work Performed，BC-WP)是指在某一时间已经完成的工作(或部分工作)，以批准认可的预算为标准所需要的资金总额，由于业主正是根据这个值为承包方完成的工作量支付相应的费用，也就是承包方获得(挣得)的金额，故称赢得值或挣值。

赢得值法的应用

$$已完工作预算费用(BCWP)＝已完成工作量×预算(计划)单价$$

(2)计划工作预算费用。计划工作预算费用(Budgeted Cost for Work Scheduled，BC-WS)是指根据进度计划在某一时刻应当完成的工作(或部分工作)，以预算为标准所需要的资金总额。一般来说，除非合同有变更，BCWS在工程实施过程中应保持不变。

$$计划工作预算费用(BCWS)＝计划工作量×预算(计划)单价$$

(3)已完工作实际费用。已完工作实际费用(Actual Cost for Work Performed，AC-WP)是指到某一时刻为止，已完成的工作(或部分工作)所实际花费的总金额。

$$已完工作实际费用(ACWP)＝已完成工作量×实际单价$$

2. 赢得值法的四个评价指标

(1)费用偏差(Cost Variance，CV)。

费用偏差(CV)＝已完工作预算费用(BCWP)－已完工作实际费用(ACWP)

当费用偏差(CV)为负值时，即表示项目运行超出预算费用；当费用偏差(CV)为正值时，表示项目运行节支，实际费用没有超出预算费用。

(2)进度偏差(Schedule Variance，SV)。

进度偏差(SV)＝已完工作预算费用(BCWP)－计划工作预算费用(BCWS)

当进度偏差(SV)为负值时，表示进度延误，即实际进度落后于计划进度；当进度偏差(SV)为正值时，表示进度提前，即实际进度快于计划进度。

(3)费用绩效指数(CPI)。

费用绩效指数(CPI)＝已完工作预算费用(BCWP)/已完工作实际费用(ACWP)

当费用绩效指数(CPI)<1时，表示超支，即实际费用高于预算费用；当费用绩效指数(CPI)>1时，表示节支，即实际费用低于预算费用。

(4)进度绩效指数(SPI)。

进度绩效指数(SPI)＝已完工作预算费用(BCWP)/计划工作预算费用(BCWS)

当进度绩效指数(SPI)<1时，表示进度延误，即实际进度比计划进度拖后；当进度绩效指数(SPI)>1时，表示进度提前，即实际进度比计划进度快。

费用(进度)偏差反映的是绝对偏差，结果很直观，有助于费用管理人员了解项目费用出现偏差的绝对数额，并依此采取一定措施，制订或调整费用支出计划和资金筹措计划。但是，绝对偏差有其不容忽视的局限性。例如，同样是10万元的费用偏差，对于总费用1 000万元的项目和总费用1亿元的项目而言，其严重性显然是不同的。因此，费用(进度)偏差仅适合于对同一项目做偏差分析。费用(进度)绩效指数反映的是相对偏差，它不受项目层次的限制，也不受项目实施时间的限制，因而在同一项目和不同项目比较中均可采用。

在项目的费用、进度综合控制中引入赢得值法，可以克服过去进度、费用分开控制的缺点，即当我们发现费用超支时，很难立即知道是由于费用超出预算，还是由于进度提前。相反，当我们发现费用低于预算时，也很难立即知道是由于费用节省，还是由于进度拖延。而引入赢得值法即可定量地判断进度、费用的执行效果。

(六)偏差分析方法

偏差分析可以采用不同的表达方法，常用的有横道图法、时标网络图法、表格法、曲线法等。

(1)横道图法。用横道图法进行费用偏差分析，是用不同的横道标志已完工作预算费用、计划工作预算费用和已完工作实际费用，横道的长度与其金额成正比例。横道图法具有形象、直观、一目了然等优点，它能准确表达出费用的绝对偏差，而且能一眼感受到偏差的严重性。但这种方法反映的信息量少，一般在项目的较高管理层应用。

(2)时标网络图法。双代号网络图以水平时间坐标尺度表示工作时间，时标的时间单位根据需要可以是天、周、月等。在时标网络计划图中，实箭线表示工作，实箭线的长度表示工作持续时间，虚箭线表示虚工作，波浪线表示工作与其紧后工作的时间间隔。

(3)表格法。表格法是进行偏差分析最常用的一种方法。它将项目编号、名称、各费用参数以及费用偏差数总和归纳入一种表格中，并且直接在表格中进行比较。由于各偏差参数都在表中列出，费用管理者能够综合地了解并处理这些数据。

用表格法进行偏差分析具有以下优点：

1)灵活、适用性强。可根据实际需要设计表格，进行增减项。

2)信息量。可以反映偏差分析所需的资料，从而有利于费用控制人员及时采取针对性措施，加强控制。

3)表格处理可借助计算机，从而节约大量数据处理所需的人力，并大大提高处理速度。

(4)曲线法。曲线法是指用投资—时间曲线(S形曲线)进行分析的一种方法。通常有三条曲线，即已完工作实际费用曲线、已完工作预算费用曲线、计划工作预算费用曲线。已完工作实际费用与已完工作预算费用两条曲线之间的竖向距离表示投资偏差，计划工作预算费用与已完工作预算费用曲线之间的水平距离表示进度偏差。

【例4-1】 某工程项目有2 000 m² 缸砖面层地面施工任务，交由某分包方承包，计划于六个月内完工，该工程进行了三个月后，发现工作项目实际已完成的工作量及实际单价与原计划有偏差，工作量见表4-6。

表4-6 工作量

工作项目名称	平整场地	室内夯填土	垫层	缸砖面砂浆结合	踢脚
单位	100 m²	100 m²	10 m²	100 m²	100 m²
计划工作量(三个月)	150	20	60	100	13.55
计划单价/(元·单位$^{-1}$)	16	46	450	1 520	1 620
已完成工作量(三个月)	150	18	48	70	9.5
实际单价/(元·单位$^{-1}$)	16	46	450	1 800	1 650

要求：

(1)试计算并用表格法列出至第三个月末时各工作的计划工作预算费用(BCWS)、已完工作预算费用(BCWP)、已完工作实际费用(ACWP)，并分析费用局部偏差值、费用绩效指数(CPI)、进度局部偏差值、进度绩效指数(SPI)。

(2)用横道图法表明各项工作的进展以及偏差情况，分析并在图上标明其偏差情况。

(3)用曲线法表明该项施工任务总的计划和实际进展情况，标明其费用及进度偏差情况。(备注：各工作项目在三个月内均是以等速、等值进行的)

【解】

(1)表格法分析费用偏差，见表4-7。

表4-7 缸砖地面施工费用分析

(1)项目编码		001	002	003	004	005
(2)工作项目名称	计算方法	平整场地	室内夯填土	垫层	缸砖面砂浆结合	踢脚
(3)单位		100 m²	100 m²	10 m²	100 m²	100 m²
(4)计划工作量(三个月)	(4)	150	20	60	100	13.55
(5)计划单价/(元·单位$^{-1}$)	(5)	16	46	450	1 520	1 620
(6)计划工作预算费用(BCWS)	(6)=(4)×(5)	2 400	920	27 000	152 000	21 951
(7)已完成工作量(三个月)	(7)	150	18	48	70	9.5
(8)已完工作预算费用(BCWP)	(8)=(7)×(5)	2 400	828	21 600	106 400	15 390
(9)实际单价/(元·单位$^{-1}$)	(9)	16	46	450	1 800	1 650

(10)已完工作实际费用(ACWP)	(10)=(7)×(9)	2 400	828	21 600	126 000	15 675
(11)费用偏差(CV)	(11)=(8)-(10)	0	0	0	-19 600	-285
(12)费用绩效指数(CPI)	(12)=(8)/(10)	1	1	1	0.844 444	0.981 818
(13)进度偏差(SV)	(13)=(8)-(6)	0	-92	-5 400	-45 600	-6 561
(14)进度绩效指数(SPI)	(14)=(8)/(6)	1	0.9	0.8	0.7	0.701 107

(2)横道图费用偏差分析，如图4-7所示。

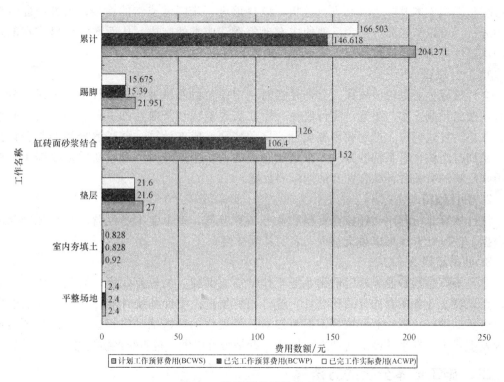

图4-7　横道图费用偏差分析

(3)用曲线法表明该项施工任务在第三个月末时，费用及进度的偏差情况，如图4-8所示。

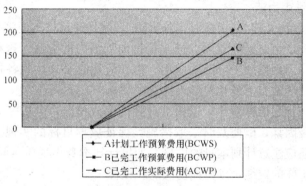

图4-8　曲线图

第四节 施工成本分析与考核

一、施工成本分析的依据

施工成本分析就是根据会计核算、统计核算和业务核算提供的资料，对施工成本的形成过程和影响成本升降的因素进行分析，以寻求进一步降低成本的途径；另外，通过对成本的分析，可以从账簿、报表反映的成本现象看清成本的实质，从而增强项目成本的透明度和可控性，为加强成本控制，实现项目成本目标创造条件。

1. 会计核算

会计核算主要是价值核算。会计是指对一定单位的经济业务进行计量、记录、分析和检查，做出预测，参与决策，实行监督，旨在实现最优经济效益的一种管理活动。它通过设置账户、复式记账、填制和审核凭证、登记账簿、成本计算、财产清查和编制会计报表等一系列有组织、有系统的方法，来记录企业的一切生产经营活动，然后据以提出一些用货币来反映的有关各种综合性经济指标的数据。

2. 统计核算

统计核算是指利用会计核算资料和业务核算资料，把企业生产经营活动客观现状的大量数据，按统计方法加以系统整理，表明其规律性。

3. 业务核算

业务核算是指各业务部门根据业务工作的需要而建立的核算制度，它包括原始记录和计算登记表。业务核算的范围比会计、统计核算要广。会计和统计核算一般是对已经发生的经济活动进行核算；业务核算不但可以对已经发生的经济活动进行核算，而且还可以对尚未发生或正在发生的经济活动进行核算，看是否可以做，是否有经济效益。

二、施工成本分析的方法

由于施工项目成本涉及的范围很广，需要分析的内容也很多，故应该在不同的情况下采取不同的分析方法。

1. 成本分析的基本方法

（1）比较法。比较法又称为"指标对比分析法"，就是通过技术经济指标的对比，检查计划的完成情况，分析产生差异的原因，进而挖掘内部潜力的方法。这种方法通俗易懂、简单易行、便于掌握，因而得到了广泛的应用，但在应用时必须注意各技术经济指标的可比性。比较法的应用，通常有下列几种形式：

1）将实际指标与计划指标对比，以检查计划的完成情况，分析完成计划的积极因素和影响计划完成的消极因素，以便及时采取措施，保证成本目标的实现。在进行实际指标与计划指标对比时，还应注意计划本身的质量。如果计划本身出现质量问题，则应调整计划，重新正确评价实际工作的成绩，以免挫伤人的积极性。

2）本期实际指标与上期实际指标对比。通过这种对比，可以看出各项技术经济指标的动态情况，反映施工项目管理水平的提高程度。一般情况下，一个技术经济指标只能代表施工项目管理的一个侧面，只有成本指标才是施工项目管理水平的综合反映。因此，成本指标的对比分析尤为重要，一定要真实可靠，而且要有深度。

3）与本行业平均水平、先进水平对比。通过这种对比，可以反映本项目的技术管理和经济管理与其他项目的平均水平和先进水平的差距，进而采取措施赶超先进水平。

【例4-2】 某项目本年计划节约"三材"100 000 元，实际节约 110 000 元，上年节约 95 000 元，本行业先进水平节约 125 000 元。根据上述资料编制分析表，见表4-8。

表4-8 实际指标与目标指标、上年指标、先进水平对比表　　　　　　　元

指标	本年目标数	上年实际数	行业先进水平	本年实际数	差异数		
					与目标比	与上年比	与先进比
"三材"节约额	100 000	95 000	125 000	110 000	+10 000	+15 000	-15 000

(2)因素分析法。因素分析法又称为连锁置换法或连环替代法。这种方法可用来分析各种因素对成本形成的影响程度。在进行分析时，首先要假定众多因素中的一个因素发生了变化，而其他因素不变，然后逐个替换，并分别比较其计算结果，以确定各个因素的变化对成本的影响程度。因素分析法的计算步骤如下：

1)确定分析对象，即所分析的技术经济指标，并计算出实际数与计划数的差异。

2)确定该指标是由哪几个因素组成的，并按其相互关系进行排序。替代顺序原则：一般是先替代数量指标，后替代质量指标；先替代实物量指标，后替代货币量指标；先替代主要指标，后替代次要指标。

3)以计划预算数为基础，将各因素的计划预算数相乘，作为分析替代的基数。

4)将各个因素的实际数按照上面的排列顺序进行替换计算，并将替换后的实际数保留下来。

5)将每次替换计算所得的结果，与前一次的计算结果相比较，两者的差异即为该因素对成本的影响程度。

6)各个因素的影响程度之和，应与分析对象的总差异相等。

【例4-3】 某工程浇筑一层结构商品混凝土，目标成本为 364 000 元，实际成本为 383 760 元，比目标成本增加 19 760 元，资料见表4-9。用因素分析法分析产量、单价、损耗率等因素的变动对实际成本的影响程度。

表4-9 商品混凝土目标成本与实际成本对比表

项　　目	单　　位	目　　标	实　　际	差　　额
产量	m³	500	520	+20
单价	元	700	720	+20
损耗率	%	4	2.5	-1.5
成本	元	364 000	383 760	+19 760

【解】 分析成本增加的原因：

分析对象是浇筑一层结构商品混凝土的成本，实际成本与目标成本的差额为 19 760 元，

该指标是由产量、单价、损耗率三个因素组成的，其排序见表4-9。

以目标数 364 000×(500×700×1.04)元为分析替代的基础。

第一次替代产量因素：以520替代500，520×700×1.04=378 560(元)；

第二次替代单价因素：以720替代700，并保留上次替代后的值，520×720×1.04=389 376(元)；

第三次替代损耗率因素：以1.025替代1.04，并保留上两次替代后的值，520×720×1.025=383 760(元)。

计算差额：

第一次替代与目标数的差额=378 560−364 000=14 560(元)

第二次替代与第一次替代的差额=389 376−378 560=10 816(元)

第三次替代与第二次替代的差额=383 760−389 376=−5 616(元)

产量增加使成本增加了14 560元，单价提高使成本增加了10 816元，而损耗率下降使成本减少了5 616元。

各因素的影响程度之和=14 560+10 816−5 616=19 760(元)。与实际成本和目标成本的总差额相等。

为了使用方便，企业也可以运用因素分析表来求出某个因素变动对实际成本的影响程度，其具体形式见表4-10。

表4-10　商品混凝土成本变动因素分析表

顺序	连环替代计算	差额/元	因素分析
目标数	500×700×1.04		
第一次替代	520×700×1.04	14 560	由于产量增加20 m³，成本增加14 560元
第二次替代	520×720×1.04	10 816	由于产量增加20 m³，单价提高20元，成本增加10 816元
第三次替代	520×720×1.025	−5 616	由于产量增加20 m³、单价提高20元、损耗下降1.5%，成本减少5 616元
合计		19 760	

必须说明，在应用因素分析法时，各个因素的排列顺序应该固定不变。否则，就会得出不同的计算结果，也会产生不同的结论。

(3)差额计算法。差额计算法是因素分析法的一种简化形式，它利用各个因素的计划值与实际的差额来计算其对成本的影响程度。

【例4-4】　某施工项目某月的实际成本降低额比目标数提高了2.40万元，见表4-11。用差额计算法进行分析，找出成本降低的主要原因。

表4-11　目标成本与实际成本对比表

项　目	单　位	目　标	实　际	差　额
预算成本	万元	300	320	+20
成本降低率	%	4	4.5	+0.5
成本降低额	万元	12	14.40	+2.40

【解】 预算成本增加对成本降低额的影响程度：$(320-300)\times4\%=0.80$(万元)。

成本降低率提高对成本降低额的影响程度：$(4.5\%-4\%)\times320=1.60$(万元)。

以上两项合计：$0.80+1.60=2.40$(万元)。

其中成本降低率提高是主要原因，应进一步寻找提高成本降低率的原因。

(4)比率法。比率法是指用两个以上的指标的比例进行分析的方法。它的基本特点是：先把对比分析的数值变成相对数，再观察其相互之间的关系。常用的比率法有以下几种：

1)相关比率法。由于项目经济活动的各个方面是互相联系、互相依存又互相影响的，因而将两个性质不同而又相关的指标加以对比，求出比率，并以此来考察经营成果的好坏。

例如，产值和工资是两个不同的概念，但它们的关系又是投入与产出的关系。一般情况下，都希望以最少的人工费支出完成最大的产值。因此，用产值工资率指标来考核人工费的支出水平，就能说明问题。

2)构成比率法。构成比率法又称为比重分析法或结构对比分析法。通过构成比率法，可以考察成本总量的构成情况以及各成本项目占成本总量的比重，同时也可看出量、本、利的比例关系，即预算成本、实际成本和降低成本的比例关系，从而为寻求降低成本的途径指明方向。

3)动态比率法。动态比率法就是将同类指标不同时期的数值进行对比，求出比率，以分析该项指标的发展方向和发展速度。动态比率的计算，通常采用基期指数(或稳定比指数)和环比指数两种方法。

2. 综合成本分析法

综合成本是指涉及多种生产要素，并受多种因素影响的成本费用，如分部分项工程成本、月(季)度成本、年度成本等。

(1)分部分项工程成本分析。分部分项工程成本分析是施工项目成本分析的基础。分析对象是已完分部分项工程；分析方法是进行预算成本、目标成本和实际成本的"三算"对比，分别计算实际偏差和目标偏差，分析产生偏差的原因，为今后寻求节约途径。

分部分项工程成本分析的资料来源是：预算成本来自施工图预算，计划成本来自施工预算，实际成本来自施工任务单的实际工程量、实耗人工和限额领料单的实耗材料。由于施工项目包括很多分部分项工程，不可能也没有必要对每一个分部分项工程都进行成本分析。特别是一些工程量小、成本费用微不足道的零星工程。但是，对于那些主要分部分项工程，则必须进行成本分析，而且要做到从开工到竣工进行系统的成本分析。这是一项很有意义的工作，因为通过主要分部分项工程成本的系统分析，可以基本上了解项目成本形成的全过程，为竣工成本分析和今后的项目成本管理提供一份宝贵的参考资料。

(2)月(季)度成本分析。月(季)度成本分析是施工项目定期的、经常性的中间成本分析。对于有一次性特点的施工项目来说，有着特别重要的意义。因为，通过月(季)度成本分析，可以及时发现问题，以便按照成本目标指示的方向进行监督和控制，保证项目成本目标的实现。月(季)度成本分析的依据是当月(季)的成本报表。分析的方法通常有以下几种：

1)通过实际成本与预算成本的对比，分析当月(季)度的成本降低水平；通过累计实际成本与累计预算成本的对比，分析累计的成本降低水平，预测实现项目成本目标的前景。

2)通过实际成本与计划成本的对比，分析计划成本的落实情况，以及目标管理中的问题和不足，进而采取措施，加强成本管理，保证成本计划的落实。

3)通过对各成本项目的成本分析，可以了解成本总量的构成比例和成本管理的薄弱环节。例如，在成本分析中，如果发现人工费、机械费和间接费等项目大幅度超支，就应该对这些费用的收支配比关系认真研究，并采取对应的增收节支措施，防止今后再超支。如果是属于预算定额规定的"政策性"亏损，则应从控制支出着手，把超支额压缩到最低限度。

4)通过主要技术经济指标的实际与计划的对比，分析产量、工期、质量、"三材"节约率、机械利用率等对成本的影响。

5)通过对技术组织措施执行效果的分析，寻求更加有效的节约途径。

6)分析其他有利条件和不利条件对成本的影响。

(3)年度成本分析。企业成本要求一年结算一次，不得将本年成本转入下一年度。企业成本要求一年一结算，而项目是以寿命周期为结算期，然后算出成本总量及其盈亏。由于项目周期一般较长，除月(季)度成本核算和分析外，还要进行年度成本核算和分析，这不仅是为了满足企业汇编年度成本报表的需要，同时也是项目成本管理的需要。因为通过年度成本的综合分析，可以总结一年来成本管理的成绩和不足，为今后的成本管理提供经验和教训，从而可对项目成本进行更有效的管理。

年度成本分析的依据是年度成本报表。年度成本分析的内容，除月(季)度成本分析的六个方面外，重点是针对下一年度的施工进展情况规划切实可行的成本管理措施，以保证施工项目成本目标的实现。

(4)竣工成本的综合分析。凡是有几个单位工程而且是单独进行成本核算(成本核算对象)的施工项目，其竣工成本分析应以各单位工程竣工成本分析资料为基础，再加上项目经理部的经营效益(如资金调度、对外分包等所产生的效益)进行综合分析。如果施工项目只有一个成本核算对象(单位工程)，就以该成本核算对象的竣工成本资料作为成本分析的依据。

单位工程竣工成本分析，应包括以下三方面内容：竣工成本分析；主要资源节超对比分析；主要技术节约措施及经济效果分析。

通过以上分析，可以全面了解单位工程的成本构成和降低成本的来源，对今后同类工程的成本管理具有参考价值。

3. 成市项目的分析方法

(1)人工费分析。在实行管理层和作业层两层分离的情况下，项目施工需要的人工和人工费，由项目经理部与施工队签订劳务承包合同，明确承包范围、承包金额和双方的权利、义务。对项目经理部来说，除按合同规定支付劳务费外，还可能发生一些其他人工费支出，主要有：

1)因实物工程量增减而调整的人工和人工费。

2)定额人工以外的计日工工资(已按定额人工的一定比例由施工队包干，并已列入承包合同的，不再另行支付)。

3)对在进度、质量、节约、文明施工等方面做出贡献的班组和个人进行奖励的费用。

项目经理部应根据上述人工费的增减，结合劳务合同的管理进行分析。

(2)材料费分析。材料费分析包括主要材料、结构件费用分析，周转材料使用费的分析，材料采购保管费分析和材料储备资金的分析。

1)主要材料和结构件费用的分析。主要材料和结构件费用的高低，主要受价格和消耗数量的影响。而材料价格的变动，又要受采购价格、运输费用、途中损耗、来料不足等因素的影响；材料消耗数量的变动，也要受操作损耗、管理损耗和返工损失等因素的影响，可在价格变动较大和数量超用异常的时候再进行深入分析。为了分析材料价格和消耗数量的变化对材料和结构件费用的影响程度，可按下列公式计算：

因材料价格变动对材料费的影响＝(预算单价－实际单价)×消耗数量

因消耗数量变动对材料费的影响＝(预算用量－实际用量)×预算价格

2)周转材料使用费分析。在实行周转材料内部租赁制的情况下，项目周转材料费的节约或超支，取决于周转材料的周转利用率和损耗率。因为周转一慢，周转材料的使用时间就长，同时也会增加租赁费支出；而超过规定的损耗，更要照原价赔偿。周转利用率和损耗率的计算公式如下：

周转利用率＝实际使用数×租用期内的周转次数/(进场数×租用期)×100%

损耗率＝退场数/进场数×100%

【例 4-5】 某施工项目需要定型钢模，考虑周转利用率为 85%，租用钢模 4 500 m，月租金为 5 元/m；由于加快施工进度，实际周转利用率达到 90%。试用"差额计算法"计算周转利用率的提高对节约周转材料使用费的影响程度。

具体计算如下：

$$(90\%-85\%)×4\,500×5＝1\,125(元)$$

3)采购保管费分析。材料采购保管费属于材料的采购成本，包括材料采购保管人员的工资、工资附加费、劳动保护费、办公费、差旅费，以及材料采购保管过程中发生的固定资产使用费、工具用具使用费、检验试验费、材料整理及零星运费和材料物资的盘亏及毁损等。

材料采购保管费一般应与材料采购数量同步，即材料采购多，采购保管费也会相应增加。因此，应该根据每月实际采购的材料数量(金额)和实际发生的材料采购保管费，计算材料采购保管费支用率，作为前后期材料采购保管费的对比分析之用。

4)材料储备资金分析。材料的储备资金，是根据日平均用量、材料单价和储备天数(从采购到进场所需要的时间)计算的。上述任何两个因素的变动，都会影响储备资金的占用量。材料储备资金的分析，可以应用因素分析法。从以上分析内容来看，储备天数的长短是影响储备资金的关键因素。因此，材料采购人员应该选择运距短的供应单位，尽可能减少材料采购的中转环节，缩短储备天数。

(3)机械使用费分析。由于项目施工具有一次性，项目经理部不可能拥有自己的机械设备，而是随着施工的需要，向企业动力部门或外单位租用。在机械设备的租用过程中，存在着两种情况：一种是按产量进行承包，并按完成产量计算费用，如土方工程，项目经理部只要按实际挖掘的土方工程量结算挖土费用，而不必考虑挖土机械的完好程度和利用程度；另一种是按使用时间(台班)计算机械费用，如塔式起重机、搅拌机、砂浆机等。如果机械完好率差或在使用中调度不当，必然会影响机械的利用率，从而延长使用时间，增加使用费用，因此，项目经理部应该给予一定的重视。

由于建筑施工的特点，在流水作业和工序搭接上往往会出现某些必然或偶然的施工间隙，影响机械的连续作业；有时，又因为加快施工进度和工种配合，需要机械日夜不停地运转。这样，难免会有一些机械利用率很高，也会有一些机械利用不足，甚至租而不用的现象出现。利用不足，台班费需要照付；租而不用，则要支付停班费。总之，它们都将增加机械使用费的支出。

因此，在机械设备的使用过程中，必须以满足施工需要为前提，加强机械设备的平衡调度，充分发挥机械的效用；同时，还要加强平时机械设备的维修保养工作，提高机械的完好率，保证机械的正常运转。

完好台班数是指机械处于完好状态下的台班数，它包括修理不满一天的机械，但不包括待修、在修、送修在途的机械。在计算完好台班数时，只考虑是否完好，不考虑是否在工作。

制度台班数是指本期内全部机械台班数与制度工作天的乘积，不考虑机械的技术状态和是否在工作。

(4)措施费分析。措施费分析主要应通过预算数与实际数的比较来进行。如果没有预算数，可以用计划数代替预算数。

(5)间接成本分析。间接成本是指为施工准备、组织施工生产和管理所需要的费用，主要包括现场管理人员的工资和进行现场管理所需要的费用。间接成本的分析，也应通过预算(或计划)数与实际数的比较来进行。

4. 特定问题和与成本有关事项的分析

(1)成本盈亏异常分析。若成本出现盈亏异常情况，对施工项目来说，必须引起高度重视，彻底查明原因，立即加以纠正。

检查成本盈亏异常的原因，应从经济核算的"三同步"入手。因为，项目经济核算的基本规律是：在完成多少产值、消耗多少资源、发生多少成本盈亏之间，有着必然的同步关系。如果违背这个规律，就会发生成本的盈亏异常。

"三同步"检查是提高项目经济核算水平的有效手段，不仅适用于成本盈亏异常的检查，也可用于月度成本的检查。"三同步"检查可以通过以下五个方面的对比分析来实现。

1)产值与施工任务单的实际工程量和形象进度是否同步。

2)资源消耗与施工任务单的实耗人工、限额领料单的实耗材料、当期租用的周转材料和施工机械是否同步。

3)其他费用(如材料价差、超高费、井点抽水的打拔费和台班费等)的产值统计与实际支付是否同步。

4)预算成本与产值统计是否同步。

5)实际成本与资源消耗是否同步。

实践证明，把以上五个方面的同步情况查明后，成本盈亏的原因自然会一目了然。

(2)工期成本分析。工期的长短与成本的高低有着密切的关系。一般情况下，工期越长费用支出越多，工期越短费用支出越少。特别是固定成本的支出，基本上是与工期长短成正比增减的，是进行工期成本分析的重点。

工期成本分析就是计划工期成本与实际工期成本的比较分析。所谓计划工期成本，是指在假定完成预期利润的前提下计划工期内所耗用的计划成本；而实际工期成本，则是在实际工期中耗用的实际成本。

工期成本分析的方法一般采用比较法，即将计划工期成本与实际工期成本进行比较，然后应用"因素分析法"分析各种因素的变动对工期成本差异的影响程度。

进行工期成本分析的前提条件是根据施工图预算和施工组织设计进行量本分析，计算施工项目的产量、成本和利润的比例关系，然后用固定成本除以合同工期，求出每月支用的固定成本。

三、项目成本考核

(一)项目成本考核的要求

项目成本管理的绩效考核是贯彻项目成本管理责任制和激励机制的重要措施,这种考核既是对项目成本管理过程进行经验与教训总结,也是对项目成本管理的绩效进行审查与确认,对于调动各级项目管理者的积极性、责任心以及促进项目成本管理的持续改进,将产生积极的推动作用。项目成本考核的要求有:

(1)组织应建立健全项目成本考核制度,对考核的目的、时间、范围、对象、方式、依据、指标、组织领导、评价与奖惩原则等做出规定。

(2)组织应对项目经理部的成本和效益进行全面审核、审计、评价、考核与奖惩。

(3)组织应以项目成本降低额和项目成本降低率作为成本考核的主要指标。项目经理部应设置成本降低额和成本降低率等考核指标。

(二)项目成本考核的依据

(1)工程施工承包合同。

(2)项目管理目标责任书。

(3)项目管理实施规划及施工组织设计文件。

(4)项目成本计划。

(5)项目成本核算资料与成本报告文件等。

(三)项目成本考核的原则

1. 按照项目经理部人员分工,进行成市内容确定的原则

施工项目有大有小,管理人员投入量也有所不同。项目大的,管理人员就多一些。在项目有几个栋号施工时,还可能会设立相应的栋号长,他们分别对每个单体工程或几个单体工程进行协调管理。当工程量小时,项目管理人员就相应减少,一个人可能兼几份工作,所以,成本考核时应以人和岗位为主,没有岗位就计算不出管理目标,同样,没有人就会失去考核的责任主体。

2. 及时性原则

岗位成本是项目成本要考核的实时成本,如果以传统的会计核算对项目成本进行考核,就偏离了考核的目的,所以,时效性是项目成本考核的生命。

3. 简单易行、便于操作的原则

项目的施工生产每时每刻都在发生变化,考核项目的成本必须让项目相关管理人员明白。由于管理人员的专业特点,对一些相关概念不可能很清楚,所以,确定的考核内容,必须简单明了,要让考核者一看就能明白。

(四)项目成本考核的程序

(1)组织主管领导或部门发出考评通知书,说明考评的范围、具体时间和要求。

(2)项目经理部按要求做好相关范围成本管理情况的总结和数据资料的汇总,提出自评报告。

(3)组织主管领导签发项目经理部的自评报告,交送相关职能部门和人员进行审阅评议。

(4)及时进行项目审计,对项目整体的综合效益做出评估。

(5)按规定时间召开组织考评会议，进行集体评价与审查，并形成考评结论。

(五)项目成本考核的内容

项目成本考核的内容如图 4-9 所示。

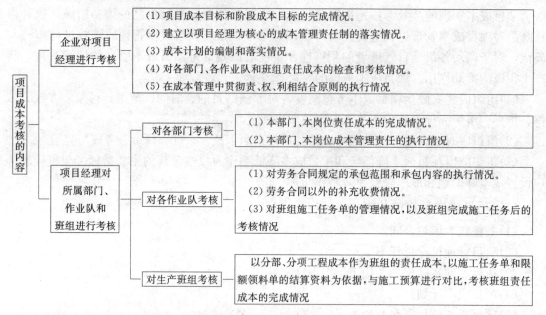

图 4-9　项目成本考核的内容

(六)项目成本考核的实施

项目成本考核是指工程项目根据责任成本完成情况和成本管理工作业绩确定权重后，按考核的内容进行评分。通常情况下是按 7：3 的比例加权平均，即责任成本完成情况的评分为 7，成本管理工作业绩的评分为 3。这是一个假设的比例，工程项目可以根据自己的具体情况进行调整。

项目成本的考核评分要考虑相关指标的完成情况，并予以嘉奖或扣罚。项目成本考核的相关指标有进度、质量、安全、现场标准化管理等。

1. 项目成市的中间考核

由于项目成本的中间考核能更好地带动之后的成本管理工作，保证项目成本目标的实现。因此，应充分重视项目成本的中间考核。项目成本中间考核的内容如图 4-10 所示。

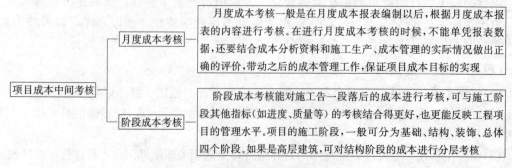

图 4-10　项目成本中间考核的内容

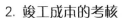

2. 竣工成本的考核

项目的竣工成本是在工程竣工和工程款结算的基础上编制的，它是竣工成本考核的依据，也是项目成本管理水平和项目经济效益的最终反映，还是考核承包经营情况、实施奖罚的依据。项目竣工成本考核必须做到核算无误，考核正确。

3. 项目成本的奖罚

项目成本奖罚的标准，应通过经济合同的形式明确规定。在确定项目成本奖罚标准的时候，必须从本项目的客观实际情况出发，既要考虑职工的利益，又要考虑项目成本的承受能力。在一般情况下，造价低的项目，奖金水平要定得低一些；造价高的项目，奖金水平可以适当提高。具体的奖罚标准，应该经过认真测算再行确定。

企业领导和项目经理还可对完成项目成本目标有突出贡献的部门、施工队、班组和个人进行随机奖励。这是项目成本奖励的另一种形式，显然不属于上述成本奖罚的范围，但往往能起到很好的效果。

本章小结

建筑工程项目成本控制过程贯穿于建筑工程项目的规划决策、建筑工程设计、建筑工程招标文件与合同的编制、建筑工程施工、建筑工程结算审计等阶段。成本控制对项目成本管理目标的实现起着非常重要的作用。本章主要介绍了施工成本计划、施工成本控制、施工成本分析与考核的相关内容。

思考与练习

一、填空题

1. _____指按照建筑安装工程的实物量和国家或地区制定的预算定额单价及取费标准计算的社会平均成本。

2. 施工成本按生产费用计入成本的方式可划分为_____、_____。

3. _____是根据施工项目的具体情况制订的施工成本控制方案，既包括预定的具体成本控制目标，又包括实现控制目标的措施和规划，是施工成本控制的指导文件。

4. 成本的过程控制中，有两类控制程序，一是_____；二是_____。

5. _____和_____是对项目施工成本进行过程控制的主要内容。

6. _____对于有消耗定额的材料，以消耗定额为依据，实行限额领料制度。

7. 限额领料单一式三份，一份交_____作为控制发料的依据；一份_____，作为领料的依据；一份_____留存，作为考核的依据。

8. 施工机械使用费主要由_____和_____两个方面决定，因此，为有效控制施工机械使用费支出，应主要从这两个方面进行控制。

9. 用赢得值法进行费用、进度综合分析控制，基本参数有三项，即_____、_____和_____。

10. _____是指用两个以上的指标的比例进行分析的方法。

二、单项选择题

1. 下列施工成本不属于按成本计价的定额标准来划分的是(　　)。

    A. 预算成本   B. 计划成本

    C. 实际成本   D. 变动成本

2. 施工成本计划的类型不包括(　　)。

    A. 竞争性成本计划   B. 投标性成本计划

    C. 指导性成本计划   D. 实施性成本计划

3. 一般情况下，施工成本计划总额应控制在(　　)的范围内。

    A. 历史成本   B. 目标成本

    C. 计划成本   D. 实际成本

4. 施工成本控制要以(　　)为依据，围绕降低工程成本这个目标，从预算收入和实际成本两方面，努力挖掘增收节支潜力，以获得最大的经济效益。

    A. 工程承包合同   B. 进度报告

    C. 施工成本计划   D. 工程变更

5. 施工成本控制工作的核心工作是(　　)。

    A. 纠偏   B. 检查   C. 比较   D. 分析

6. 下列(　　)不是控制人工费支出的主要手段。

    A. 加强劳动定额管理   B. 提高劳动生产率

    C. 提高工程耗用人工工日   D. 实行弹性需求的劳务管理制度

7. 下列(　　)不属于成本分析基本方法。

    A. 比较法   B. 因素分析法

    C. 差额计算法   D. 人工费分析

三、简答题

1. 施工成本管理的任务主要包括哪些？

2. 施工成本管理的措施可归纳为哪四个方面？

3. 为了编制出能够发挥积极作用的施工成本计划，在编制施工成本计划时应遵循哪些原则？

4. 人工费的影响因素包括哪些？

5. 材料用量的控制中限额领料的形式有哪些？

6. 简述采用因素分析法进行成本计算的步骤。

7. 项目成本考核的要求有哪些？

第五章　建筑工程项目进度管理

知识目标

1. 熟悉工程项目进度控制的概念。
2. 掌握工程项目进度管理的目的与概念。
3. 掌握施工项目总进度计划的编制。
4. 掌握流水施工的优点及组织方式。
5. 掌握双代号网络计划时间参数的计算。
6. 掌握单代号网络计划时间参数的计算。
7. 掌握施工项目进度计划检查的方法。
8. 熟悉施工项目进度计划管理总结的内容。

能力目标

1. 能够编制施工项目总进度计划。
2. 能够编制单位工程进度计划。
3. 具备组织流水施工的能力。
4. 能够计算网络计划时间参数。

第一节　建筑工程项目进度管理概述

一、工程项目进度

(一)工程项目进度的概念

工程项目进度通常是指工程项目实施结果的进展情况。在工程项目实施过程中，要消耗时间(工期)、劳动力、材料、成本等才能完成项目的任务。项目实施结果应该通过项目任务的完成情况(如工程的数量)来表达。由于工程项目对象系统(技术系统)的复杂性，常常很难选定一个恰当的、统一的指标来全面反映工程的进度。有时时间和费用与计划都吻合，但工程实物进度(工作量)未达到目标，则后期就必须投入更多的时间和费用。

(二)工程项目进度控制

1. 工程项目进度控制的概念和目的

工程项目进度控制是指对工程项目建设各阶段的工作内容、工作程序、持续时间和衔接关系根据进度总目标及资源优化配置的原则编制计划并付诸实施，然后在进度计划的实施过程中经常检查实际进度是否按计划要求进行，对出现的偏差情况进行分析，采取补救措施调整、修改原计划后再付诸实施，如此循环，直到建设工程竣工验收交付使用。

工程项目进度控制的最终目的是确保建设项目按预定的时间完工或提前交付使用，建筑工程进度控制的总目标是建设工期。

2. 工程项目进度控制的任务

工程项目进度控制的任务包括设计准备阶段、设计阶段、施工阶段的任务。

(1)设计准备阶段的任务。

1)收集有关工期的信息，进行工期目标和进度控制决策。

2)编制工程项目总进度计划。

3)编制设计准备阶段的详细工作计划，并控制其执行。

4)进行环境及施工现场条件的调查和分析。

(2)设计阶段的任务。

1)编制设计阶段工作计划，并控制其执行。

2)编制详细的出图计划，并控制其执行。

(3)施工阶段的任务。

1)编制施工总进度计划，并控制其执行。

2)编制单位工程施工进度计划，并控制其执行。

3)编制工程年、季、月实施计划，并控制其执行。

3. 工程项目进度控制的措施

工程项目进度控制的措施包括组织措施、经济措施、技术措施、合同措施。

(1)组织措施。

1)建立进度控制目标体系，明确建设工程现场监理组织机构的进度控制人员及其职责分工。

2)建立工程进度报告制度及进度信息沟通网络。

3)建立进度计划审核制度和进度计划实施中的检查分析制度。

4)建立进度协调会议制度，包括协调会议举行的时间、地点，协调会议的参加人员等。

5)建立图纸审查、工程变更和设计变更管理制度。

(2)经济措施。

1)及时办理工程预付款及工程进度款支付手续。

2)对应急赶工给予优厚的赶工费用。

3)对工期提前给予奖励。

4)对工程延误收取误期损失赔偿金。

(3)技术措施。

1)审查承包人提交的进度计划，使承包人能在合理的状态下施工。

2)编制进度控制工作细则，指导监理人员实施进度控制。

3)采用网络计划技术及其他科学使用的计划方法，并结合电子计算机的应用，对建设工程进度实施动态控制。

（4）合同措施。

1)推行 CM 承发包模式，对建设工程实行分段设计、分段分包和分段施工。

2)加强合同管理，协调合同工期与进度计划之间的关系，保证合同中进度目标的实现。

3)严格控制合同变更，对各方提出的工程变更和设计变更，监理工程师应严格审查后再补入合同文件中。

4)加强风险管理，在合同中应充分考虑风险因素及其对进度的影响，以及相应的处理方法。

5)加强索赔管理，公正地处理索赔。

二、工程项目进度管理

（一）工程项目进度管理的概念和目的

工程项目进度管理也称为工程项目时间管理，是在工程项目范围确定以后，为确保在规定时间内实现项目的目标、生成项目的产出物和完成项目范围计划所规定的各项工作活动而开展的一系列活动与过程。

工程项目进度管理是以工程建设总目标为基础进行工程项目的进度分析、进度计划及资源优化配置并进行进度控制管理的全过程，直至工程项目竣工并验收交付使用后结束。

工程项目进度管理的目的是保证进度计划的顺利实施，并纠正进度计划的偏差，即保证各工程活动按进度计划及时开工、按时完成，保证总工期不推迟。

（二）工程项目进度管理的程序

（1）确定进度目标，明确计划开工日期、计划总工期和计划竣工日期，并确定项目分期分批的开工、竣工日期。

（2）编制施工进度计划，并使其得到各个方面如施工企业、业主、监理工程师的批准。

（3）实施施工进度计划，由项目经理部的工程部调配各项施工项目资源，组织和安排各工程队按进度计划的要求实施工程项目。

（4）施工项目进度控制，在施工项目部计划、质量、成本、安全、材料、合同等各个职能部门的协调下，定期检查各项活动的完成情况，记录项目实施过程中的各项信息，用进度控制比较方法判断项目进度完成情况，如进度出现偏差，则应调整进度计划，以实现项目进度的动态管理。

（5）阶段性任务或全部任务完成后，应进行进度控制总结，并编写进度控制报告。

（三）工程项目进度管理的目标

在确定工程项目进度管理目标时，必须全面、细致地分析与建筑工程进度有关的各种有利因素和不利因素，只有这样，才能制定一个科学、合理的进度管理目标。确定工程项目进度管理目标的主要依据有：建筑工程总进度目标对施工工期的要求；工期定额、类似工程项目的实际进度；工程难易程度和工程条件的落实情况等。

确定工程项目进度目标应考虑以下几个方面：

（1）对于大型建筑工程项目，应根据尽早提供可动用单元的原则，集中力量分期分批建设，以便尽早投入使用，尽快发挥投资效益。这时为保证每一动用单元能形成完整的生产能力，就要考虑这些动用单元交付使用时所必需的全部配套项目。因此，要处理好前期动用和后期建设的关系、每期工程中主体工程与辅助及附属工程之间的关系等。

（2）结合本工程的特点，参考同类建设工程的经验来确定施工进度目标，避免只按主观愿望盲目确定进度目标，从而在实施过程中造成进度失控。

（3）考虑工程项目所在地区的地形、地质、水文、气象等方面的限制条件。

（4）考虑外部协作条件的配合情况。其中包括施工过程及项目竣工后所需的水、电、气、通信、道路及其他社会服务项目的满足程度和满足时间，它们必须与有关项目的进度目标相协调。

（5）合理安排土建与设备的综合施工。要按照它们各自的特点，合理安排土建施工与设备基础、设备安装的先后顺序及搭接、交叉或平行作业，明确设备工程对土建工程的要求和土建工程为设备工程提供施工条件的内容及时间。

（6）做好资金供应能力、施工力量配备、物资（材料、构配件、设备）供应能力与施工进度的平衡工作，确保满足工程进度目标的要求。

（四）工程施工项目进度管理体系

1. 施工准备工作计划

施工准备工作的主要任务是为建设工程的施工创造必要的技术和物资条件，统筹安排施工力量和施工现场。

施工准备的工作内容通常包括：技术准备、物资准备、劳动组织准备、施工现场准备和施工场外准备。为落实各项施工准备工作，加强检查和监督，应根据各项施工准备工作的内容、时间和人员，编制施工准备工作计划。

2. 施工总进度计划

施工总进度计划是根据施工部署中施工方案和工程项目的开展程序，对全工地所有单位工程做出时间上的安排。

施工总进度计划在于确定各单位工程及全工地性工程的施工期限及开竣工日期，进而确定施工现场劳动力、材料、成品、半成品、施工机械的需要数量和调配情况，以及现场临时设施的数量、水电供应量及能源需求量等。科学、合理地编制施工总进度计划，是保证整个建设工程按期交付使用、充分发挥投资效益、降低建设工程成本的重要条件。

3. 单位工程施工进度计划

单位工程施工进度计划是在既定施工方案的基础上，根据规定的工期和各种资源供应条件，遵循各施工过程的合理施工顺序，对单位工程中的各施工过程做出时间和空间上的安排，并以此为依据，确定施工作业所必需的劳动力、施工机具和材料供应计划。合理安排单位工程施工进度，是保证在规定工期内完成符合质量要求的工程任务的重要前提，也为编制各种资源需要量计划和施工准备工作计划提供依据。

4. 分部、分项工程进度计划

分部、分项工程进度计划是针对工程量较大或施工技术比较复杂的分部、分项工程，在依据工程具体情况所制定的施工方案的基础上，对其各施工过程所做出的时间安排。

第二节 建筑工程项目进度计划的编制

一、工程项目进度计划

(一)工程项目进度计划的分类

1. 按对象分类

项目进度计划按对象分类，包括建设项目进度计划、单项工程进度计划、单位工程进度计划和分部、分项工程进度计划等。

2. 按项目组织分类

项目进度计划按项目组织分类，包括建设单位进度计划、设计单位进度计划、施工单位进度计划、供应单位进度计划、监理单位进度计划和工程总承包单位进度计划等。

3. 按功能分类

项目进度计划按功能进行分类，包括控制性进度计划和实施性进度计划。

4. 按施工时间分类

项目进度计划按施工时间分类，包括年度施工进度计划、季度施工进度计划、月度施工进度计划、旬施工进度计划和周施工进度计划。

(二)施工进度控制计划的内容和进度控制的作用

1. 施工总进度计划包括的内容

(1)编制说明。主要包括编制依据、步骤、内容。

(2)施工进度总计划表。包括两种形式：一种为横道图；另一种为网络图。

(3)分期分批施工工程的开、竣工日期，工期一览表。

(4)资源供应平衡表。为满足进度控制而需要的资源供应计划。

2. 单位工程施工进度计划包括的内容

(1)编制说明。主要包括编制依据、步骤、内容。

(2)进度计划图。

(3)单位工程进度计划的风险分析及控制措施。单位工程施工进度计划的风险分析及控制措施指施工进度计划由于其他不可预见的因素，如工程变更、自然条件和拖欠工程款等原因无法按计划完成时而采取的措施。

3. 施工项目进度控制的作用

(1)根据施工合同明确开、竣工日期及总工期，并以施工项目进度总目标确定各分项目工程的开、竣工日期。

(2)各部门计划都要以进度控制计划为中心安排工作。计划部门提出月、旬计划，劳动力计划，材料部门调验材料、构建，动力部门安排机具，技术部门制定施工组织与安排等均以施工项目进度控制计划为基础。

(3)施工项目控制计划的调整。由于主客观原因或者环境原因出现了不必要的提前或延误的偏差，要及时调整纠正，并预测未来进度状况，使工程按期完工。

(4)总结经验教训。工程完工后要及时提供总结报告，通过报告总结控制进度的经验方法，对存在的问题进行分析，提出改进意见，以利于以后的工作。

二、施工项目总进度计划

(一)施工项目总进度计划的编制依据

1. 施工合同

施工合同包括合同工期、分期分批工期的开竣工日期，有关工期提前延误调整的约定等。

2. 施工进度目标

除合同约定的施工进度目标外，承包人可能有自己的施工进度目标，用以指导施工进度计划的编制。

3. 工期定额

工期定额作为一种行业标准，是在许多过去工程资料统计基础上得到的。

4. 有关技术经济资料

有关技术经济资料包括施工地址、环境等资料。

5. 施工部署与主要工程施工方案

施工项目进度计划在施工方案确定后编制。

6. 其他资料

如类似工程的进度计划。

(二)施工项目总进度计划编制的基本要求

施工项目总进度计划是施工现场各项施工活动在时间上和空间上的体现。正确地编制施工项目总进度计划是保证各项目以及整个建设工程按期交付使用、充分发挥投资效益、降低建筑工程成本的重要条件。

(1)编制施工项目总进度计划是根据施工部署中的施工方案和施工项目开展的程序，对整个工地的所有施工项目做出时间上和空间上的安排。其作用在于确定各个建筑物及其主要工种、分项工程、准备工作和全工地性工程的施工期限及开工和竣工的日期，从而确定建筑施工现场上劳动力、原材料、成品、半成品、施工机械的需要数量和调配情况，以及现场临时设施的数量、水电供应数量和能源、交通的需要数量等。

(2)编制施工项目总进度计划要求保证拟建工程在规定的期限内完成，发挥投资效益，并保证施工的连续性和均衡性，节约施工费用。

(3)根据施工部署中拟建工程分期分批的投产顺序，将每个系统的各项工程分别划出，在控制的期限内进行各项工程的具体安排。当建设项目的规模不大，各系统工程项目不多时，也可不按照分期分批投产顺序安排，而直接安排项目总进度计划。

(三)施工项目总进度计划的编制步骤

1. 计算工程量

根据批准的工程项目一览表，按单位工程分别计算其主要实物工程量，工程量只需粗

略地计算。工程量的计算可按初步设计(或扩大初步设计)图纸和有关定额手册或资料进行。常用的定额手册和资料如下:

(1)每万元或每10万元投资工程量、劳动量及材料消耗扩大指标。

(2)概算指标和扩大结构定额。

(3)已建成的类似建筑物、构筑物的资料。

对于工业建设工程来说,计算出的工程量应填入工程量汇总表(表5-1)。

表5-1 工程量汇总表

序号	工程量名称	单位	合计	生产车间			仓库运输			管 网				生活福利		大型临设		备注
				××车间	……	……	仓库	铁路	公路	供电	供水	排水	供热	宿舍	文化福利	生产	生活	

2. 确定各单位工程的施工期限

各单位工程的施工期限应根据合同工期确定,同时还要考虑建筑类型、结构特征、施工方法、施工管理水平、施工机械化程度及施工现场条件等因素。

如果在编制施工总进度计划时没有合同工期,则应保证计划工期不超过工期定额。

3. 确定各单位工程的开工、竣工时间和相互搭接关系

确定各单位工程的开工、竣工时间和相互搭接关系时主要应注意:

(1)尽量提前建设可供工程施工使用的永久性工程,以节省临时工程费用。

(2)急需和关键的工程先施工,以保证工程项目如期交工。对于某些技术复杂、施工周期较长、施工困难较多的工程,应安排提前施工,以利于整个工程项目按期交付使用。

(3)同一时期施工的项目不宜过多,以避免人力、物力过于分散。

(4)尽量做到均衡施工,以使劳动力、施工机械和主要材料的供应在整个工期范围内达到均衡。

(5)施工顺序必须与主要生产系统投入生产的先后次序相吻合。同时还要安排好配套工程的施工时间,以保证建成的工程能迅速投入生产或交付使用。

(6)注意主要工种和主要施工机械能连续施工。

(7)应注意季节对施工顺序的影响,不能因季节影响施工工期及工程质量。

(8)安排一部分附属工程或零星项目作为后备项目,用于调整主要项目的施工进度。

4. 编制施工总进度计划

(1)编制初步施工总进度计划。施工总进度计划既可以用横道图表示，也可以用网络图表示。用横道图表示，常用的格式见表 5-2。由于采用网络计划技术控制工程进度更加有效，所以人们更多地采用网络图来表示施工总进度计划。特别是电子计算机的广泛应用，为网络计划技术的推广和普及创造了更加有利的条件。

表 5-2　施工总进度计划表

序号	单位工程名称	建筑面积/m²	结构类型	工程造价/万元	施工时间/月	施工进度计划									
						第一年				第二年				第三年	
						I	II	III	IV	I	II	III	IV	I	II	…

(2)编制正式施工总进度计划。初步施工总进度计划编制完成后，要对其进行检查。主要是检查总工期是否符合要求，资源使用是否均衡且其供应是否能得到保证。如果出现问题，则应进行调整。调整的主要方法是改变某些工程的起止时间或调整主导工程的工期。如果是网络计划，则可以利用电子计算机分别进行工期优化、费用优化及资源优化。当初步施工总进度计划经过调整符合要求后，即可编制正式的施工总进度计划。正式的施工总进度计划确定后，应根据它编制劳动力、材料、大型施工机械等资源的需用量计划，以便组织供应，保证施工总进度计划的实现。

三、单位工程施工进度计划

(一)单位工程施工进度计划的编制依据

(1)项目管理目标责任。在《项目管理目标责任书》中明确规定了项目进度目标。这个目标既不是合同目标，也不是定额工期，而是项目管理的责任目标，不但有工期，而且有开工时间和竣工时间。《项目管理目标责任书》中对进度的要求，是编制单位工程施工进度计划的依据。

(2)施工总进度计划。单位工程施工进度计划必须执行施工总进度计划中所要求的开工、竣工时间及工期安排。

(3)施工方案。施工方案对施工进度计划有决定性作用。施工方案直接影响施工进度。

(4)主要材料和设备的供应能力。施工进度计划编制的过程中，必须考虑主要材料和机械设备的能力。机械设备既影响所涉及项目的持续时间、施工顺序，又影响总工期。一旦进度确定，则供应能力必须满足进度的需要。

（5）施工人员的技术素质及劳动效率。施工人员技术素质的高低，影响着速度和质量，技术素质必须满足规定要求。

（6）施工现场条件、气候条件、环境条件。

（7）已建成的同类工程的实际进度及经济指标。

（二）单位工程施工进度计划的编制要点

1. 单位工程工作分解及其逻辑关系的确定

单位工程施工进度计划属于实时性计划，用于指导工程施工，所以其工作分解宜详细一些，一般要分解到分项工程，如屋面工程应进一步分解到找平层、隔气层、保温层、防水层等分项工程。工作分解应全面，不能遗漏，还应注意适当简化工作内容，避免分解过细、重点不突出。为避免分解过细，可考虑将某些穿插性分项工程合并到主要分项工程中去，如安装木门窗框可以并入砌墙工程，楼梯工程可以合并到主体结构各层钢筋混凝土工程。

对同一时间内由同一工程作业队施工的过程（不受空间及作业面限制的）可以合并，如工业厂房中的钢窗油漆、钢门油漆、钢支撑油漆、钢梯油漆合并为钢构件油漆一个工作；对于次要的、零星的分项工程可合并为"其他工程"；对于分包工程主要确定与施工项目的配合，可以不必继续分解。

2. 施工项目工作持续时间的计算方法

施工项目工作持续时间的计算方法一般有经验估计法、定额计算法和倒排计划法几种。

（1）经验估计法。经验估计法就是根据过去的经验进行估计，一般适用于采用新工艺、新技术、新结构、新材料等无定额可循的工程，先估计出完成该施工项目的最乐观时间、最保守时间和最可能时间三种施工时间，然后确定该施工项目的工作持续时间。

（2）定额计算法。定额计算法就是根据施工项目需要的劳动量或机械台班量，以及配备的劳动人数或机械台数，来确定其工作持续时间。

（3）倒排计划法。倒排计划法是根据流水施工方式及总工期要求，先确定施工时间和工作班制，再确定施工班组人数或机械台数，如果计算出的施工人数或机械台数对施工项目来说过多或过少，应根据施工现场条件、施工工作面大小、最小劳动组合、可能得到的人数和机械等因素合理调整。如果工期太紧，施工时间不能延长，则可考虑组织多班组、多班制的施工。

3. 单位工程施工进度计划的安排

首先找出并安排各个主要工艺组合，并按流水原理组织流水施工，将各个主要工艺组合进行合理安排，然后将搭接工艺组合及其他工作尽可能地与其平行施工或做最大限度地搭接施工。

在主要工艺组合中，先找出主导施工过程，确定各项流水参数，对其他施工过程尽量采用相同的流水参数。

（三）单位工程施工进度计划的编制程序

1. 研究施工图和有关资料并调查施工条件

认真研究施工图、施工组织总设计对单位工程进度计划的要求。

2. 划分工作项目

工作项目是包括一定工作内容的施工过程，是施工进度计划的基本组成单元。工作项目内容的多少、划分的粗细程度，应该根据计划的需要来确定。对于大型建设工程，经常需要编制控制性施工进度计划，此时工作项目可以划分得粗一些，一般只明确到分部工程即可。

3. 确定施工顺序

(1)确定施工顺序是为了按照施工的技术规律和合理的组织关系，解决各工作项目之间在时间上的先后和搭接问题，以达到保证质量、安全施工、充分利用空间、争取时间、实现合理安排工期的目的。

(2)一般来说，施工顺序受施工工艺和施工组织两个方面的制约。当施工方案确定之后，工作项目之间的工艺关系也就随之确定。如果违背这种关系，将不可能施工，或者导致工程质量事故和安全事故的出现，或者造成返工浪费。

(3)不同的工程项目，其施工顺序不同。即使是同一类工程项目，其施工顺序也难以做到完全相同。因此，在确定施工顺序时，必须根据工程的特点、技术组织要求以及施工方案等进行研究，不能拘泥于某种固定的顺序。

(4)计算工程量。工程量的计算应根据施工图和工程量计算规则，针对所划分的每一个工作项目进行。当编制施工进度计划时已有预算文件，且工作项目的划分与施工进度计划一致时，可以直接套用施工预算的工程量，不必重新计算。若某些项目有出入，但出入不大时，应结合工程的实际情况进行某些必要的调整。

(5)计算劳动量和机械台班数。当某工作项目是由若干个分项工程合并而成时，则应分别根据各分项工程的时间定额(或产量定额)及工程量，按式(5-1)计算出合并后的综合时间定额(或综合产量定额)。

$$H=\frac{Q_1H_1+Q_2H_2+\cdots+Q_iH_i+\cdots Q_nH_n}{Q_1+Q_2+\cdots+Q_i+\cdots+Q_n} \tag{5-1}$$

式中　H——综合时间定额(工日/m³，工日/m²，工日/t，…)；

　　　Q_i——工作项目中第 i 个分项工程的工程量；

　　　H_i——工作项目中第 i 个分项工程的时间定额。

1)根据工作项目的工程量和所采用的定额，即可按式(5-2)或式(5-3)计算出各工作项目所需要的劳动量和机械台班数。

$$P=Q \cdot H \tag{5-2}$$

$$P=Q/S \tag{5-3}$$

式中　P——工作项目所需要的劳动量(工日)或机械台班数(台班)；

　　　Q——工作项目的工程量(m³，m²，t，…)；

　　　S——工作项目所采用的人工产量定额(m³/工日，m²/工日，t/工日，…)或机械台班产量定额(m³/台班，m²/台班，t/台班，…)。

式中其他符号意义同前。

2)零星项目所需要的劳动量可结合实际情况，根据承包单位的经验进行估算。

3)由于水、暖、电、卫等工程通常由专业施工单位施工，因此，在编制施工进度计划时，不计算其劳动量和机械台班数，仅安排其与土建施工相配合的进度。

(6)确定工作项目的持续时间。根据工作项目所需要的劳动量或机械台班数，以及该工作项目每天安排的工人数或配备的机械台数，即可按式(5-4)计算出各工作项目的持续时间。

$$D=\frac{P}{R \cdot B}\qquad(5\text{-}4)$$

式中　D——完成工作项目所需要的时间，即持续时间(天)；

　　　　R——每班安排的工人数或施工机械台数；

　　　　B——每天工作班数。

式中其他符号意义同前。

(7)绘制施工进度计划图。绘制施工进度计划图，首先应选择施工进度计划的表达形式。目前，常用来表达建设工程施工进度计划的方法有横道图和网络图两种形式。

横道图比较简单，而且非常直观，多年来被人们广泛地用于表达施工进度计划，并以此作为控制工程进度的主要依据。但是，采用横道图控制工程进度具有一定的局限性。随着计算机的广泛应用，网络计划技术日益受到人们的青睐。

(8)检查与调整施工进度计划。当施工进度计划初始方案编制好后，需要对其进行检查与调整，以使进度计划更加合理。进度计划检查的主要内容包括：

1)各工作项目的施工顺序、平行搭接和技术间歇是否合理。

2)总工期是否满足合同规定。

3)主要工种的工人是否能满足连续、均衡施工的要求。

4)主要机具、材料等的利用是否均衡和充分。

第三节　流水施工作业进度计划

一、流水施工概述

1. 流水施工的概念

流水施工是指所有施工过程按一定的时间间隔依次投入施工，各个施工过程陆续开工，陆续竣工，使同一施工过程的施工班组保持连续、均衡施工，不同的施工过程尽可能平行搭接施工的组织方式。

流水施工是一种科学、有效的工程项目施工组织方式之一，流水施工可以充分地利用工作时间和操作空间，减少非生产性劳动消耗，提高劳动生产率，保证工程施工连续、均衡、有节奏地进行，对提高工程质量、降低工程造价、缩短工期有着显著的作用。

2. 流水施工的优点

(1)专业化的生产可提高工人的技术水平，使工程质量相应提高。

(2)便于改善劳动组织，改进操作方法和施工机具，有利于提高劳动生产率。

(3)工人技术水平和劳动生产率的提高，可以减少用工量和施工临时设施的建造量，降低工程成本，提高利润水平。

(4)可以保证施工机械和劳动力得到充分、合理的利用。

（5）由于其工期短、效率高、用人少、资源消耗均衡，可以减少现场管理费和物资消耗，实现合理储存与供应，有利于提高项目经理部的综合经济效益。

（6）由于流水施工具有连续性，可减少专业工作的间隔时间，达到缩短工期的目的，并使拟建工程项目尽早竣工、交付使用发挥投资效益。

3. 流水施工原理的应用

流水施工是一种重要的施工组织方法，对施工进度与效益都能产生很大影响。

（1）在编制单位工程施工进度计划时，应充分运用流水施工原理进行组织安排。

（2）在组织流水施工时，应将施工项目中某些在工艺上和组织上有紧密联系的施工过程归并为一个工艺组合，一个工艺组合内的几项工作组织流水施工。

（3）一个单位工程可以归并成几个主要的工艺组合。

（4）不同的工艺组合通常不能平行搭接，必须待一个工艺组合中的大部分施工过程或全部施工过程完成之后，另一个工艺组合才能开始。

二、流水施工的基本组织方式

建筑工程的流水施工要有一定的节拍才能步调和谐，配合得当。流水施工的节奏是由流水节拍决定的。大多数情况下，各施工过程的流水节拍不一定相等，甚至一个施工过程本身在各施工段上的流水节拍也不相等。因此形成了不同节奏特征的流水施工。

1. 有节奏流水施工

有节奏流水施工是指同一施工过程在各施工段上的流水节拍都相等的流水施工方式。根据不同施工过程之间的流水节拍是否相等，有节奏流水施工分为固定节拍流水施工和成倍节拍流水施工。

（1）固定节拍流水施工。固定节拍流水施工是指在有节奏流水施工中，各施工段的流水节拍都相等的流水施工，也称为等节奏流水施工或全等节拍流水施工。

（2）成倍节拍流水施工。成倍节拍流水施工分为加快的成倍节拍流水施工和一般的成倍节拍流水施工。

1）加快的成倍节拍流水施工是指在组织成为节拍流水施工时，按每个施工过程流水节拍之间的比例关系，成立相应数量的专业工作队而进行的流水施工，也称为等步距异节奏流水施工。

2）一般的成倍节拍流水施工是指在组织成为节拍流水施工时，每个施工过程成立一个专业工作队，由其完成各施工段任务的流水施工，也称为异步距异节奏流水施工。

2. 非节奏流水施工

非节奏流水施工是流水施工中最常见的一种，其是指在组织流水施工时，全部或部分施工过程在各个施工段上的流水节拍不相等的流水施工方式。

三、流水施工的表达方式

1. 横道图

横道图又称甘特图、条形图。作为传统的工程项目进度计划编制及表示方法，它通过日历形式列出项目活动工期及其相应的开始日期和结束日期，为反映项目进度信息提供的一种标准格式。工程项目横道图一般在左边按项目活动（工作、工序或作业）的先后顺序列出项目的活动名称。图右边是进度表，图上边的横栏表示时间，用水平线段在时间坐标下标出项目的进度线，水平线段的位置和长度反映该项目从开始到完工的时间，如图 5-1 所示。

施工过程	施工进度/天						
	2	4	6	8	10	12	14
挖基槽	①	②	③	④			
做垫层		①	②	③	④		
砌基础			①	②	③	④	
回填土				①	②	③	④
	流水施工总工期						

图 5-1　横道图表示法

横道图的编制方法如下：

(1)根据施工经验直接安排的方法。这是根据经验资料及有关计算，直接在进度表上画出进度线的方法。这种方法比较简单实用，但施工项目多时，不一定能得到最佳计划方案。其一般步骤是：先安排主导分部工程的施工进度，然后再将其余分部工程尽可能配合主导分部工程，最大限度地合理搭接起来，使其相互联系，形成施工进度计划的初步方案。在主导分部工程中，应先安排主导施工项目的施工进度，力求其施工班组能连续施工，其余施工项目尽可能与它配合、搭接或平行施工。

(2)按工艺组合组织流水施工的方法。这种方法是将某些在工艺上有关系的施工过程归并为一个工艺组合，组织各工艺组合内部的流水施工，然后将各工艺组合最大限度地搭接起来组织流水施工。

2. 垂直图

流水施工垂直图的表示方法如图 5-2 所示。

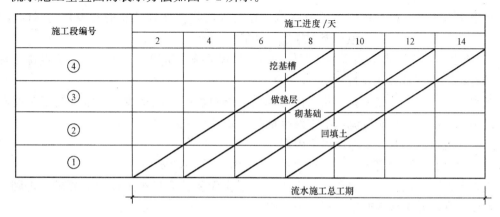

图 5-2　垂直图表示法

垂直图中的横坐标表示流水施工的持续时间；纵坐标表示流水施工所处的空间位置，

即施工段的编号。斜向线段表示施工过程或专业工作队的施工进度。

四、流水施工参数

1. 工艺参数

工艺参数主要是指在组织流水施工时，用以表达流水施工在施工工艺方面进展状态的参数，包括施工过程和流水强度两个参数。

流水强度的计算公式为

$$V = \sum_{i=1}^{X} R_i \cdot S_i \tag{5-5}$$

式中　V——某施工过程(队)的流水强度；

　　　R_i——投入该施工过程中的第 i 种资源量(施工机械台数或工人数)；

　　　S_i——投入该施工过程中第 i 种资源的产量定额；

　　　X——投入该施工过程中的资源种类数。

2. 空间参数

空间参数是指在组织流水施工时，用以表达流水施工在空间布置上开展状态的参数，通常包括工作面和施工段。划分施工段的原则有：

(1)对于多层建筑物、构筑物或需要分层作业的工程，既要分流水段，又要分作业层，应确保相应工作队在流水段与作业层之间能连续、均衡、有节奏地流水作业。

(2)每个流水段内要有足够的工作面，以保证相应数量的人员、主导机械的生产效率，满足合理劳动组织的要求。

(3)同一工作队在各个流水段上的劳动量应大致相等，相差幅度不宜超过 15%。

(4)有利于结构的整体性。应尽量利用结构自然分界(如沉降缝、伸缩缝等)或建筑特征(单元、平面形状)作为依据，设在对建筑结构整体性影响小的部位。

(5)流水段的数目要满足合理组织流水作业的要求。流水段数目过多，会降低作业速度，延长工期；流水段过少，不利于充分利用工作面，可能造成窝工。

3. 时间参数

在组织流水施工时，用以表达流水施工在时间安排上所处状态的参数称为时间参数，主要包括流水节拍、流水步距和流水施工工期等。

(1)流水节拍。流水节拍是指从事某一施工过程的施工班组在一施工段上完成施工任务所需的时间，用符号 t_i 表示($i=1,2,\cdots$)。

流水节拍的大小直接关系到投入的劳动力、材料和机械的多少，决定着施工速度和施工的节奏，因此，合理确定流水节拍具有重要意义。

在确定流水节拍时，要考虑以下因素：

1)施工班组人数应符合该施工过程最少劳动组合人数的要求。

2)要考虑工作面的大小限制，每个工人的工作面要符合最小工作面的要求。否则，就不能发挥正常的施工效率或不利于安全生产。

3)要考虑各种机械台班的效率或机械台班产量的大小。

4)要考虑各种材料、构件等施工现场堆放量、供应能力及其他有关条件的制约。

5)要考虑施工及技术条件的要求。例如不能留施工缝必须连续浇筑的钢筋混凝土工程，有时要按三班制工作的条件决定流水节拍，以确保工程质量。

节拍值一般取整数，必要时可保留0.5天（台班）的小数值。

(2)流水步距。组织流水施工时，相邻两个施工过程（或专业工作队）相继开始施工的最小间隔时间称为流水步距。流水步距一般用 $K_{i,i+1}$ 来表示，其中 $i(i=1，2，3，\cdots)$ 为专业工作队或施工过程的编号。流水步距是流水施工的主要参数之一。

流水步距的大小，对工期有着较大的影响。一般来说，在施工段不变的条件下，流水步距越大，工期越长；流水步距越小，则工期越短。流水步距还与前后两个相邻施工过程流水节拍的大小、施工工艺技术要求、是否有技术和组织间歇时间、施工段数目、流水施工的组织方式等有关。

(3)流水施工工期。从第一个专业工作队投入流水施工开始，到最后一个专业工程队完成流水施工为止的整个持续时间称为流水施工工期。由于一项建设工程往往包含许多流水组，故流水施工工期一般均不是整个工程的总工期。

第四节 网络计划控制技术

一、网络计划应用

1. 网络图

由箭头和节点组成的，用来表示工作流程的有向、有序的网状图形称为网络图。在网络图上加注工作时间参数而编成的进度计划，称为网络计划。

工程网络计划
技术规程

2. 基本符号

单代号网络图和双代号网络图的基本符号有两个，即箭线和节点。

箭线在双代号网络图中表示工作，在单代号网络图中表示工作之间的联系。节点在双代号网络图中表示工作之间的联系，在单代号网络图中表示工作。

在双代号网络图中还有虚箭线，它可以联系两项工作，同时分开两项没有关系的工作。

3. 线路

网络图中从起点节点开始，沿箭头方向顺序通过一系列箭线与节点，最后到达终点节点的通路称为线路。线路既可依次用该线路上的节点编号来表示，也可依次用该线路上的工作名称来表示。

4. 关键线路与关键工作

在关键线路法（CPM）中，线路上所有工作的持续时间总和称为该线路的总持续时间。总持续时间最长的线路称为关键线路，关键线路的长度就是网络计划的总工期。

关键线路上的工作称为关键工作。在网络计划的实施过程中，关键工作的实际进度提前或拖后，均会对总工期产生影响。

5. 先行工作

相对于某工作而言，从网络图的第一个节点（起点节点）开始，顺箭头方向经过一系列箭线与节点到达该工作为止的各条通路上的所有工作,都称为该工作的先行工作。

6. 后续工作

相对于某工作而言,从该工作之后开始,顺箭头方向经过一系列箭线与节点到网络图最后一个节点(终点节点)的各条通路上的所有工作,都称为该工作的后续工作。

7. 平行工作

在网络图中,相对于某工作而言,可以与该工作同时进行的工作即为该工作的平行工作。

8. 紧前工作

在网络图中,相对于某工作而言,紧排在该工作之前的工作称为该工作的紧前工作。在双代号网络图中,某工作与其紧前工作之间可能有虚工作存在。

9. 紧后工作

在网络图中,相对于某工作而言,紧排在该工作之后的工作称为该工作的紧后工作。在双代号网络图中,某工作与其紧后工作之间也可能有虚工作存在。

二、双代号网络计划(图)

(一)双代号网络图的绘制规则

(1)在一个网络图中,只允许有一个起点节点和一个终点节点,如图 5-3 所示。

(2)在网络图中,不允许出现循环回路,即不允许从一个节点出发,沿箭线方向再返回到原来的节点,如图 5-4 所示。

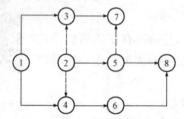

图 5-3 只允许有一个起点节点和一个终点节点

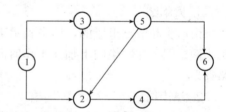

图 5-4 不允许出现循环回路

(3)在一个网络图中,不允许出现同样编号的节点或箭线,如图 5-5 所示。

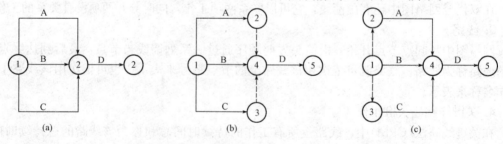

图 5-5 不允许出现同样编号的节点或箭线
(a)错误;(b)、(c)正确

(4)在一个网络图中,不允许一个代号代表一个施工过程,如图 5-6 所示。

(5)在网络图中,不允许出现无指向箭头或有双向箭头的连线,如图 5-7 所示。

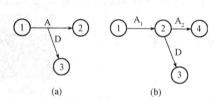

图 5-6 不允许一个代号代表一项工作

(a)错误；(b)正确

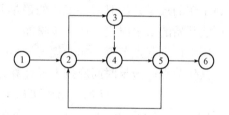

图 5-7 不允许出现双箭头或无指向箭头

(6)在网络图中，应尽量减少交叉箭线，当无法避免时，应采用过桥法或断线法表示，如图 5-8 所示。

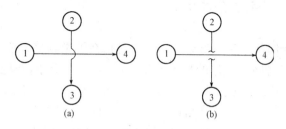

图 5-8 箭杆交叉的处理方法

(a)过桥法；(b)断线法

(7)在网络图中，不允许出现没有箭尾节点的箭线和没有箭头节点的箭线。

(8)网络图必须按已定的逻辑关系绘制。

(二)双代号网络图的绘图步骤

(1)绘草图。其绘图步骤如下：

1)画出从起点节点出发的所有箭线。

2)从左至右依次绘出紧接其后的箭线，直至终点节点。

3)检查网络图中各施工过程的逻辑关系。

(2)整理网络图。使网络图条理清楚、层次分明。

双代号网络图如图 5-9 所示。

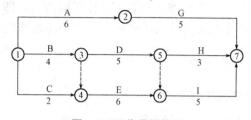

图 5-9 双代号网络图

(3)计算双代号网络计划时间参数。双代号网络计划时间参数的计算方法有按节点计算法、按工作计算法、标号计算法。

按节点计算双代号网络计划时间参数的方法如下：

1)工作的最早开始时间。工作的最早开始时间是指其所在紧前活动全部完成后，本活动有可能开始的最早时刻。计算步骤如下：

①网络计划起点节点，如未规定最早时间，其值等于零。

②其他节点的最早时间应按下式计算：

$$ES_j = \max\{EF_i + D_{i-j}\}$$

式中 EF_j——工作 $i-j$ 的完成节点 j 的最早时间；

      ES_i——工作 $i-j$ 的开始节点 i 的最早时间；

      D_{i-j}——工作 $i-j$ 的持续时间。

双代号网络计划
时间参数计算

2)工作的最早完成时间。工作的最早完成时间是指在其所有紧前活动全部完成后，本活动有可能完成的最早时刻。工作的最早完成时间(EF_{i-j})等于活动最早开始时间(ES_{i-j})与其持续时间(D)之和。其计算公式为

$$EF_{i-j} = ES_{i-j} + D$$

3)工作的最迟开始时间。工作最迟开始时间是指在不影响整个任务按期完成的前提下，本活动必须开始的最迟时间。工作的最迟开始时间(LS_{i-j})等于活动最迟完成时间(LF_{i-j})与持续时间(D)之差。其计算公式为

$$LS_{i-j} = LF_{i-j} - D$$

4)工作的最迟完成时间。工作的最迟完成时间是指在不影响整个任务按期完成的前提下，本活动必须完成的最迟时间。其计算公式为

$$LF_{i-j} = \min\{LS_{i-j}\}$$

5)总时差(TF_{i-j})。总时差是指在不影响总工期的前提下，本活动可以利用的机动时间。其计算公式为

$$TF_{i-j} = LS_{i-j} - ES_{i-j}$$

6)自由时差(FF_{i-j})。自由时差是指在不影响其紧后活动最早开始时间的前提下，本活动可以利用的机动时间。它由该工作的最早结束时间和其紧后工作的最早开始时间决定。其计算公式为

$$FF_{i-j} = \min\{EF_{i-j} - ES_{i-j} - D_{i-j}\}$$

7)计划工期。

①当已规定了要求工期时，计划工期(T_p)不应超过要求工期(T_r)，即 $T_p \leqslant T_r$；

②当未规定要求工期时，可令计划工期等于计算工期(T_c)，即 $T_p = T_c$。

8)关键线路。总时差最小的线路称为关键线路，一般用粗箭线或双箭线表示。

三、单代号网络计划(图)

(一)单代号网络计划的绘图规则

单代号网络图的绘图规则与双代号网络图的绘图规则基本相同，主要区别如下：

(1)当网络图中有多项开始工作时，应增设一项虚拟的工作(S)，作为该网络图的起点节点。

(2)当网络图中有多项结束工作时，应增设一项虚拟的工作(F)，作为该网络图的终点节点。单代号网络计划如图5-10所示，其中S和F为虚拟工作。

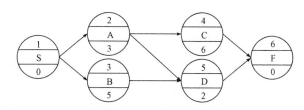

图 5-10 具有虚拟起点节点和终点节点的单代号网络图

(二)单代号网络计划的时间参数

1. 工作的最早开始时间和最早完成时间

工作最早开始时间和最早完成时间的计算应从网络计划的起点节点开始,顺着箭线方向按节点编号从小到大的顺序依次进行。

网络计划起点节点所代表的工作,其最早开始时间未规定时取值为零。

工作的最早完成时间应等于本工作的最早开始时间与其持续时间之和,即

$$EF_i = ES_i + D_i$$

式中 EF_i——工作 i 的最早完成时间;

ES_i——工作 i 的最早开始时间;

D_i——工作 i 的持续时间。

其他工作的最早开始时间应等于其紧前工作最早完成时间的最大值,即

$$ES_j = \max\{EF_i\}$$

式中 ES_j——工作 j 的最早开始时间;

EF_i——工作 j 的紧前工作 i 的最早完成时间。

2. 相邻两项工作之间的时间间隔

相邻两项工作之间的时间间隔是指其紧后工作的最早开始时间与本工作最早完成时间的差值,即

$$LAG_{i,j} = ES_j - EF_i$$

式中 $LAG_{i,j}$——工作 i 与其紧后工作 j 之间的时间间隔;

ES_j——工作 i 的紧后工作 j 的最早开始时间;

EF_i——工作 i 的最早完成时间。

3. 工作总时差

网络计划终点节点 n 所代表的工作的总时差应等于计划工期与计算工期之差,即

$$TF_n = T_p - T_c$$

当计划工期等于计算工期时,该工作的总时差为零。其他工作的总时差应等于本工作与其各紧后工作之间的时间间隔加上该紧后工作的总时差所得之和的最小值,即

$$TF_i = \min\{LAG_{i,j} + TF_j\}$$

式中 TF_i——工作 i 的总时差;

$LAG_{i,j}$——工作 i 与其紧后工作 j 之间的时间间隔;

TF_j——工作 i 的紧后工作 j 的总时差。

4. 工作自由时差

网络计划终点节点 n 所代表的工作的自由时差等于计划工期与本工作的最早完成时间

之差，即

$$FF_n = T_p - EF_n$$

式中　FF_n——终点节点 n 所代表的工作的自由时差；

　　　T_p——网络计划的计划工期；

　　　EF_n——终点节点 n 所代表的工作的最早完成时间（即计算工期）。

其他工作的自由时差等于本工作与其紧后工作之间时间间隔的最小值，即

$$FF_i = \min\{LAG_{i,j}\}$$

5. 工作的最迟完成时间

(1)根据总时差计算。工作的最迟完成时间等于本工作的最早完成时间与其总时差之和，即

$$LF_i = EF_i + TF_i$$

(2)根据计划工期计算。

1)网络计划终点节点 n 所代表的工作的最迟完成时间等于该网络计划的计划工期，即

$$LF_n = T_p$$

2)其他工作的最迟完成时间等于该工作的紧后工作最迟开始时间的最小值，即

$$LF_i = \min\{LS_j\}$$

式中　LF_i——工作 i 的最迟完成时间；

　　　LS_j——工作 i 的紧后工作 j 的最迟开始时间。

6. 工作的最迟开始时间

(1)根据总时差计算。工作的最迟开始时间等于本工作的最早开始时间与其总时差之和，即

$$LS_i = ES_i + TF_i$$

(2)根据计划工期计算。工作的最迟开始时间等于本工作的最迟完成时间与其持续时间之差，即

$$LS_i = LF_i - D_i$$

(三)单代号网络计划关键线路的确定

(1)总时差最小的工作为关键工作。将这些关键工作相连，并保证相邻两项关键工作之间的时间间隔为零而构成的线路就是关键线路。

(2)利用相邻两项工作之间的时间间隔确定关键线路。从网络计划的终点节点开始，逆着箭线方向依次找出相邻两项工作之间时间间隔为零的线路就是关键线路。

四、其他网络计划

(一)双代号时标网络计划

1. 概念

双代号时标网络计划（简称时标网络计划）必须以水平时间坐标为尺度表示工作时间。时标的时间单位应根据需要在编制网络计划之前确定，可以是小时、天、周、月或季度等。

2. 表示方法

在时标网络计划中，以实箭线表示工作，实箭线的水平投影长度表示该工作的持续时间；以虚箭线表示虚工作，由于虚工作的持续时间为零，故虚箭线只能垂直画；以波形线表示工作与其紧后工作之间的时间间隔（以终点节点为完成节点的工作除外，当计划工期等于计算工期时，这些工作箭线中波形线的水平投影长度表示其自由时差）。

3. 关键线路

时标网络计划中的关键线路可从网络计划的终点节点开始，逆着箭线方向进行判定。凡自始至终不出现波形线的线路即为关键线路。

时标网络计划
的坐标体系

（二）单代号搭接网络计划

1. 概念

在网络计划中，只要其紧前工作开始一段时间后，即可进行本工作，而不需要等其紧前工作全部完成之后再开始，工作之间的这种关系称为搭接关系。为了简单、直接地表达工作之间的搭接关系，使网络计划的编制得到简化，便出现了搭接网络计划。

2. 表示方法

搭接网络计划一般都采用单代号网络图的表示方法，即以节点表示工作，以节点之间的箭线表示工作之间的逻辑顺序和搭接关系。

3. 搭接种类

搭接网络计划的搭接种类有结束到开始（FTS）的搭接关系、开始到开始（STS）的搭接关系、结束到结束（FTF）的搭接关系、开始到结束（STF）的搭接关系和混合搭接关系。

4. 关键线路

从搭接网络计划的终点节点开始，逆着箭线方向依次找出相邻两项工作之间时间间隔为零的线路就是关键线路。关键线路上的工作即为关键工作，关键工作的总时差最小。

（三）多级网络计划

多级网络计划系统，是指由处于不同层级且相互有关联的若干网络计划所组成的系统。在该系统中，处于不同层级的网络计划既可以进行分解，形成若干独立的网络计划；又可以进行综合，形成一个多级网络计划系统。

第五节　建筑工程项目进度计划的实施

一、工程项目进度计划实施的内容

实施施工进度计划，要做好三项工作，即编制年、月、季、旬、周进度计划和施工任务书，通过班组实施；记录现场实际情况；落实、跟踪、调整进度计划。

1. 编制月、季、旬、周进度计划和施工任务书

（1）施工组织设计中编制的施工进度计划是按整个项目（或单位工程）编制的，带有一定

的控制性，但还不能满足施工作业的要求。实际作业时按季、月、旬、周进度计划和施工任务书执行。

(2)作业计划除依据施工进度计划编制外，还应依据现场情况及季、月、旬、周的具体要求编制。计划以贯彻施工进度计划、明确当期任务及满足作业要求为前提。

(3)施工任务书是一份计划文件，也是一份核算文件，又是原始记录。它把作业计划下达到班组，并将计划执行与技术管理、质量管理、成本核算、原始记录、资源管理等融合为一体。

(4)施工任务书一般由工长根据计划要求、工程数量、定额标准、工艺标准、技术要求、质量标准、节约措施、安全措施等为依据进行编制。

(5)施工任务书下达班组时，由工长进行交底。交底内容为：交任务、交操作规程、交施工方法、交质量、交安全、交定额、交节约措施、交材料使用、交施工计划、交奖罚要求等，做到任务明确，报酬预知，责任到人。

(6)施工班组接到任务书后，应做好分工，安排完成，执行中要保质量、保进度、保安全、保节约、保工效提高。任务完成后，班组自检，在确认已经完成后，向工长报请验收。工长验收时查数量、查质量、查安全、查用工、查节约等情况，然后回收任务书，交作业队登记结算。

2. 记录现场实际情况

在施工中，如实记载每项工作的开始日期、工作进程和完成日期，记录每日完成数量、施工现场发生的情况、干扰因素的排除情况，可为计划实施的检查、分析、调整、总结提供原始资料。

3. 落实、跟踪、调整进度计划

(1)检查作业计划执行中的问题，找出原因，并采取措施解决。

(2)督促供应单位按进度要求供应资料。

(3)控制施工现场临时设施的使用。

(4)按计划进行作业条件准备。

(5)传达决策人员的决策意图。

二、工程项目进度计划实施的基本要求

(1)经批准的进度计划，应向执行者进行交底并落实责任。

(2)进度计划执行者应制订实施方案。

(3)在实施进度计划的过程中应进行下列工作：

1)跟踪检查，收集实际进度数据。

2)将实际数据与进度计划进行对比。

3)分析计划执行的情况。

4)对产生的进度变化采取相应措施进行纠正或调整。

5)检查措施的落实情况。

6)对于进度计划的变更，必须及时与有关单位和部门沟通。

三、实施施工进度计划应注意的事项

(1)在施工进度计划实施的过程中，应执行施工合同对开工及延期开工、暂停施工、工

期延误及工程竣工的承诺。

(2)跟踪形象进度对工程量、产值及耗用人工、材料和机械台班等的数量进行统计，编制统计报表。

(3)实施好分包计划。

(4)处理好进度索赔。

四、施工项目进度计划的检查

(一)施工项目进度计划检查的内容

根据不同需要可对施工项目进度计划进行日检查或定期检查。检查的内容包括：

(1)进度管理情况。

(2)进度偏差情况。

(3)实际参加施工的人力、机械数量与计划数。

(4)检查期内实际完成和累计完成的工程量。

(5)窝工人数、窝工机械台班数及其原因分析。

(二)施工项目进度计划检查的方式

1. 定期、经常地收集由承包单位提交的有关进度报表资料

项目施工进度报表资料不仅是对工程项目实施进度控制的依据，同时也是核对工程进度的依据。在一般情况下，进度报表格式由监理单位提供给施工承包单位，施工承包单位按时填写完后提交给监理工程师核查。报表的内容根据施工对象及承包方式的不同而有所区别，但一般应包括工作的开始时间、完成时间、持续时间、逻辑关系、实物工程量和工作量，以及工作时差的利用情况等。承包单位若能准确地填报进度报表，监理工程师就能从中了解到建设工程的实际进展情况。

2. 由驻地监理人员现场跟踪检查建设工程的实际进展情况

为了避免施工承包单位超报已完工程量，驻地监理人员有必要进行现场实地检查和监督。可以每月或每半月检查一次，也可每旬或每周检查一次。如果在某一施工阶段出现不利情况，则需要每天检查。

3. 召开现场会议

除上述两种方式外，由监理工程师定期组织现场施工负责人召开现场会议，也是获得工程项目实际进展情况的一种方式。通过面对面的交谈，监理工程师可以从中了解到施工过程中的潜在问题，以便及时采取相应的措施加以预防。

(三)施工项目进度计划检查的方法

进度计划的检查方法主要是对比法，即实际进度与计划进度对比，发现偏差则进行调整或修改计划。常用的检查比较方法有下列几种。

1. 横道图比较法

横道图比较法是指将项目实施过程中检查实际进度时收集到的数据，经加工整理后直接用横道线平行绘于原计划的横道线处，进行实际进度与计划进度的比较方法。

采用横道图比较法，可以形象、直观地反映实际进度与计划进度的比较情况。

某工程项目基础工程的计划进度和截至第 9 天末的实际进度如图 5-11 所示，其中双线

条表示该工程计划进度，粗实线表示实际进度。

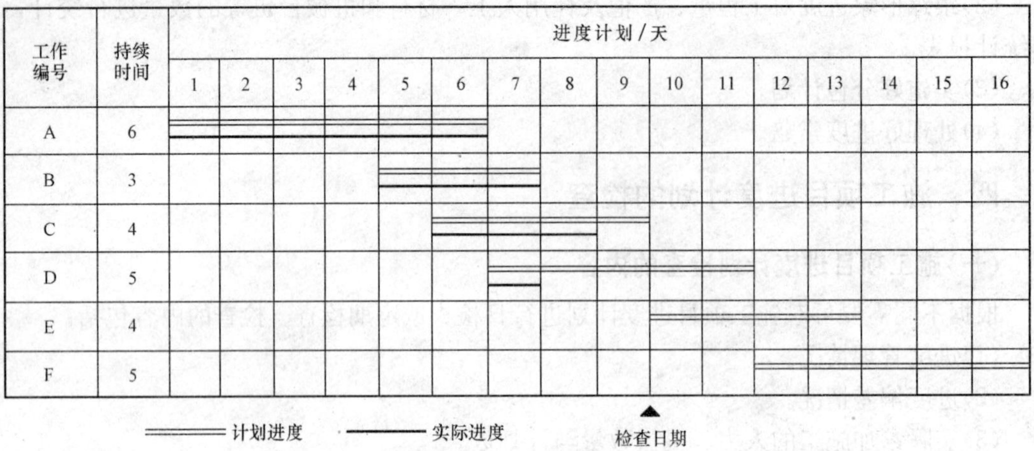

工作编号
持续时间
进度计划/天
1 2 3 4 5 6 7 8 9 10 11 12 13 14 15 16
A 6
B 3
C 4
D 5
E 4
F 5
计划进度
实际进度
检查日期

图 5-11　某工程项目基础工程实际进度与计划进度比较

从图 5-11 中实际进度与计划进度的比较可以看出，到第 9 天检查实际进度时，A 工程和 B 工程已经完成；C 工程按计划也该完成，但实际只完成了 3/4，任务量拖欠 1/4；D 工程按计划应该完成 3/5，而实际只完成 1/5，拖欠任务量 2/5。

横道图比较法可分为以下两种方法。

(1)匀速进展横道图比较法。匀速进展是指在工程项目中，每项工作在单位时间内完成的任务量都是相等的，即工作的进展速度是均匀的。此时，每项工作累计完成的任务量与时间量的线性关系如图 5-12 所示。完成的任务量可以用实物工程量、劳动消耗量或费用支出表示。为了便于比较，通常用上述物理量的百分比表示。

采用匀速进展横道图比较法的步骤如下：

1)编制横道图进度计划。

2)在进度计划上标出检查日期。

3)将检查收集到的实际进度数据经加工整理后按比例用涂黑的粗线标于计划进度的下方，如图 5-13 所示。

完成任务量百分比/%
100
80
60
40
20
0
1 2 3 4 5
时间/周
累计完成任务量百分比曲线
单位时间完成任务量百分比曲线

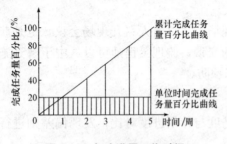

图 5-12　匀速进展工作时间与完成任务量关系曲线

1 2 3 4 5 6 /周
检查日期

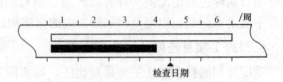

图 5-13　匀速进展横道比较

4)对比分析实际进度与计划进度：

①如果涂黑的粗线右端落在检查日期左侧，表明实际进度拖后。

②如果涂黑的粗线右端落在检查日期右侧，表明实际进度超前。

③如果涂黑的粗线右端与检查日期重合，表明实际进度与计划进度一致。

应该指出，该方法仅适用于工作从开始到结束的整个过程中，其进展速度均为固定不变的情况。如果工作的进展速度是变化的，则不能采用这种方法进行实际进度与计划进度的比较，否则会得出错误结论。

(2)非匀速进展横道图比较法。当工作在不同单位时间里的进展速度不等时，累计完成的任务量与时间的关系就不可能是线性关系。此时，应采用非匀速进展横道图比较法进行工作实际进度与计划进度的比较。

采用非匀速进展横道图比较法的步骤如下：

1)编制横道图进度计划。

2)在横道线上方标出各主要时间工作的计划完成任务量累计百分比。

3)在横道线下方标出相应时间工作的实际完成任务量累计百分比。

4)用涂黑粗线标出工作的实际进度，从开始之日标起，同时反映出该工作在实施过程中的连续与间断情况。

5)通过比较同一时刻实际完成任务量累计百分比和计划完成任务量累计百分比，判断工作实际进度与计划进度之间的关系：

①如果同一时刻横道线上方累计百分比大于横道线下方累计百分比，表明实际进度拖后，拖欠的任务量为二者之差。

②如果同一时刻横道线上方累计百分比小于横道线下方累计百分比，表明实际进度超前，超前的任务量为二者之差。

③如果同一时刻横道线上下方两个累计百分比相等，表明实际进度与计划进度一致。

2.S形曲线比较法

S形曲线比较法是以横坐标表示进度时间，纵坐标表示累计完成任务量，绘制出一条按计划时间累计完成任务量的S形曲线，将施工项目实施过程中各检查时间实际累计完成任务量的S形曲线也绘制在同一坐标系中，进行实际进度与计划进度相比较的一种方法。

从整个工程项目实际进展全过程来看，施工过程中单位时间投入的资源量一般是开始和结束时较少，中间阶段较多。与其相对应，单位时间完成的任务量也呈同样的变化规律，如图5-14(a)所示。S形曲线比较法与横道图比较法不同，它不是在编制的横道图进度计划上进行实际进度。

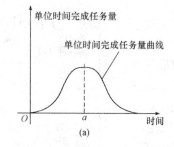
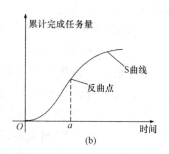

图5-14　时间与完成任务量关系曲线

(a)单位时间完成任务量曲线；(b)累计完成任务量曲线

随工程进展累计完成的任务量则应呈S形变化，如图5-14(b)所示，因其形似英文字母

"S"而得名。S形曲线比较法，同横道图一样，是在图上直观地将工程项目实际进度与计划进度进行比较。一般情况下，进度控制人员在计划实施前绘制出计划S形曲线，在项目实施过程中，按规定时间将检查的实际完成任务情况，绘制在与计划S形曲线的同一张图上，可得出实际进度S形曲线，如图5-15所示。

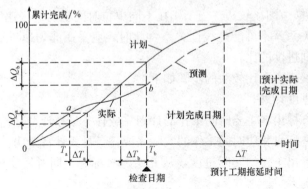

图 5-15　S形曲线比较图

比较两条S形曲线可以得到如下信息：

（1）工程项目实际进展状况。如果工程实际进展点落在计划S形曲线左侧，表明此时实际进度比计划进度超前，如图5-15中的 a 点所示；如果工程实际进展点落在计划S曲线右侧，表明此时实际进度拖后，如图5-15中的 b 点所示；如果工程实际进展点正好落在计划S曲线上，则表示此时实际进度与计划进度一致。

（2）工程项目实际进度超前或拖后的时间。在S形曲线比较图中可以直接读出实际进度比计划进度超前或拖后的时间。如图5-15所示，ΔT_a 表示 T_a 时刻实际进度超前的时间；ΔT_b 表示 T_b 时刻实际进度拖后的时间。

（3）工程项目实际超额或拖欠的任务量。在S形曲线比较图中也可直接读出实际进度比计划进度超额或拖欠的任务量。如图5-15所示，ΔQ_a 表示 T_a 时刻超额完成的任务量，ΔQ_b 表示 T_b 时刻拖欠的任务量。

（4）后期工程进度预测。如果后期工程按原计划速度进行，则可做出后期工程计划S形曲线，如图5-15中的虚线所示，从而可以确定工期拖延预测值 ΔT。

3. 香蕉形曲线比较法

（1）香蕉形曲线是两条S形曲线组合成的闭合图形。如前所述，工程项目的计划时间和累计完成任务量之间的关系都可用一条S形曲线表示。在工程项目的网络计划中，各项工作一般可分为最早和最迟开始时间，于是根据各项工作的计划最早开始时间安排进度就可绘制出一条S形曲线，称为 ES 曲线；而根据各项工作的计划最迟开始时间安排进度绘制出的S形曲线，称为 LS 曲线。这两条曲线都是起始于计划开始时刻，终止于计划完成之时，因而图形是闭合的。一般情况下，在其余时刻，ES 曲线上各点均应在 LS 曲线的左侧，其图形如图5-16所示，形似香蕉，因而得名。

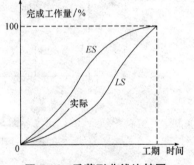

图 5-16　香蕉形曲线比较图

（2）香蕉形曲线比较法的作用。

1）预测后期工程进展趋势。利用香蕉形曲线可以对后期工程的进展情况进行预测。

2）合理安排工程项目进度计划。

①如果工程项目中的各项工作均按其最早开始时间安排进度，将导致项目的投资加大。

②如果各项工作都按其最迟开始时间安排进度，则一旦受到进度影响因素的干扰，又将导致工期拖延，使工程进度风险加大。因此，一个科学合理的进度计划优化曲线应处于香蕉曲线所包括的区域之内。

3）定期比较工程项目的实际进度与计划进度。在工程项目的实施过程中，根据每次检查收集到的实际完成任务量，绘制出实际进度的 S 形曲线，便可以与计划进度进行比较。

①工程项目实施进度的理想状态是任一时刻工程实际进展点应落在香蕉形曲线图的范围之内。

②如果工程实际进展点落在 ES 曲线的左侧，表明此刻实际进度比各项工作按其最早开始时间安排的计划进度超前。

③如果工程实际进展点落在 LS 曲线的右侧，则表明此刻实际进度比各项工作按其最迟开始时间安排的计划进度拖后。

4. 前锋线比较法

前锋线比较法也是一种简单地进行工程实际进度与计划进度的比较方法，主要适用于时标网络计划。其主要方法是从检查时刻的时标点出发，首先连接与其相邻的工作箭线的实际进度点，由此再去连接该箭线相邻工作箭线的实际进度点，依次类推，将检查时刻正在进行工作的点都依次连接起来，组成一条一般为折线的前锋线。

按前锋线与箭线交点的位置可以判定工程实际进度与计划进度的偏差。实际上，前锋线法就是通过工程项目实际进度前锋线，比较工程实际进度与计划进度偏差的方法。

采用前锋线比较法进行实际进度与计划进度比较的步骤如下：

（1）绘制时标网络计划图。工程项目实际进度前锋线是在时标网络计划图上标示的，为清楚起见，可在时标网络计划图的上方和下方各设一个时间坐标。

（2）绘制实际进度前锋线。一般从时标网络计划图上方时间坐标的检查日期开始绘制，依次连接相邻工作的实际进展位置点，最后与时标网络计划图下方坐标的检查日期相连接。

（3）比较实际进度与计划进度。前锋线反映出的检查日有关工作实际进度与计划进度的关系有以下三种情况：

1）工作实际进度点位置与检查日时间坐标相同，表明该工作实际进度与计划进度一致。

2）工作实际进度点位置在检查日时间坐标右侧，表明该工作实际进度超前，超前天数为两者之差。

3）工作实际进度点位置在检查日时间坐标左侧，表明该工作实际进展拖后，拖后天数为两者之差。

以上比较是指匀速进展的工作，对于非匀速进展的工作，其比较方法较复杂。

从图 5-17 中可以看出：

（1）工作 C 实际进度拖后 2 周，将使其后续工作 G、H、J 的最早开始时间推迟 2 周。

由于工作 G、J 开始时间推迟，从而使总工期延长 2 周。

（2）工作 D 实际进度拖后 2 周，将使其后续工作 F 的最早开始时间推迟 2 周，并使总工期延长 1 周。

（3）工作 E 实际进度拖后 1 周，既不影响总工期，也不影响其后续工作的正常进行。

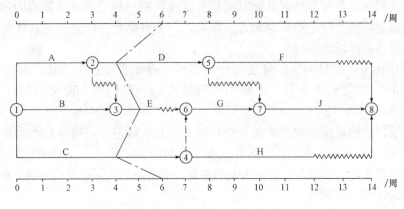

图 5-17　某工程前锋线比较图

5. 列表比较法

采用列表比较法进行进度计划检查的步骤如下：

（1）对于实际进度检查日期应该进行的工作，根据已经作业的时间，确定其还需作业的时间。

（2）根据原进度计划计算检查日期应该进行的工作从检查日期到原计划最迟完成时间的剩余时间。

（3）计算工作尚有总时差，其值等于工作从检查日期到原计划最迟完成时间的剩余时间与该工作还需作业时间之差。

五、施工进度偏差分析

在建筑工程项目实施过程中，当通过实际进度与计划进度的比较，发现有进度偏差时，需要分析该偏差对后续工作及总工期的影响，从而采取相应的调整措施对原进度计划进行调整，以确保工期目标的顺利实现。进度偏差的大小及其所处的位置不同，对后续工作和总工期的影响程度是不同的，分析时需要利用网络计划中工作总时差和自由时差的概念进行判断。

1. 分析发生进度偏差的工作是否为关键工作

（1）在工程项目的施工过程中，若出现偏差的工作为关键工作，则无论偏差大小，都对后续工作及总工期产生影响，必须采取相应的调整措施。

（2）若出现偏差的工作不是关键工作，需要根据偏差值与总时差和自由时差的大小关系，确定对后续工作和总工期的影响程度。

2. 分析进度偏差是否大于总时差

（1）在工程项目施工过程中，若工作的进度偏差大于该工作的总时差，说明此偏差必将影响后续工作和总工期，必须采取相应的调整措施。

(2)若工作的进度偏差小于或等于该工作的总时差，说明此偏差对总工期无影响，但它对后续工作的影响程度，需要根据比较偏差与自由时差的情况来确定。

3. 分析进度偏差是否大于自由时差

(1)在工程项目施工过程中，若工作的进度偏差大于该工作的自由时差，说明此偏差对后续工作产生影响，该如何调整，应根据后续工作允许影响的程度而定。

(2)若工作的进度偏差小于或等于该工作的自由时差，则说明此偏差对后续工作无影响，因此，原进度计划可以不做调整。

六、施工进度计划的调整

1. 施工进度计划调整的要求

(1)使用网络计划进行调整，应利用关键线路。

(2)调整后编制的施工进度计划应及时下达。

(3)施工进度计划调整应及时有效。

(4)利用网络计划进行时差调整，调整后的进度计划要及时向班组及有关人员下达，防止继续执行原进度计划。

2. 施工进度计划调整的内容

施工进度计划的调整，以施工进度计划检查结果进行调整，调整的内容包括：

(1)施工内容。

(2)工程量。

(3)起止时间。

(4)持续时间。

(5)工作关系。

(6)资源供应。

3. 施工进度计划调整的方法

(1)关键线路调整的方法。当关键线路的实际进度比计划进度提前时，首先要确定是否对原计划工期予以缩短。如果不缩短，可以利用这个机会降低资源强度或费用。方法是选择后续关键工作中资源占用量大的或直接费用高的予以延长，延长的长度不应超过已完成的关键工作提前的时间量。当关键线路的实际进度比计划进度落后时，计划调整任务是采取措施把失去的时间补回来。

(2)非关键线路调整的方法。时差调整的目的是更充分地利用资源，降低成本，满足施工需要。时差调整的幅度不得大于计划总时差值。

(3)增减工作项目。增减工作项目均不应打乱原网络计划总的逻辑关系。由于增减工作项目，只能改变局部的逻辑关系，此局部改变不影响总的逻辑关系。增加工作项目，只是对原遗漏或不具体的逻辑关系进行补充；减少工作项目，只是对提前完成的工作项目或者不应设置而设置了的工作项目予以删除。只有这样才是真正调整而不是"重编"。增减工作项目之后重新计算时间参数。

(4)逻辑关系调整。施工方法或组织方法改变之后，逻辑关系也应调整。

(5)持续时间的调整。原计划有误或实现条件不充分时，方可调整。调整的方法是更新估算。

(6)资源调整。资源调整应在资源供应发生异常时进行。所谓异常，是指因供应满足不了需要(中断或强度降低)而影响计划工期的实现。

本章小结

建筑工程项目进度控制是建筑工程项目管理的任务之一，也是建筑工程项目管理的核心内容。对工程项目进度进行有效的控制，使其顺利达到预定的目标，是业主、监理方和承包商进行工程项目管理的中心任务。本章主要介绍了建筑工程项目进度计划的编制、流水施工作业进度计划、网络计划控制技术、建筑工程项目进度计划的实施。

思考与练习

一、单项选择题

1. 建立图纸审查、工程变更和设计变更管理制度属于工程项目进度控制措施中的(　　)。

    A. 组织措施　　　　　　B. 经济措施　　　　　C. 技术措施　　　　　D. 合同措施

2. 下列进度计划不是按对象分类的是(　　)。

    A. 建设项目进度计划　　　　　　　　　　B. 单项工程进度计划

    C. 单位工程进度计划　　　　　　　　　　D. 工程总承包单位进度计划

3. 同一工作队在各个流水段上的劳动量应大致相等，相差幅度不宜超过(　　)。

    A. 10%　　　　　　　B. 15%　　　　　　　C. 20%　　　　　　　D. 25%

4. 在计算双代号网络计划的时间参数时，工作的最早开始时间应为所有紧前工作的(　　)。

    A. 最早完成时间的最小值　　　　　　　　B. 最早完成时间的最大值

    C. 最迟完成时间的最小值　　　　　　　　D. 最迟完成时间的最大值

5. 在工程网络计划中，关键工作是指网络计划中(　　)。

    A. 总时差为零的工作　　　　　　　　　　B. 总时差最小的工作

    C. 自由时差为零的工作　　　　　　　　　D. 自由时差最小的工作

6. 双代号网络图中，工作是用(　　)表示的。

    A. 节点及其编号　　　　　　　　　　　　B. 箭线及其两端节点编号

    C. 箭线及其起始节点编号　　　　　　　　D. 箭线及其终点节点编号

7. 某工程网络计划中，工作 N 最早完成时间为 17 天，持续时间为 5 天。该工作有三项紧后工作，他们的最早开始时间分别为第 25 天、第 27 天和第 30 天，则工作 N 的自由时差为(　　)天。

    A. 7　　　　　　　　　B. 2　　　　　　　　　C. 3　　　　　　　　　D. 8

8. 图 5-18 所示网络计划的计算工期为(　　)。

    A. 9　　　　　　　　　B. 11　　　　　　　　C. 12　　　　　　　　D. 13

9. 某工程双代号网络计划如图 5-19 所示，则该计划的关键线路是（   ）。

A. 1—2—3—4—5—6   B. 1—2--3—4—6

C. 1—3—4—6   D. 1—3—5—6

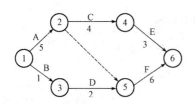

图 5-18　网络计划

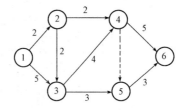

图 5-19　某工程双代号网络计划

10. 某单代号网络计划如图 5-20 所示，工作 D 的自由时差为（   ）。

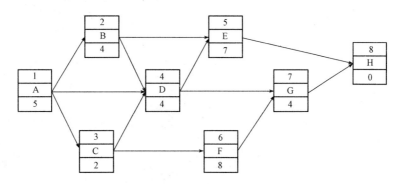

图 5-20　某单代号网络计划

A. 0   B. 1   C. 2   D. 3

二、简答题

1. 什么是工程项目进度控制？

2. 工程项目进度控制的措施有哪些？

3. 工程项目进度计划的种类有哪些？

4. 试述单位工程施工进度计划的编制步骤。

5. 流水施工的基本组织方式包括哪些？

6. 有节奏流水施工的特点及相应计算公式是什么？

7. 双代号网络计划的绘制规则是什么？

8. 网络计划的种类有哪几种？

9. 工程项目进度计划实施的基本要求有哪些？

10. 施工进度计划调整的要求是什么？

三、综合题

1. 试述施工项目总进度计划的编制步骤。

2. 试述双代号网络计划时间参数按节点计算的方法。

3. 试述单代号网络计划时间参数的计算方法。

4. 试述各种施工项目进度计划检查方法的特点。

5. 试述施工进度计划调整的方法。

四、计算题

某项目作业活动 A~K 的逻辑关系及消耗时间见表 5-3，请分别绘制其双代号网络图和单代号网络图，并分别计算其时间参数，找出关键线路。

表 5-3　逻辑关系及消耗时间

活动	A	B	C	D	E	F	G	H	I	J	K
持续时间	5	4	10	2	4	6	8	4	2	2	2
紧前工作	—	A	A	A	B	B、C	C、D	D	E、F	G、H、F	I、J

第六章　建筑工程项目质量管理

知识目标

1. 了解质量、质量管理、工程项目质量管理的基本概念。

2. 熟悉施工准备阶段的质量控制、施工过程阶段的质量控制、竣工验收阶段的质量控制；掌握建筑工程施工项目质量控制的方法。

能力目标

能够做好施工准备阶段、施工过程阶段、竣工验收阶段等各个阶段的质量控制。

第一节　建筑工程项目质量管理概述

一、质量

1. 质量的概念

质量的概念一般有狭义和广义之分。狭义的质量是指产品质量，即产品的好坏；而广义的质量不仅包含产品质量本身，还包括产品形成过程的工作质量。产品质量是工作质量的表现，而工作质量是产品质量的保证。

2. 建筑工程项目质量的基本特性

建筑工程项目从本质上说是一项拟建或在建的建筑产品，它的特性是指产品的适用性、可靠性、安全性、耐久性、经济性及与环境的协调性等。由于建筑产品一般是采用单件性筹划、设计和施工的生产组织方式，因此，其具体的质量特性指标是在各建筑工程项目的策划、决策和设计过程中进行定义的。建筑工程项目质量的基本特性可以概括如下：

（1）反映使用功能的质量特性。工程项目的功能性质量，主要表现为反映项目使用功能需求的一系列特性指标，如房屋建筑工程的平面空间布局、通风采光性能；工业建筑工程的生产能力和工艺流程；道路交通工程的路面等级、通行能力等。按照现代质量管理理念，功能性质量必须以顾客关注为焦点，满足顾客的需求或期望。

（2）反映安全可靠的质量特性。建筑产品不仅要满足使用功能和用途的要求，而且在正常的使用条件下应能达到安全可靠的标准，如建筑结构自身安全可靠、使用过程防腐蚀、防坠、防火、防盗、防辐射，以及设备系统运行与使用安全等。可靠性质量必须在满足功能性质量需求的基础上，结合技术标准、规范（特别是强制性条文）的要求进行确定与实施。

（3）反映文化艺术的质量特性。建筑产品具有深刻的社会文化背景，历来人们都把具有某种特定历史文化的建筑产品视同艺术品。其个性的艺术效果，包括建筑造型、立面外观、文化内涵、时代表征以及装修装饰、色彩视觉等，不仅使用者关注，而且社会也关注；不仅现在关注，而且未来的人们也会关注和评价。工程项目艺术文化特性的质量来自设计者的设计理念、创意和创新，以及施工者对设计意图的领会与精益施工。

（4）反映建筑工程环境的质量特性。作为项目管理对象（或管理单元）的工程项目，可能是独立的单项工程或单位工程甚至某一主要分部工程；也可能是由一个群体建筑或线型工程组成的建设项目，如新建、改建、扩建的工业厂区，大学城或校区，交通枢纽，航运港区，高速公路，油气管线等。建筑工程环境质量包括项目用地范围内的规划布局、交通组织、绿化景观、节能环保；还要追求其与周边环境的协调性或适宜性。

3. 项目质量的形成过程

建筑工程项目质量的形成过程，贯穿于整个建筑工程项目的决策过程和各个子项目的设计与施工过程，体现在建筑工程项目质量的目标决策、目标细化到目标实现的系统过程。

（1）质量需求的识别过程。在建筑工程项目决策阶段的主要工作包括建筑工程项目发展策划、可行性研究、建设方案论证和投资决策。这一过程的质量管理职能在于识别建设意图和需求，对建筑工程项目的性质、规模、使用功能、系统构成和建设标准要求等进行策划、分析、论证，为整个建筑工程项目的质量总目标以及项目内各个子项目的质量目标提出明确要求。

必须指出，由于建筑产品采取定制式的承发包生产，因此，其质量目标的决策是建设单位（业主）或项目法人的质量管理职能。尽管建筑工程项目的前期工作，业主可以采用社会化、专业化的方式，委托咨询机构、设计单位或建设工程总承包企业进行，但这一切并不能改变业主或项目法人决策的性质。业主的需求和法律法规的要求，是决定建筑工程项目质量目标的主要依据。

（2）质量目标的定义过程。建筑工程项目质量目标的具体定义过程，主要是在工程设计阶段。工程项目的设计任务，因其产品对象的单件性，总体上符合目标设计与标准设计相结合的特征。总体规划设计与单体方案设计阶段，相当于目标产品的开发设计。总体规划和方案设计经过可行性研究和技术经济论证后，进入工程的标准设计，在这整个过程中实现对工程项目质量目标的明确定义。由此可见，工程项目设计的任务就是按照业主的建设意图、决策要点、相关法规和标准、规范的强制性条文要求，将工程项目的质量目标具体化。通过方案设计、扩大初步设计、技术设计和施工图设计等环节，对工程项目各细部的质量特性指标进行明确定义，即确定各项质量目标值，为工程项目的施工安装作业活动及质量控制提供依据。其次，承包方有时也会为了创品牌工程或根据业主的创优要求及具体情况来制定更高的项目质量目标，创造精品工程。

（3）质量目标的实现过程。工程项目质量目标实现的最重要和最关键的过程是在施工阶段，包括施工准备过程和施工作业技术活动过程。其任务是按照质量策划的要求，制定企业或工程项目内控标准，实施目标管理、过程监控、阶段考核、持续改进的方法，严格按设计图纸和施工技术标准施工；把特定的劳动对象转化成符合质量标准的建筑工程产品。

综上所述，建筑工程项目质量的形成过程，贯穿于项目的决策过程和实施过程，这些过程的各个重要环节构成了工程建设的基本程序，它是工程建设客观规律的体现。无论哪个国家和地区，也无论其发达程度如何，只要讲求科学，都必须遵循这样的客观规律。尽管在信息技术高度发展的今天，流程可以再造、可以优化，但不能改变流程所反映的事物本身的内在规律。工程项目质量的形成过程，在某种意义上说，也就是在遵循建设程序的实施过程中，对工程项目实体注入一组固有的质量特性，以满足业主的预期需求。在这个过程中，业主方的项目管理担负着对整个工程项目质量总目标的策划、决策和实施监控的任务；而工程项目各参与方则直接承担着相关项目质量目标的控制职能和相应的质量责任。

4. 工程质量的特点

建筑工程质量的特点是由建筑工程本身和建设生产的特点决定的。建筑工程（产品）及其生产的特点有：一是产品的固定性，生产的流动性；二是产品的多样性，生产的单件性；三是产品形体庞大、投入高、生产周期长、具有风险性；四是产品的社会性，生产的外部约束性。上述建筑工程的特点决定了工程质量的如下特点：

(1)影响因素多。建筑工程产品的形成需要经历若干阶段、一定周期才能完成。在不同的阶段、不同的时期，质量受到多种因素的影响，如决策、设计、材料、机具设备、施工方法、施工工艺、技术措施、人员素质、工期、工程造价等，这些因素直接或间接地影响工程项目质量。在这些影响因素中，有些因素是已知的，有些因素是未知的，所以，可以将影响项目质量的因素集看作是一个灰色系统。

(2)质量波动大。由于建筑生产的单件性、流动性，不像一般工业产品的生产那样，有固定的生产流水线、有规范化的生产工艺和完善的检测技术、有成套的生产设备和稳定的生产环境，所以，工程质量容易产生大的波动。同时，由于影响工程质量的偶然性因素和系统性因素比较多，其中任一因素发生变动，都会使工程质量产生波动。如材料规格品种使用错误、施工方法不当、操作未按规程进行、机械设备过度磨损或出现故障、设计计算失误等，都会发生质量波动，产生系统因素的质量变异，造成工程质量事故。为此，要严防出现系统性因素的质量变异，要把质量波动控制在偶然性因素范围内。

(3)质量的隐蔽性。建筑工程在施工过程中，由于分项工程交接多、中间产品多、隐蔽工程多，因此，质量存在隐蔽性。若在施工中不及时进行质量检查，事后只能从表面上检查，就很难发现内在的质量问题，这样就容易产生判断错误，即第二类判断错误（将不合格品误认为合格品）。

(4)终检的局限性。工程项目建成后不可能像一般工业产品那样，依靠终检来判断产品质量，或将产品拆卸、解体来检查其内在的质量，或对不合格零部件予以更换。而工程项目的终检（竣工验收）无法进行工程内在质量的检验，无法发现隐蔽的质量缺陷。因此，工程项目的终检存在一定的局限性，这就要求工程质量控制应以预防为主，防患于未然。

(5)评价方法的特殊性。工程质量的检查评定及验收是按检验批、分项工程、分部工程、单位工程进行的。检验批的质量是分项工程乃至整个工程质量检验的基础，检验批合格质量主要取决于主控项目和一般项目经抽样检验的结果。隐蔽工程在隐蔽前要检查合格后验收，涉及结构安全的试块、试件以及有关材料，应按规定进行见证取样检测，涉及结构安全和使用功能的重要分部工程要进行抽样检测。工程质量是在施工单位按合格质量标准自行检查评定的基础上，由监理工程师(或建设单位项目负责人)组织有关单位、人员进行检验，确认验收。这种评价方法体现了"验评分离、强化验收、完善手段、过程控制"的指导思想。

5. 工程质量的影响因素

影响工程质量的因素很多，而且不同工程的影响因素会有所不同，各种因素对不同工程的质量影响的程度也有所差异。但无论何种工程，也无论在工程的何种阶段，影响工程质量的因素归纳起来主要有五个方面，即人(Man)、机械(Machine)、材料(Material)、方法(Method)和环境(Environment)，简称4M1E。

(1)人员素质。就建筑工程而言，人是其生产经营活动的主体，具体表现在人是工程建设的决策者、管理者、操作者。工程建设的全过程，如项目的规划、决策、勘察、设计和施工，都是通过人来完成的。所以，人将对工程质量产生最直接、最重要的影响。人对工程的影响程度取决于人的素质和质量意识。人的素质，即人的文化水平、技术水平、决策能力、管理能力、组织能力、作业能力、控制能力、身体素质及事业道德等，都将直接和间接地对规划、决策、勘察、设计和施工的质量产生影响。而规划是否合理，决策是否正确，设计是否符合所需要的质量功能，施工能否满足合同、规范、技术标准的需要等，都将对工程质量产生不同程度的影响，所以，人员素质是影响工程质量的一个重要因素。因此，建筑行业实行经营资质管理和各类专业从业人员持证上岗制度，是保证人员素质的重要管理措施。

(2)机械设备。机械设备可分为两类：一是指组成工程实体及配套的工艺设备和各类机具，如电梯、泵机、通风设备等。它们构成了建筑设备安装工程或工业设备安装工程，形成完整的使用功能。二是指施工过程中使用的各类机具设备，包括大型垂直与横向运输设备、各类操作工具、各种施工安全设施、各类测量仪器和计量器具等，简称施工机具设备，它们是施工生产的手段。机具设备对工程质量也有重要的影响。工程用机具设备的产品质量的优劣直接影响工程使用功能的质量。施工机具设备的类型是否符合工程施工特点性能，是否先进、稳定，操作是否方便、安全等，都将会影响工程的质量。

(3)工程材料。工程材料泛指构成工程实体的各类建筑材料、构配件、半成品等。它们是工程建设的物质条件，是工程质量的基础。工程材料选用是否合理，质量是否合格，是否经过检验，保管使用是否得当等，都将直接影响建筑工程的质量，甚至会造成质量事故；使用不合格材料是产生质量问题的根源之一。所以，在工程建设中，加强对材料的质量控制、杜绝使用不合格材料，是工程质量管理的重要内容。

(4)方法。方法是指在工程实施过程中采用的工艺方法、操作方法和施工方案等。在工程施工中，施工方案是否合理，施工工艺是否先进，施工操作是否正确，都会对工程质量产生重大的影响。大力推进新技术、新工艺、新方法的应用，不断提高工艺技术水平，是保证工程质量稳定提高的重要因素。

(5)环境条件。影响项目质量的环境因素包括项目的自然环境因素、社会环境因素、管理环境因素和作业环境因素。

1)自然环境因素。自然环境因素主要是指工程地质、水文、气象条件和地下障碍物以及其他不可抗力等影响项目质量的因素。例如，复杂的地质条件必须对建筑工程的地基处理和基础设计提出更高的要求，处理不当就会对结构安全造成不利影响；在地下水水位高的地区，若在雨期进行基坑开挖，遇到连续降水或排水困难，就会引起基坑塌方或地基受水浸泡影响承载力等；在寒冷地区冬期施工措施不当，工程会因受到冻融而影响质量；在基层未干燥或大风天进行卷起屋面防水层的施工，就会导致粘贴不牢及空鼓等质量问题等。

2)社会环境因素。社会环境因素主要是指会对项目质量造成影响的各种社会环境因素，包括国家建设法律法规的健全程度及其执法力度；建筑工程项目法人决策的理性化程度以及经营者的经营管理理念；建筑市场(包括建设工程交易市场和建筑生产要素市场)的发育程度及交易行为的规范程度；政府的工程质量监督及行业管理成熟程度；建设咨询服务业的发展程度及其服务水准的高低；廉政管理及行风建设的状况等。

3)管理环境因素。管理环境因素主要是指项目参建单位的质量管理体系、质量管理制度和各参建单位之间的协调等因素。比如，参建单位的质量管理体系是否健全，运行是否有效，决定了该单位的质量管理能力；在项目施工中根据承发包的合同结构，理顺管理关系，建立统一的现场施工组织系统和质量管理的综合运行机制，确保工程项目质量保证体系处于良好的状态，创造良好的质量管理环境和氛围，则是施工顺利进行，提高施工质量的保证。

4)作业环境因素。作业环境因素主要是指项目实施现场平面和空间环境条件，各种能源介质供应，施工照明、通风、安全防护设施，施工场地给水排水，以及交通运输和道路条件等因素。这些条件是否良好，都直接影响到施工能否顺利进行，以及施工质量能否得到保证。

上述因素对项目质量的影响，具有复杂多变和不确定性的特点。对这些因素进行控制，是项目质量控制的主要内容。

二、质量管理与工程项目质量管理

(一)质量管理

质量管理是指导和控制某组织与质量有关的彼此协调的活动。质量管理是围绕使产品质量满足不断更新的质量要求而开展的策划、组织、计划、实施检查和监督审核等所有管理活动的总和，是组织管理的一个中心环节。其职能是负责确定并实施质量方针、目标和职能。一个企业如果以质量求生存、以品种求发展，积极参与到国际竞争中去，就必须制定正确的质量方针和适宜的质量目标。要保证方针、目标的实现，就必须建立健全质量管理体系，并使之有效运行。

(二)工程项目质量管理

工程项目质量管理是指为保证工程项目质量满足工程合同、设计文件、规范标准所采取的一系列措施、方法和手段，主要包括质量规划、质量保证、质量控制和质量改进四个主要的工作过程。

工程项目质量管理的目的是以尽可能低的成本，按既定的工期完成一定数量的达到质量标准的建筑项目。它的主要任务是建立和健全质量管理体系，用企业的工作质量来保证建筑项目实物质量。

目前，我国对建筑工程质量的管理，是按照建筑工程质量的形成过程，分阶段对建筑工程质量进行管理。

1. 施工项目质量管理的内容

(1)规定控制的标准，即详细说明控制对象应达到的质量要求。

(2)确定具体的控制方法，如工艺规程、控制用图表等。

(3)确定控制对象，如一道工序、一个分项工程、一个安装过程等。

(4)明确所采用的检验方法，包括检验手段。

(5)进行工程实施过程中的各项检验。

(6)分析实测数据与标准之间产生差异的原因。

(7)解决差异所采取的措施和方法。

2. 工程项目质量管理的特点

(1)影响质量的因素多。如设计、材料、机械、地形、地质、水文、气象、施工工艺、操作方法、技术措施、管理制度等因素，均直接影响施工项目的质量。

(2)质量检查不能解体、拆卸。工程项目建成后，不可能像某些工业产品那样，再拆卸或解体检查内在的质量，或重新更换零件。即使发现质量有问题，也不可能像工业产品那样，实行"包换"或"退款"。

(3)质量要受投资、进度的制约。施工项目的质量受投资、进度的制约较大，如一般情况下，投资大、进度慢，质量就好；反之，质量则差。因此，项目在施工中，还必须正确处理质量、投资和进度三者之间的关系，使其达到对立的统一。

(4)容易产生第一、第二判断错误。施工项目由于工序交接多、中间产品多、隐蔽工程多，若不及时检查实质，事后再看表面，就容易产生第二判断错误，也就是说，容易将不合格的产品，认定是合格的产品；反之，若检查不认真，测量仪表不准，读数有误，就会产生第一判断错误，也就是说容易将合格产品，认定是不合格的产品。

(5)容易产生质量变异。因项目施工不像工业产品生产那样，具有自动性和固定的流水线，有规范化的生产工艺和完善的检测技术，有成套的生产设备和稳定的生产环境，有相同系列规格和相同功能的产品。同时，由于影响施工项目质量的偶然性因素和系统性因素都较多，因此，很容易产生质量变异。为此，在施工中要严防出现系统性因素的质量变异，要把质量变异控制在偶然性因素范围内。

3. 工程项目质量管理的原则

(1)"质量第一，用户至上"。社会主义商品经营的原则是"质量第一，用户至上"。建筑产品作为一种特殊的商品，使用年限较长，是"百年大计"，直接关系到人民生命财产的安全。所以，工程项目在施工中应自始至终地把"质量第一，用户至上"作为质量控制的基本原则。

(2)"以人为核心"。人是质量的创造者，质量控制必须"以人为核心"，将人作为控制的动力，调动人的积极性、创造性；增强人的责任感，树立"质量第一"观念；提高人的素质，避免人为失误；以人的工作质量保证工序质量和工程质量。

(3)"以预防为主"。要从对质量的事后检查把关，转向对质量的事前控制及事中控制；从对产品质量的检查，转向对工作质量或工序质量的检查及对中间产品的质量检查。这是确保工程项目质量的有效措施。

(4)依据质量标准严格检查，一切用数据说话。质量标准是评价产品质量的尺度，数据是质量控制的基础和依据。产品质量是否符合质量标准，必须通过严格检查，用数据说话。

(5)贯彻科学、公平、守法的职业规范。建筑施工企业的项目经理，在处理问题过程中，应尊重客观事实、尊重科学，正直、公正，摒弃偏见，遵纪、守法，杜绝不正之风，既要坚持原则、严格要求、秉公办事，又要谦虚谨慎、实事求是、以理服人、热情帮助。

4. 工程项目质量管理原理

工程项目质量管理采用 PDCA 循环原理，即 P（计划 Plan）、D（实施 Do）、C（检查 Check）、A（总结处理 Action），把质量管理全过程划分为四个阶段。施工质量控制可分为事前控制、事中控制和事后控制。

（1）事前控制。事前质量控制是在正式施工前进行质量控制，控制重点是做好准备工作。要求在切实可行并有效实现预期质量目标的基础上，预先进行周密的施工质量计划，编制施工组织设计或施工项目管理实施规划，作为一种行动方案，对影响质量的各因素和有关方面进行预控。应注意将准备工作贯穿于整个施工全过程。

（2）事中控制。

1）它是对质量活动的行为约束，即对质量产生过程中各项技术作业活动操作者在相关制度管理下的自我行为约束的同时，充分发挥其技术能力，完成预定质量目标的作业任务。

2）它是来自外部的对质量活动过程和结果的监督控制。事中质量控制的策略是全面控制施工过程及有关各方面的质量，重点是控制工序质量、工作包质量、质量控制点。

（3）事后控制。事后质量控制是指对于通过施工过程所完成的具有独立的功能和使用价值的最终产品（单位工程或整个工程项目）及其有关方面（如质量文档）的质量进行控制，包括对质量活动结果的评价和认定以及对质量偏差的纠正。

在实际工程中，不可避免地存在一些难以预料的影响因素，很难保证所有作业活动"一次成功"；另外，对作业活动的事后评价是判断其质量状态不可缺少的环节。

工程项目全面质量管理的基本核心是提高人的素质，调动人的积极性，人人做好本职工作，通过抓好工作质量，来保证和提高产品质量或服务质量。

第二节　建筑工程项目施工质量控制

一、施工准备阶段的质量控制

（一）施工质量控制的准备工作

1. 工程项目划分

一个建筑工程从施工准备开始到竣工交付使用，要经过若干工序、工种的配合施工。施工质量的优劣，取决于各个施工工序、工种的管理水平和操作质量。因此，为了便于控制、检查、评定和监督每个工序和工种的工作质量，要把整个工程逐级划分为单位工程、分部工程、分项工程和检验批，并分级进行编号，据此来进行质量控制和检查验收，这是进行施工质量控制的一项重要基础工作。

从建筑工程施工质量验收的角度来说，工程项目应逐级划分为单位（子单位）工程、分部（子分部）工程、分项工程和检验批。

2. 技术准备的质量控制

技术准备是指在正式开展施工作业活动前进行的技术准备工作。这类工作内容繁多，主要在室内进行，例如，熟悉施工图纸，进行详细的设计交底和图纸审查；进行工程项目划分和编号；细化施工技术方案和施工人员、机具的配置方案，编制施工作业技术指导书，绘制各种施工详图（如测量放线图、大样图及配筋、配板、配线图表等），进行必要的技术交底和技术培训。技术准备的质量控制，包括对上述技术准备工作成果的复核审查，检查这些成果是否符合相关技术规范、规程的要求和对施工质量的保证程度；制订施工质量控制计划，设置质量控制点，明确关键部位的质量管理点等。

(二)现场施工准备的质量控制

1. 工程定位和标高基准的控制

工程测量放线是建设工程产品由设计转化为实物的第一步。施工测量质量的好坏，直接决定工程的定位和标高是否正确，并且制约在施工过程中有关工序的质量。因此，施工单位必须对建设单位提供的原始坐标点、基准线和水准点等测量控制点进行复核，并将复测结果上报监理工程师审核，批准后施工单位才能建立施工测量控制网，进行工程定位和标高基准的控制。

2. 施工平面布置的控制

建设单位应按照合同约定并考虑施工单位施工的需要，事先划定并提供施工用地和现场临时设施用地的范围。施工单位要合理科学地规划好、使用好施工场地，保证施工现场的道路畅通、材料的合理堆放、良好的防洪排水能力、充分的给水和供电设施以及正确的机械设备安装布置。应制定施工场地质量管理制度，并做好施工现场的质量检查记录。

(三)材料的质量控制

建筑工程采用的主要材料、半成品、成品、建筑构配件等（统称"材料"，下同）均应进行现场验收。凡涉及工程安全及使用功能的有关材料，应按各专业工程质量验收规范规定进行复验，并应经监理工程师（建设单位技术负责人）检查认可。为了保证工程质量，施工单位应从以下几个方面把好原材料的质量控制关。

1. 采购订货关

施工单位应制订合理的材料采购供应计划，在广泛把握市场材料信息的基础上，优选材料的生产单位或者销售总代理单位（简称"材料供货商"，下同），建立严格的合格供应方资格审查制度，确保采购订货的质量。

(1)材料供货商对下列材料必须提供《生产许可证》：钢筋混凝土用热轧带肋钢筋、冷轧带肋钢筋、预应力混凝土用钢材（钢丝、钢棒和钢绞线）、建筑防水卷材、水泥、建筑外窗、建筑幕墙、建筑钢管脚手架扣件、人造板、铜及铜合金管材、混凝土输水管、电力电缆等材料产品。

(2)材料供货商对下列材料必须提供《建材备案证明》：水泥、商品混凝土、商品砂浆、混凝土掺合料、混凝土外加剂、烧结普通砖、砌块、建筑用砂、建筑用石、排水管、给水管、电工套管、防水涂料、建筑门窗、建筑涂料、饰面石材、木制板材、沥青混凝土、三渣混合料等材料产品。

(3)材料供货商要对外墙外保温、外墙内保温材料实施建筑节能材料备案登记。

(4)材料供货商要对下列产品实施强制性产品认证(简称 CCC 或 3 C 认证):建筑安全玻璃[包括钢化玻璃、夹层玻璃、(安全)中空玻璃]、瓷质砖、混凝土防冻剂、溶剂型木器涂料、电线电缆、断路器、漏电保护器、低压成套开关设备等产品。

(5)除上述材料或产品外,材料供货商对其他材料或产品必须提供出厂合格证或质量证明书。

2. 进场检验关

施工单位必须对下列材料进行抽样检验或试验,经检验合格后才能使用。

(1)水泥物理力学性能检验。同一生产厂、同一等级、同一品种、同一批号且连续进场的水泥,袋装不超过 200 t 为一检验批,散装不超过 500 t 为一检验批,每批抽样不少于一次。取样应在同一批水泥的不同部位等量采集,取样点不少于 20 个,并应具有代表性,且总量不少于 12 kg。

(2)钢筋力学性能检验。同一牌号、同一炉罐号、同一规格、同一等级、同一交货状态的钢筋,每批不大于 60 t。从每批钢筋中抽取 5%进行外观检查。力学性能试验从每批钢筋中任选两根钢筋,每根取两个试样分别进行拉伸试验(包括屈服点、抗拉强度、伸长率)和冷弯试验。

钢筋闪光对焊、电弧焊、电渣压力焊、钢筋气压焊,在同一台班内,由同一焊工完成的 300 个同级别、同直径钢筋焊接接头应作为一批;封闭环式箍筋闪光对焊接头,以 600 个同牌号、同规格的接头作为一批,只做拉伸试验。

(3)砂、石常规检验。购货单位应按同产地、同规格分批验收。用火车、货船或汽车运输的,以 400 m³ 或 600 t 为一验收批,用马车运输的,以 200 m³ 或 300 t 为一验收批。

(4)混凝土、砂浆强度检验。每拌制 100 盘且不超过 100 m³ 的同配合比的混凝土取样不得少于一次。当一次连续浇筑超过 1 000 m³ 时,同配合比的混凝土每 200 m³ 取样不得少于一次。

同条件养护试件的留置组数,应根据实际需要确定。同一强度等级的同条件养护试件,其留置数量应根据混凝土的工程量和重要性确定,为 3～10 组。

(5)混凝土外加剂检验。混凝土外加剂是由混凝土生产厂根据产量和生产设备条件,将产品分批编号,掺量大于 1%(含 1%)同品种的外加剂每一编号为 100 t,掺量小于 1%的外加剂每一编号为 50 t,同一编号的产品必须是混合均匀的。其检验费由生产厂自行负责。建设单位只负责施工单位自拌的混凝土外加剂的检测费用,但现场不允许自拌大量的混凝土。

(6)检验。同一品种、牌号、规格的卷材,抽验数量为 1 000 卷抽取 5 卷;500～1 000 卷抽取 4 卷;100～499 卷抽取 3 卷;小于 100 卷抽取 2 卷。同一批出厂、同一规格标号的沥青以 20 t 为一个取样单位。

(7)防水涂料检验。同一规格、品种、牌号的防水涂料,每 10 t 为一批,不足 10 t 者按一批进行抽检。

3. 存储和使用关

施工单位必须加强材料进场后的存储和使用管理,避免材料变质(如水泥的受潮结块、钢筋的锈蚀等)和使用规格、性能不符合要求的材料造成工程质量事故。

例如,混凝土工程中使用的水泥,因保管不善,放置时间过久,受潮结块就会失效。

使用不合格或失效的劣质水泥，就会对工程质量造成危害。例如，某住宅楼工程中使用了未经检验的安定性不合格的水泥，导致现浇混凝土楼板拆模后出现了严重的裂缝，在随即对混凝土强度检验中，发现其结构强度达不到设计要求而只能返工。

在混凝土工程中由于水泥品种的选择不当或外加剂的质量低劣及用量不准，同样会引起质量事故。如某学校的教学综合楼工程，在冬期进行基础混凝土施工时，采用火山灰质硅酸盐水泥配制混凝土，因工期要求较紧又使用了未经复试的不合格早强防冻剂，结果导致混凝土结构的强度不能满足设计要求，不得不返工重做。因此，施工单位既要做好对材料的合理调度，避免现场材料的大量积压，又要做好对材料的合理堆放，并正确使用材料。在使用材料时应进行及时的检查和监督。

(四)施工机械设备的质量控制

施工机械设备的质量控制，就是要使施工机械设备的类型、性能、参数等与施工现场的实际条件、施工工艺、技术要求等因素相匹配，符合施工生产的实际要求。其质量控制主要从机械设备的选型、主要性能参数指标的确定和使用操作要求等方面进行。

1. 机械设备的选型

机械设备的选型，应遵循技术上先进、生产上适用、经济上合理、使用上安全、操作上方便的原则进行。选配的施工机械应具有工程的适用性，具有保证工程质量的可靠性，具有使用操作的方便性和安全性。

2. 主要性能参数指标的确定

主要性能参数是选择机械设备的依据，其参数指标的确定必须满足施工的需要和保证质量的要求。只有正确地确定主要的性能参数，才能保证正常的施工，不致引起安全质量事故。

3. 使用操作要求

合理使用机械设备，正确地进行操作，是保证项目施工质量的重要环节。应贯彻"人机固定"原则，实行定机、定人、定岗位职责的使用管理制度，在使用中严格遵守操作规程和机械设备的技术规定，做好机械设备的例行保养工作，使机械保持良好的技术状态，防止出现安全质量事故，确保工程施工质量。

二、施工过程阶段的质量控制

(一)技术交底

做好技术交底是保证施工质量的重要措施之一。项目开工前应由项目技术负责人向承担施工的负责人或分包人进行书面技术交底，技术交底资料应办理签字手续并归档保存。每一分部工程开工前均应进行作业技术交底。技术交底书应由施工项目技术人员编制，并经项目技术负责人批准实施。技术交底书的内容主要包括：任务范围、施工方法、质量标准和验收标准，施工中应注意的问题，可能出现意外的措施及应急方案，文明施工和安全防护措施以及成品保护要求等。技术交底书应围绕施工材料、机具、工艺、工法、施工环境和具体的管理措施等方面进行，应明确具体的步骤、方法、要求和完成的时间等。技术交底的形式有书面、口头、会议、挂牌、样板、示范操作等。

(二)测量控制

项目开工前应编制测量控制方案，经项目技术负责人批准后实施。对相关部门提供的测量控制点应做好复核工作，经审批后进行施工测量放线，并保存测量记录。在施工过程中应对设置的测量控制点、线妥善保护，不准擅自移动。同时在施工过程中必须认真进行施工测量复核工作，这是施工单位应履行的技术工作职责，其复核结果应报送监理工程师复验确认后，才能进行后续相关工序的施工。

（三）计量控制

计量控制是保证工程项目质量的重要手段和方法，是施工项目开展质量管理的一项重要基础工作。施工过程中的计量工作，包括施工生产时的投料计量、施工测量、监测计量以及对项目、产品或过程的测试、检验、分析计量等。其主要任务是统一计量单位制度，组织量值传递，保证量值统一。计量控制的工作重点是：建立计量管理部门和配置计量人员；建立健全和完善计量管理的规章制度；严格按规定有效控制计量器具的使用、保管、维修和检验；监督计量过程的实施，保证计量的准确。

（四）工序施工质量控制

施工过程由一系列相互联系与制约的工序构成。工序是人、材料、机械设备、施工方法和环境因素对工程质量综合作用的过程，所以，对施工过程的质量控制，必须以工序质量控制为基础和核心。因此，工序的质量控制是施工阶段质量控制的重点。只有严格控制工序质量，才能确保施工项目的实体质量。工序施工质量控制主要包括工序施工条件控制和工序施工效果控制。

1. 工序施工条件控制

工序施工条件是指从事工序活动的各生产要素质量及生产环境条件。工序施工条件控制就是控制工序活动的各种投入要素质量和环境条件质量。控制的手段主要有检查、测试、试验、跟踪监督等。控制的依据主要是设计质量标准、材料质量标准、机械设备技术性能标准、施工工艺标准以及操作规程等。

2. 工序施工效果控制

工序施工效果主要反映工序产品的质量特征和特性指标。对工序施工效果的控制就是控制工序产品的质量特征和特性指标能否达到设计质量标准以及施工质量验收标准的要求。工序施工质量控制属于事后质量控制，其控制的主要途径是实测获取的数据、统计分析所获取的数据、判断认定质量等级和纠正质量偏差。

（五）特殊过程的质量控制

特殊过程是指该施工过程或工序的施工质量不易或不能通过其后的检验和试验而得到充分验证，或者万一发生质量事故则难以挽救的施工过程。特殊过程的质量控制是施工阶段质量控制的重点。对在项目质量计划中界定的特殊过程，应设置工序质量控制点，抓住影响工序施工质量的主要因素进行强化控制。

1. 选择质量控制点的原则

质量控制点的选择应以那些保证质量的难度大、对质量影响大或是发生质量问题时危害大的对象进行设置。其选择的原则是：对工程质量形成过程产生直接影响的关键部位、工序或环节及隐蔽工程；施工过程中的薄弱环节，或者质量不稳定的工序、部位或对象；对下道工序有较大影响的上道工序；采用新技术、新工艺、新材料的部位或环节；施工上无把握的、施工条件困难的或技术难度大的工序或环节；用户反馈指出和过去有过返工的不良工序。

2. 质量控制点重点控制的对象

质量控制点的选择要准确、有效，要根据对重要质量特性进行重点控制的要求，选择质量控制的重点部位、重点工序和重点的质量因素作为质量控制的对象，进行重点预控和控制，从而有效地控制和保证施工质量。可作为质量控制点中重点控制的对象主要包括以下几个方面：

(1)人的行为。某些操作或工序，应以人为重点控制对象，如高空、高温、水下、易燃易爆、重型构件吊装作业以及操作要求高的工序和技术难度大的工序等，都应从人的生理、心理、技术能力等方面进行控制。

(2)材料的质量与性能。这是直接影响工程质量的重要因素，在某些工程中应作为控制的重点。例如，钢结构工程中使用的高强度螺栓、某些特殊焊接使用的焊条，其材质与性能都应作为重点进行控制；又如水泥的质量是直接影响混凝土工程质量的关键因素，在施工中就应对进场的水泥质量进行重点控制，必须检查核对其出厂合格证，并按要求进行强度和安定性的复试等。

(3)施工方法与关键操作。某些直接影响工程质量的关键操作应作为控制的重点，如预应力钢筋的张拉工艺操作过程及张拉力的控制，是可靠地建立预应力值和保证预应力构件的关键过程。同时，那些易对工程质量产生重大影响的施工方法，也应列为控制的重点，如大模板施工中模板的稳定和组装问题、液压滑模施工时支撑杆稳定问题、升板法施工中提升差的控制等。

(4)施工技术参数。如混凝土的外加剂掺量、水胶比，回填土的含水量，砌体的砂浆饱满度、防水混凝土的抗渗等级、钢筋混凝土结构的实体检测结果及混凝土冬期施工受冻临界强度等技术参数都是应重点控制的质量参数与指标。

(5)技术间歇。有些工序之间必须留有必要的技术间歇时间，例如，砌筑与抹灰之间，应在墙体砌筑后留 6～10 d 时间，让墙体充分沉陷、稳定、干燥，再抹灰，抹灰层干燥后才能喷白、刷浆；混凝土浇筑与模板拆除之间，应保证混凝土有一定的硬化时间，达到规定拆模强度后方可拆除等。

(6)施工顺序。某些工序之间必须严格控制先后的施工顺序，如对冷拉的钢筋，应当先焊接后冷拉，否则会失去冷强；屋架的安装固定，应采取对角同时施焊方法，否则会由于焊接应力导致校正好的屋架发生倾斜。

(7)易发生或常见的质量通病。例如，混凝土工程的蜂窝、麻面、空洞，墙、地面、屋面防水工程渗水、漏水、空鼓、起砂、裂缝等，都与工序操作有关，均应事先研究对策，提出预防措施。

(8)新技术、新材料和新工艺的应用。由于缺乏经验，施工时应将新技术、新材料和新工艺的应用作为重点进行控制。

(9)产品质量不稳定和不合格率较高的工序应列为重点，认真分析、严格控制。

(10)特殊地基或特种结构。对于湿陷性黄土、膨胀土、红黏土等特殊土地基的处理，以及大跨度结构、高耸结构等技术难度较大的施工环节和重要部位，均应予以特别的重视。

3. 特殊过程质量控制的管理

特殊过程质量控制的管理除按一般过程质量控制的规定执行外，还应由专业技术人员编制作业指导书，经项目技术负责人审批后执行。作业前，施工员、技术员应做好交底和记录，要确保操作人员在明确工艺标准、质量要求的基础上进行作业。为保证质量控制点的目标实现，应严格按照三级检查制度进行检查控制。在施工中发现质量控制点有异常时，应立即停止施工，召开分析会，查找原因并采取对策予以解决。

(六)成品保护的控制

成品保护一般是指在项目施工过程中，某些部位已经完成，而其他部位还在施工，在这种情况下，施工单位必须负责对已完成部分采取妥善的措施予以保护，以免因成品缺乏保护或保护不善而造成损伤或污染，影响工程的实体质量。加强成品保护，首先要加强教育，提高全体员工的成品保护意识，同时要合理安排施工顺序，采取有效的保护措施。

成品保护的措施一般有：防护，就是提前保护，针对被保护对象的特点采取各种保护的措施，以防止对成品的污染及损坏；包裹，就是将被保护物包裹起来，以防损伤或污染；覆盖，就是用表面覆盖的方法，防止堵塞或损伤；封闭，就是采取局部封闭的办法进行保护。

三、竣工验收阶段的质量控制

(一)施工项目竣工质量验收程序

工程项目竣工验收工作，通常可分为三个阶段，即准备阶段、初步验收(预验收)阶段和正式验收阶段。

1. 准备阶段

参与工程建设的各方均应做好竣工验收的准备工作。其中建设单位应完成组织竣工验收班子，审查竣工验收条件，准备验收资料，做好建立建设项目档案、清理工程款项、办理工程结算手续等方面的准备工作；监理单位应协助建设单位做好竣工验收的准备工作，督促施工单位做好竣工验收的准备；施工单位应及时完成工程收尾，做好竣工验收资料的准备(包括整理各项交工文件、技术资料并提出交工报告、组织准备工程预验收)；设计单位应做好资料整理和工程项目清理等工作。

2. 初步验收(预验收)阶段

当工程项目达到竣工验收条件后，施工单位在自检合格的基础上，填写工程竣工报验单，并将全部资料报送监理单位，申请竣工验收。监理单位根据施工单位报送的工程竣工报验申请，由总监理工程师组织专业监理工程师，对竣工资料进行审查，并对工程质量进行全面检查，对检查中发现的问题督促施工单位及时整改。经监理单位检查验收合格后，由总监理工程师签署工程竣工报验单，并向建设单位提出质量评估报告。

3. 正式验收阶段

项目主管部门或建设单位在接到监理单位的质量评估和竣工报验单后，经审查，确认符合竣工验收条件和标准，即可组织正式验收。

竣工验收由建设单位组织，验收组由建设、勘察设计、施工、监理和其他有关方面的专家组成，验收组可下设若干个专业组。建设单位应当在工程竣工验收七个工作日前将验收的时间、地点以及验收组名单书面通知当地工程质量监督站。

(二)施工过程的工程质量验收

施工过程的工程质量验收是在施工过程中，在施工单位自行质量检验评定的基础上，参与建设活动的有关单位共同对检验批、分项、分部、单位工程的质量进行抽样复验，根据相关标准以书面形式对工程质量达到合格与否做出确认。

1. 检验批质量验收

检验批质量验收合格应符合下列规定：

(1)主控项目和一般项目的质量经抽样检验合格。

(2)具有完整的施工操作依据、质量检查记录。

检验批是工程验收的最小单位，是分项工程乃至整个建筑工程质量验收的基础。检验批是施工过程中条件相同并有一定数量的材料、构配件或安装项目，由于其质量基本均匀一致，因此，可以作为检验的基础单位，并按批验收。

检验批质量合格的条件有两个方面：①资料检查合格；②主控项目和一般项目检验合格。

2. 分项工程质量验收

分项工程质量验收合格应符合下列规定：

(1)分项工程所含的检验批均应符合合格质量的规定。

(2)分项工程所含的检验批的质量验收记录应完整。

分项工程的验收在检验批的基础上进行。一般情况下，两者具有相同或相近的性质，只是批量的大小不同而已。因此，将有关的检验批汇集构成分项工程的检验。分项工程质量合格的条件比较简单，只要构成分项工程的各检验批的验收资料文件完整，并且均已验收合格，分项工程就验收合格。

3. 分部(子分部)工程质量验收

分部(子分部)工程质量验收合格应符合下列规定：

(1)分部(子分部)工程所含分项工程的质量均应验收合格。

(2)质量控制资料应完整。

(3)地基与基础、主体结构和设备安装等分部工程有关安全及功能的检验和抽样检测结果应符合有关规定。

(4)观感质量验收应符合要求。

4. 单位(子单位)工程质量验收

单位(子单位)工程质量验收合格应符合下列规定：

(1)单位(子单位)工程所含分部(子分部)工程的质量均应验收合格。

(2)质量控制资料应完整。

(3)单位(子单位)工程所含分部工程有关安全和功能的检测资料应完整。

(4)主要功能项目的抽查结果应符合相关专业质量验收规范的规定。

(5)观感质量验收应符合要求。

(三)质量不符合要求时的处理方法

当建筑工程质量不符合要求时，应按下列规定进行处理：

(1)经返工重做或更换器具、设备的检验批，应重新进行验收。

(2)经有资质的检测单位检测鉴定能够达到设计要求的检验批，应予以验收。

(3)经有资质的检测单位检测鉴定达不到设计要求，但经原设计单位核算认可能够满足结构安全和使用功能的检验批，可予以验收。

(4)经返修或加固处理的分项、分部工程，虽然改变外形尺寸但仍能满足安全使用要求，可按技术处理方案和协商文件进行验收。

(5)通过返修或加固处理仍不能满足安全使用要求的分部工程、单位(子单位)工程，严禁验收。

第三节　建筑工程施工项目质量控制的方法

进行建筑工程质量控制，可以科学地掌握质量状态分析存在的质量问题，了解影响质量的各种因素，达到提高工程质量和经济效益的目的。

建筑工程中常用的统计方法有排列图法、相关图法、控制图法、频数分布直方图法、因果分析图法、分层法等。

一、排列图法

排列图法又称为帕氏图法或帕累托图法，也称为主次因素分析图法，其是根据意大利经济学家帕累托(Pareto)提出的"关键的少数和次要的多数"的原理，由美国质量管理专家约瑟夫·莫西·朱兰(Joseph M. Juran)运用于质量管理而发明的一种质量管理图形。其作用是寻找主要质量问题或影响质量的主要原因，以便抓住提高质量的关键，取得好的效果。

1. 排列图绘制步骤

作排列图需要以准确而可靠的数据为基础，其一般按以下步骤进行：

(1)按照影响质量的因素进行分类。分类项目要具体而明确，一般依产品品种、规格、不良品、缺陷内容或经济损失等情况而定。

(2)统计计算各类影响质量因素的频数和频率。

(3)画左、右两条纵坐标，确定两条纵坐标的刻度和比例。

(4)根据各类影响因素出现的频数大小，从左到右依次排列在横坐标上。各类影响因素的横向间隔距离要相同，并画出相应的矩形图。

(5)将各类影响因素发生的频率和累计频率逐个标注在相应的坐标点上，并将各点连成一条折线。

(6)在排列图的适当位置，注明统计数据的日期、地点、统计者等可供参考的事项。

2. 排列图应用实例

图 6-1 是根据表 6-1 绘制的排列图。

排列图法案例

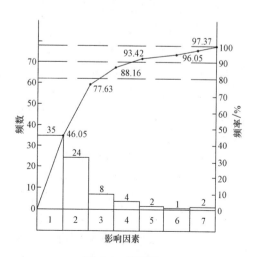

图 6-1　排列图

表 6-1　柱子不合格点频数频率统计表

序号	项　目	容许偏差/mm	不合格点数	频率/%	累计频率
1	轴线位移	5	35	46.05	46.05
2	柱　高	±5	24	31.58	77.63
3	截面尺寸	±5	8	10.53	88.16
4	垂　直　度	5	4	5.26	93.42
5	表面平整度	8	2	2.63	96.05
6	预埋钢板中心偏移	10	1	1.32	97.37
7	其　他		2	2.63	100.00
合　计			76	100.00	

二、相关图法

相关图又称散布图，其不同于其他各种方法。它不是对一种数据进行处理和分析，而是对两种测定数据之间的相关关系进行处理、分析和判断。

1. 相关图质量控制的原理

使用相关图，就是通过绘图、计算与观察，判断两种数据之间究竟是什么关系，建立相关方程，从而通过控制一种数据达到控制另一种数据的目的。正如掌握了在弹性极限内钢材的应力和应变的正相关关系（直线关系），就可以通过控制拉伸长度（应变）而达到提高钢材强度的目的一样（冷拉的原理）。

2. 相关图质量控制的作用

(1)通过对相关关系的分析、判断，可以得到对质量目标进行控制的信息。

(2)质量结果与产生原因之间的相关关系，有时从数据上比较容易看清，但有时很难看清，这就有必要借助相关图进行相关分析。

3. 相关图控制的关系

(1)质量特性和影响因素之间的关系，如混凝土强度与温度的关系。

(2)质量特性与质量特性之间的关系，如混凝土强度与水泥强度等级之间的关系、钢筋强度与钢筋混凝土强度之间的关系等。

(3)影响因素与影响因素之间的关系，如混凝土密度与抗渗能力之间的关系、沥青的粘结力与沥青的延伸率之间的关系等。

4. 相关图状态类型

相关图是利用有对应关系的两种数值画出来的坐标图。如图 6-2 所示，由于对应的数值反映出来的相关关系不同，所以，数据在坐标图上的散布点也各不相同。因此，相关图表现出来的分布状态有各种类型，大体归纳起来有以下几种：

(1)强正相关。点的分布面较窄。当横轴上的 x 值增大时，纵轴上的 y 值也明显增大，散布点呈一条直线带，图 6-2(a)中的 x 和 y 之间存在着相当明显的相关关系，称为强正相关。

(2)弱正相关。点在图上散布的面积较宽，但总的趋势是横轴上的 x 值增大时，纵轴上的 y 值也增大。图 6-2(b)所示其相关程度比较弱，叫弱正相关。

(3)强负相关。和强正相关所示的情况相似，也是点的分布面较窄，只是当 x 值增大时，y 值是减小的，如图 6-2(c)所示。

(4)弱负相关。和弱正相关所示的情况相似，只是当横轴上的 x 值增大时，纵轴上的 y 值却随之减小，如图 6-2(d)所示。

(5)曲线相关。图 6-2(e)中的散布点不是呈线性散布，而是呈曲线散布，表明两个变量间具有某种非线性相关关系。

(6)不相关。在相关图上点的散布没有规律性。当横轴上的 x 值增大时，纵轴上的 y 值可能增大，也可能减小，即 x 和 y 之间无任何关系，如图 6-2(f)所示。

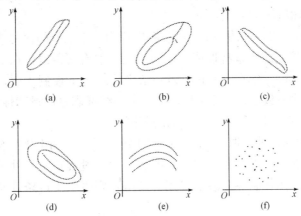

图 6-2　各类相关图

(a)强正相关；(b)弱正相关；(c)强负相关；
(d)弱负相关；(e)曲线相关；(f)不相关

三、控制图法

控制图又称为管理图，是用于分析和判断施工生产工序是否处于稳定状态所使用的一种有控制界限的图表。它的主要作用是反映施工过程的运动状况，分析、监督、控制施工过程，对工程质量的形成过程进行预先控制。所以，常用于工序质量的控制。

1. 控制图的基本原理

控制图的基本原理是根据正态分布的性质，合理确定控制上下限。如果实测的数据落在控制界限范围内且排列无缺陷，则表明情况正常，工艺稳定，不会出现废品；如果实测的数据落在控制界限范围外，或虽未越界但排列存在缺陷，则表明生产工艺状态出现异常，应采取措施调整。

2. 控制图的用途和应用

控制图是用样本数据来分析、判断生产过程是否处于稳定状态的有效工具。它的用途主要有两个：

(1)过程分析。过程分析是指分析生产过程是否稳定。为此，应随机连续收集数据，绘制控制图，观察数据点分布情况并判定生产过程状态。

(2)过程控制。过程控制是指控制生产过程质量状态。为此，要定时抽样取得数据，将其变为点描在图上，发现并及时消除生产过程中的失调现象，预防不合格品的产生。

3. 控制图的分类

控制图分计量值控制图和计数值控制图两大类。

(1)计量值控制图适用于质量管理中的计量数据，如长度、强度、质量、温度等，一般有 X 图(单值控制图)、$\bar{X}-R$ 图(平均值和极差控制图)、$\tilde{X}-R$ 图(中位数和极差控制图)、$X-R_S$ 图(单值－移动极差控制图)。

(2)计数值控制图则适用于计数值数据，如不合格的点数、件数等，可分为计件值控制图[包括 P_N 图(即不良品数控制图)和 P 图(即不良品率控制图)]、计点值控制图[包括 c 图(即样品缺陷控制图)和 u 图(即单元产品缺陷控制图)]。

4. 控制图的基市形式

(1)控制图的基本形式，如图 6-3 所示。横坐标为样本(子样)序号或抽样时间，纵坐标为被控制对象，即被控制的质量特性值。控制图上一般有三条线：在上面的一条虚线称为上控制界限，用符号 UCL 表示；在下面的一条虚线称为下控制界限，用符号 LCL 表示；中间的一条实线称为中心线，用符号 CL 表示。中心线标志着质量特性值分布的中心位置，上、下控制界限标志着质量特性值允许波动的范围。

(2)在生产过程中通过抽样取得数据，把样本统计量描在图上来分析、判断生产过程状态。如果点随机地落在上、下控制界限内，则表明生产过程正常且处于稳定状态，不会产生不合格品；如果点超出控制界限或点排列有缺陷，则表明生产条件发生了异常变化，生产过程处于失控状态。

5. 控制图的控制界限

如图 6-4 所示，控制图就是利用上、下控制界限，将产品质量特性控制在正常质量波动范围内。一旦有异常原因引起质量波动，通过管理图就可看出，并能及时采取措施，预防不合格品的产生。

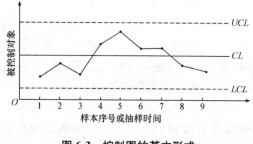

图 6-3 控制图的基本形式

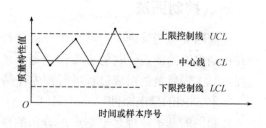

图 6-4 控制界限示意图

四、频数分布直方图法

1. 频数分布直方图原理

(1)频数是指在重复试验中随机事件重复出现的次数，或一批数据中某个数据(或某组数据)重复出现的次数。

(2)产品在生产过程中，质量状况总是会有波动的。其波动的原因一般包括人的因素、材料的因素、工艺的因素、设备的因素和环境的因素。

为了解上述各种因素对产品质量的影响情况，在现场随机地实测一批与产品的有关数据，将实测得来的这批数据进行分组整理，统计每组数据出现的频数。然后，在直角坐标的横坐标轴上自小至大标出各分组点，在纵坐标轴上标出对应的频数，画出其高度值为其频数值的一系列直方形，即成为频数分布直方图。

2. 频数分布直方图绘制实例

某建筑工地浇筑 C30 混凝土，为对其抗压强度进行质量分析，共收集了 50 份抗压强度试验报告单，整理结果见表 6-2。

表 6-2　数据整理表　　　　　　　　　　　　　　　　　　　N/mm²

序号	抗压强度数据					最大值	最小值
1	39.8	37.7	33.8	31.5	36.1	39.8	31.5
2	37.2	38.0	33.1	39.0	36.0	39.0	33.1
3	35.8	35.2	31.8	37.1	34.0	37.1	31.8
4	39.9	34.3	33.2	40.4	41.2	41.2	33.2
5	39.2	35.4	34.4	38.1	40.3	40.3	34.4
6	42.3	37.5	35.5	39.3	37.3	42.3	35.5
7	35.9	42.4	41.8	36.3	36.2	42.4	35.9
8	46.2	37.6	38.3	39.7	38.0	46.2	37.6
9	36.4	38.3	43.4	38.2	38.0	43.4	36.4
10	44.4	42.0	37.9	38.4	39.5	44.4	37.9

(1)计算极差 R：极差 R 是数据中最大值和最小值之差，本例中：

$$X_{max}=46.2\ \text{N/mm}^2$$
$$X_{min}=31.5\ \text{N/mm}^2$$
$$R=X_{max}-X_{min}=46.2-31.5=14.7(\text{N/mm}^2)$$

(2)确定组数 k：根据表 6-3，本例中取 $k=8$。

表 6-3　数据分组参考表

数据个数/(n)	组数/(k)
50 以内	5～6
50～100	6～10
100～250	7～12
250 以上	10～20

(3)计算组距 h：

$$h=\frac{R}{k}=\frac{14.7}{8}=1.84\approx2(\text{N/mm}^2)$$

(4)计算组界：

$$R_1=X_{min}-\frac{h}{2}=31.5-\frac{2.0}{2}=30.5$$

第一组上界$=30.5+h=30.5+2=32.5$
第二组下界=第一组上界$=32.5$

第二组上界＝32.5＋h＝32.5＋2＝34.5

以下以此类推，最高组界为 44.5～46.5，分组结果覆盖了全部数据。

（5）编制数据频数统计表：统计各组频数，可采用唱票形式进行，频数总和应等于全部数据个数。本例频数统计结果见表 6-4。

表 6-4　频数统计表

组号	组限/MPa	频数统计	频数	组号	组限/MPa	频数统计	频数
1	30.5～32.5	丁	2	5	38.5～40.5	正正	9
2	32.5～34.5	正一	6	6	40.5～42.5	正	5
3	34.5～36.5	正正	10	7	42.5～44.5	丁	2
4	36.5～38.5	正正正	15	8	44.5～46.5	一	1
合　　计							50

（6）绘制频数分布直方图：在频数分布直方图中，横坐标表示质量特性值，本例中为混凝土强度，并标出各组的组限值。根据表 6-4 可画出以组距为底、以频数为高的 k 个直方形，便得到混凝土强度的频数分布直方图，如图 6-5 所示。

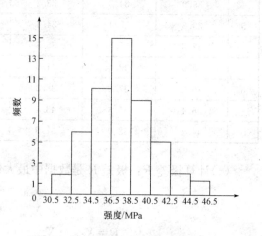

图 6-5　混凝土强度的频数分布直方图

3. 频数分布直方图的作用

频数分布直方图的作用是通过对数据的加工、整理、绘图，掌握数据的分布状况，从而判断加工能力、加工质量，以及估计产品的不合格率。频数分布直方图又是控制图产生的直接理论基础。

五、因果分析图法

因果分析图按其形状，又可称为树枝图、鱼刺图，也称为特性要因图。所谓特性，就是施工中出现的质量问题。所谓要因，也就是对质量问题有影响的因素或原因。

1. 因果分析图法原理

因果分析图法是一种逐步深入研究和讨论质量问题的图示方法。在工程实践中，任何一种质量问题的产生，往往是多种原因造成的。这些原因有大有小，把这些原因依照大小顺序分别用主干、大枝、中枝和小枝图形表示出来，便可一目了然、系统地观察产生质量问题的原因。运用因果分析图有助于制定对策，解决工程质量上存在的问题，从而达到控制质量的目的。

2. 因果分析图的绘制步骤

（1）先确定要分析的某个质量问题（结果），然后由左向右画粗干线，并以箭头指向所要分析的质量问题（结果）。

（2）座谈议论、集思广益、罗列影响该质量问题的原因。谈论时要请各方面的有关人员一起参加。把谈论中提出的原因，按照人员、机具设备、材料、施工方法、环境五大要素进行分类，然后分别填入因果分析图的大原因的线条里，再按照顺序把中原因、小原因及更小原因同样填入因果分析图内。

（3）从整个因果分析图中寻找最主要的原因，并根据重要程度，以顺序①、②、③、……表示。

（4）在画出因果分析图并确定主要原因后，必要时可到现场做实地调查，进一步明确主要原因的项目，以便采取相应措施予以解决。

3. 因果分析图实例

（1）因果分析图。图 6-6 所示为混凝土强度不足的因果分析图。

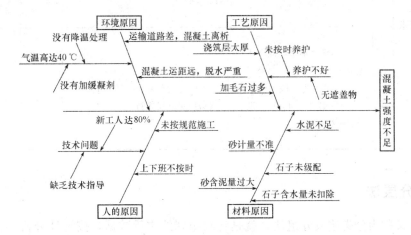

图 6-6　混凝土强度不足的因果分析图

（2）对策计划表。表 6-5 为对策计划表。

表 6-5　对策计划表

单位工程名称：

分部、分项工程：　　　　　　　　　　　　　　　　　　　　　年　　月　　日

质量存在问题	产生原因		采取对策及措施	执行者	期限	实效检查
混凝土强度未达到设计要求	操作者	(1)未按规范施工。 (2)上下班不按时，劳动纪律松弛。 (3)新工人达 80%。 (4)缺乏技术指导	(1)组织学习规范。 (2)加强检查，对违反规范操作者必须立即停工，追究责任。 (3)严格上下班及交接班制度。 (4)班前工长交底，班中设两名老工人进行专门技术指导			
	工艺	(1)天气炎热，养护不及时，无遮盖物。 (2)浇筑层太厚。 (3)加毛石过多	(1)新浇混凝土上加盖草袋，前3天，白天每 2 小时养护 1 次。 (2)浇筑层控制在 25 cm 以内。 (3)加毛石控制在 15% 以内，并分布均匀			

质量存在问题		产生原因	采取对策及措施	执行者	期限	实效检查
混凝土强度未达到设计要求	材料	(1)水泥短秤。 (2)石子未级配。 (3)石子含水量未扣除。 (4)砂计量不准，砂子含泥量过大	(1)取消以包投料，改为质量投料。 (2)石子按级配配料。 (3)每日测定水胶比。 (4)洗砂、调水胶比，认真负责计量			
	环境	(1)运输路不平，混凝土产生离析。 (2)运距太远，脱水严重。 (3)气温高达 40 ℃，没有降温及缓凝处理	(1)修整道路。 (2)改为大车装运混凝土并加盖。 (3)加缓凝剂拌制			

六、分层法

分层法又称为分类法或分组法，就是将收集到的质量数据，按统计分析的需要进行分类整理，使之系统化，以便于找到产生质量问题的原因，并及时采取措施加以预防。分层的结果使数据各层间的差异突出地显示出来，减少了层内数据的差异。在此基础上再进行层间、层内的比较分析，可以更深入地发现和认识质量问题的原因。

分层法的形式和作图方法与排列图法基本一样。在分层时，一般按以下方法进行划分：

(1)按时间分：如按日班、夜班、日期、周、旬、月、季划分。

(2)按人员分：如按新、老、男、女或不同年龄特征划分。

(3)按使用仪器、工具分：如按不同的测量仪器、不同的钻探工具等划分。

(4)按操作方法分：如按不同的技术作业过程、不同的操作方法等划分。

(5)按原材料分：按不同材料成分、不同进料时间等划分。

七、统计调查表法

统计调查表又称为检查表、核对表、统计分析表，它是用来记录、收集和累积数据并对数据进行整理及粗略分析的方法。

八、新质量控制方法

新质量控制法是 20 世纪 70 年代由日本总结出来的，其是运用运筹学原理，通过广泛调查研究进行分类和整理的方法。

新质量控制法分为系统图法、KJ 图法、关联图法、矩阵图法、矩阵数据解析法、PDPC 法、箭头图法。

本章小结

　　质量问题影响工程寿命和使用功能，增加工程维护量，浪费国家财力、物力和人力，并且可能会影响建筑物结构的使用安全，严重的可能危及人们的财产和生命安全。工程质量管理对资源的优化配置、建设资金的合理投向、提高投资效益等方面都有着非常重要的作用。本章主要介绍质量的基本概念、施工质量控制和质量控制方法等。

思考与练习

一、填空题

1. _____是指导和控制某组织与质量有关的彼此协调的活动。

2. 施工质量控制可分为_____、_____和_____。

3. 从建筑工程施工质量验收的角度来说，工程项目应逐级划分为_____、_____、_____和_____。

4. 工序施工质量控制主要包括_____和_____。

5. 工程项目竣工验收工作，通常可分为三个阶段，即_____、_____和_____。

二、不定项选择题

1. 建筑工程项目质量的基本特性不包括(　　　)。
   A. 反映使用功能的质量特性　　　　B. 反映安全、可靠的质量特性
   C. 反映文化艺术的质量特性　　　　D. 反映建设成本的质量特性

2. 工程项目质量管理采用 PDCA 循环原理，其中"C"指的是(　　　)。
   A. 计划　　　　　　　　　　　　　B. 实施
   C. 检查　　　　　　　　　　　　　D. 总结

3. 影响项目质量的环境因素，包括项目的(　　　)。
   A. 自然环境因素　　　　　　　　　B. 社会环境因素
   C. 管理环境因素　　　　　　　　　D. 作业环境因素
   E. 施工机械因素

4. 事前控制的含义是(　　　)。
   A. 要求预先进行周密的质量计划
   B. 可理解为质量计划阶段，明确目标并制订实现目标的行动方案
   C. 作业者和管理者明确计划意图和标准，按规范制订行动方案
   D. 强调质量目标的计划预控，并按质量计划进行质量活动前的准备工作状态的控制

5. (　　　)是利用有对应关系的两种数值画出来的坐标图。
   A. 排列图法　　　　　　　　　　　B. 因果分析图法
   C. 控制图法　　　　　　　　　　　D. 相关图法

6. (　　)是用样本数据来分析判断生产过程是否处于稳定状态的有效工具。

　　A. 排列图法　　　　　　　　　　B. 因果分析图法

　　C. 控制图法　　　　　　　　　　D. 相关图法

三、简答题

1. 质量有哪几个方面的内涵?

2. 建筑工程(产品)及其生产的特点有哪些?

3. 工程质量的影响因素有哪些?

4. 工程项目质量管理应遵循哪些原则?

5. 作排列图需要以准确而可靠的数据为基础,简述其一般步骤。

第七章 建筑工程项目职业健康安全与环境管理

知识目标

1. 了解职业健康安全与环境管理的相关概念、特点、目的与任务；掌握执业健康安全管理体系与环境管理体系的建立和运行。
2. 了解职业伤害事故的分类；熟悉建筑工程生产安全事故报告和调查处理；掌握生产安全事故应急预案的管理。
3. 熟悉建筑工程项目安全管理的职责、安全生产许可证制度、安全生产责任制与安全教育；掌握安全检查的方法、安全监督管理的工作内容。
4. 掌握施工现场文明施工的要求，建筑工程施工现场环境保护的要求，建筑工程现场职业健康安全卫生的要求。

能力目标

1. 具备工程项目安全生产管理的能力。
2. 能够做到建筑工程文明施工。
3. 能够遵守安全生产责任制和做好安全教育。

第一节 建筑工程职业健康安全与环境管理概述

一、职业健康安全与环境管理的相关概念

1. 职业健康安全的概念

职业健康安全是指一组影响特定人员健康和安全的因素的总和。人员包括在工作场所内组织的正式员工、临时员工、合同方人员，也包括进入工作场所的参观访问人员和其他人员。影响职业健康安全的主要因素有：

（1）物的不安全状态。

(2)人的不安全状态。

(3)环境因素和管理缺陷。

2. 环境的概念

环境是指组织运行活动场所内部和外部环境的总和。活动场所不仅包括组织内部的工作场所，也包括与组织活动有关的临时、流动场所。影响环境的主要因素有：

(1)市场竞争日益加剧。

(2)生产事故与劳动疾病增加。

(3)生活质量的不断提高。

3. 建筑工程职业健康安全与环境管理的概念

职业健康安全管理是指为了实现项目职业健康安全管理目标，针对危险源和风险所采取的管理活动。

环境管理是指按照法律法规、各级主管部门和企业环境方针的要求，制订程序、资源、过程和方法，管理环境因素的过程，包括控制现场的各种粉尘、废水、废气、固体废弃物、噪声、振动等对环境的污染和危害，节约建设资源等。

二、职业健康安全与环境管理的特点

建筑工程产品及其生产与工业产品不同，有其特殊性。正是由于它的特殊性，对建筑工程职业健康安全和环境管理就显得尤为重要。建筑工程职业健康安全管理的特点主要有：

(1)项目固定，施工流动性大，生产没有固定的、良好的操作环境和空间，施工作业条件差，不安全因素多，导致施工现场的职业健康安全与环境管理比较复杂。

(2)项目体形庞大，露天作业和高空作业多，致使工程施工要更加注重自然气候条件和高空作业对施工人员的职业健康安全及环境污染因素的影响。

(3)项目的单件性使施工作业形式多样化，工程施工受产品形式、结构类型、地理环境、地区经济条件等影响较大。施工现场的职业健康安全与环境管理的实施不能照搬硬套，必须根据项目形式、结构类型、地理环境、地区经济不同而进行变动调整。

(4)项目生产周期长，消耗的人力、物力和财力增大，必然使施工单位考虑降低工程成本的因素增多，从而影响了职业健康安全与环境管理的费用支出，造成施工现场的健康安全和环境污染现象时有发生。

(5)项目生产涉及的内部专业多、外部涉及单位广、综合性强，所以，施工生产的自由性、预见性、可控性及协调性在一定程度上比一般产业困难。这就要求施工方做好各专业之间、单位之间互相配合工作，要注意施工过程中的材料交接、专业接口部分对职业健康安全与环境管理的协调性。

(6)项目的生产手工作业和湿作业多，机械化水平低，劳动条件差，工作强度大，从而对施工现场的职业健康安全影响较大，环境污染因素多。

(7)由于施工作业人员文化素质偏低，并处在动态调整的不稳定状态中，因此，给施工现场的职业健康安全与环境管理带来很多的不利因素。

上述特点的影响，将导致施工过程中事故的潜在不安全因素和人的不安全因素较多，使企业的经营管理，特别是施工现场的职业健康安全与环境管理比其他工业企业的管理更为复杂。

三、职业健康安全与环境管理的目的与任务

1. 职业健康安全与环境管理的目的

工程项目职业健康与安全管理的目的是保护施工生产者的健康与安全，控制影响作业场所内员工、临时工作人员、合同方人员、访问者和其他有关部门人员健康和安全的条件和因素。职业健康安全具体包括作业安全和职业健康。

工程项目环境管理的目的是使社会经济发展与人类的生存环境相协调，控制作业现场各种环境因素对环境的污染和危害，承担节能减排的社会责任。

2. 职业健康安全与环境管理的任务

职业健康安全与环境管理的任务是工程项目的设计和施工单位为达到项目职业健康安全与环境管理的目标而进行的管理活动，包括制定、实施、实现、评审和保持职业健康安全方针与环境方针所需的组织机构、计划活动、职责、惯例（法律法规）、程序、过程和资源，见表7-1。

表 7-1　职业健康安全与环境管理的任务

活动 方针	组织 机构	计划 活动	职责	惯例 （法律法规）	程序	过程	资源
职业健康							
安全方针							
环境方针							

在建筑工程项目主要阶段，职业健康安全与环境管理的任务如下：

(1)建筑工程项目决策阶段：办理各种有关安全与环境保护方面的审批手续。

(2)工程设计阶段：进行环境保护设施和安全设施的设计，防止因设计考虑不周而导致生产安全事故的发生或对环境造成不良影响。

(3)工程施工阶段：建设单位应自开工报告批准之日起15日内，将保证安全施工的措施报送建设工程所在地的县级以上人民政府建设行政主管部门或其他有关部门备案。分包单位应接受总包单位的安全生产管理，若分包单位不服从管理而导致安全生产事故，分包单位承担主要责任。施工单位应依法建立安全生产责任制度，采取安全生产保障措施和实施安全教育培训制度。

(4)项目验收试运行阶段：项目竣工后，建设单位应向审批建设工程环境影响报告书、环境影响报告或者环境影响登记表的环境保护行政主管部门申请，对环保设施进行竣工验收。

四、职业健康安全管理体系与环境管理体系的建立和运行

(一)职业健康安全管理体系与环境管理体系的建立

1. 领导决策

由最高管理者亲自决策，以便获得各方面的支持，有助于获得体系建立过程中所需的资源。

2. 成立工作组

最高管理者或授权管理者代表组建工作小组负责建立体系。工作小组的成员要覆盖组

织的主要职能部门，组长最好由管理者代表担任，以保证小组对人力、资金、信息的获取。

3. 人员培训

培训的目的是使有关人员具有完成对职业健康与环境有影响的任务的相应能力。了解建立体系的重要性，了解标准的主要思想和内容。

4. 初始状态评审

初始状态评审是对组织过去和现在的职业健康安全与环境的信息、状态进行收集、调查分析、识别，获取现行法律法规和其他要求，进行危险源辨识和风险评价，环境因素识别和重要环境因素评价。评审结果将作为确定职业健康安全与环境方针、制定管理方案、编制体系文件的基础。初始状态评审的内容包括：

(1)辨识工作场所中的危险源和环境因素。

(2)明确适用的有关职业健康安全与环境法律、法规和其他要求。

(3)评审组织现有的管理制度，并与标准进行对比。

(4)评审过去的事故，进行分析评价，检查组织是否建立了处罚和预防措施。

(5)了解相关方对组织在职业健康安全与环境管理工作方面的看法和要求。

5. 制定方针、目标、指标和管理方案

方针是组织对其职业健康安全与环境行为的原则和意图的声明，也是组织自觉承担其责任和义务的承诺。方针不仅为组织确定了总的指导方向和行动准则，而且是评价一切后续活动的依据，并为更加具体的目标和指标提供了一个框架。

职业健康安全及环境目标、指标的制定是组织为了实现其在职业健康安全及环境方针中所体现出的管理理念及其对整体绩效的期许与原则，与企业的总目标相一致。目标和指标制定的依据和准则为：

(1)依据并符合方针。

(2)考虑法律、法规和其他要求。

(3)考虑自身潜在的危险和重要环境因素。

(4)考虑商业机会和竞争机遇。

(5)考虑可实施性。

(6)考虑监测考评的现实性。

(7)考虑相关方的观点。

管理方案是实现目标、指标的行动方案。为保证职业健康安全和环境管理体系目标的实现，需结合年度管理目标和企业客观实际情况，策划制定职业健康安全和环境管理方案，方案中应明确旨在实现目标、指标的相关部门的职责、方法、时间表以及资源的要求。

6. 管理体系策划与设计

体系策划与设计是依据制定的方针、目标和指标、管理方案确定组织机构职责和筹划各种运行程序。策划与设计的主要工作如下：

(1)确定文件结构。

(2)确定文件编写格式。

(3)确定各层文件名称及编号。

(4)制订文件编写计划。

(5)安排文件的审查、审批和发布工作。

7. 体系文件编写

体系文件包括管理手册、程序文件和作业文件三个层次。

(1)体系文件编写的原则。职业健康安全与环境管理体系是系统化、结构化、程序化的管理体系，是遵循 PDCA 管理模式并以文件为支持的管理制度和管理办法。

体系文件编写和实施应遵循以下原则：标准要求的要写到、文件写到的要做到、做到的要有有效记录。

(2)管理手册的编写。管理手册是对组织整个管理体系的整体性描述，为体系的进一步展开以及后续程序文件的制定提供了框架要求和原则规定，是管理体系的纲领性文件。手册可使组织的各级管理者明确体系概况，了解各部门的职责权限和相互关系，以便统一分工和协调管理。

管理手册除了反映了组织管理体系需要解决的问题所在，也反映出了组织的管理思路和理念，同时也向组织内、外部人员提供了查询所需文件和记录的途径，相当于体系文件的索引。其主要内容包括：

1)方针、目标、指标、管理方案。

2)管理、运行、审核和评审工作人员的主要职责、权限与相互关系。

3)关于程序文件的说明和查询途径。

4)关于管理手册的管理、评审和修订工作的规定。

(3)程序文件的编写。程序文件的编写应符合以下要求：

1)程序文件要针对需要编制程序文件体系的管理要素。

2)程序文件的内容可按"4W1H"的顺序和内容来编写，即明确程序中管理要素由谁做(Who)，什么时间做(When)，在什么地点做(Where)，做什么(What)，怎么做(How)。

3)程序文件一般格式可按照目的和适用范围、引用的标准及文件、术语和定义、职责、工作程序、报告和记录的格式以及相关文件等的顺序来编写。

(4)作业文件的编制。作业文件是指管理手册、程序文件之外的文件，一般包括作业指导书(操作规程)、管理规定、监测活动准则及程序文件引用的表格。其编写的内容和格式与程序文件的要求基本相同。在编写之前应对原有的作业文件进行清理，摘其有用，删除无关。

8. 文件的审查、审批和发布

文件编写完成后应进行审查，经审查、修改、汇总后进行审批，然后发布。

(二)职业健康安全管理体系与环境管理体系的运行

1. 管理体系的运行

体系运行是指按照已建立体系的要求实施，其实施的重点包括：培训意识和能力，信息交流，文件管理，执行控制程序，监测，不符合、纠正和预防措施，记录等。上述运行活动简述如下：

(1)培训意识和能力。组织应确定与职业健康安全管理风险、环境风险及体系相关的培训需求，应提供培训或采取其他措施来满足这些需求，评价培训或采取的措施的有效性，并保存相关记录。

(2)信息交流。信息交流是确保各要素构成一个完整的、动态的、持续改进的体系和基础，应关注信息交流的内容和方式。

（3）文件管理。

1）对现有有效文件进行整理编号，方便查询索引。

2）对适用的规范、规程等行业标准应及时购买补充，对适用的表格要及时发放。

3）对在内容上有抵触的文件和过期的文件要及时作废并妥善处理。

（4）执行控制程序文件的规定。体系的运行离不开程序文件的指导，程序文件及其相关的作业文件在组织内部都具有法定效力，必须严格执行，才能保证体系的正确运行。

（5）监测。为保证体系正确、有效地运行，必须严格监测体系的运行情况。监测中应明确监测的对象和方法。

（6）不符合、纠正和预防措施。体系在运行过程中，不符合的出现是不可避免的，包括事故也难免要发生，关键是相应的纠正与预防措施是否及时、有效。组织应建立、实施并保持程序，以处理实际和潜在的不符合，并采取纠正和预防措施。

（7）记录。在体系运行过程中及时按文件要求进行记录，如实反映体系运行情况。

2. 管理体系的维持

（1）内部审核。内部审核是组织对其自身的管理体系进行的审核，是对体系是否正常运行以及是否达到了规定的目标所做的独立的检查和评价，是管理体系自我保证和自我监督的一种机制。内部审核前要明确审核的方式、方法和步骤，形成审核计划，并发至相关部门。

（2）管理评审。管理评审是由组织的最高管理者对管理体系的系统评价，判断组织的管理体系面对内部情况和外部环境的变化是否充分适应、有效，由此决定是否对管理体系做出调整，包括方针、目标、机构和程序等。

管理评审中应注意以下问题：

1）信息输入的充分性和有效性。

2）评审过程充分严谨，应明确评审的内容和对相关信息的收集、整理，并进行充分的讨论和分析。

3）评审结论应清楚明了，表述准确。

4）评审中提出的问题应认真整改，不断持续改进。

（3）合规性评价。为了履行遵守法律法规要求的承诺，合规性评价分项目组级和公司级评价两个层次进行。

项目组级评价是指由项目经理组织有关人员对施工中应遵守的法律法规和其他要求的执行情况进行一次合规性评价。当某个阶段施工时间超过半年时，合规性评价不少于一次。项目工程结束时，应针对整个项目工程进行系统的合规性评价。

公司级评价每年进行一次，制订计划后由管理者代表组织企业相关部门和项目组，对公司应遵守的法律法规和其他要求的执行情况进行合规性评价。

在各级合规性评价后，对不能充分满足要求的相关活动或行为，通过管理方案或纠正措施等方式进行逐步改进。上述评价和改进的结果，应形成必要的记录和证据，作为管理评审的输入。

管理评审时，最高管理者应结合上述合规性评价的结果、企业的客观管理实际、相关法律法规和其他要求，系统评价体系运行过程中对适用法律法规和其他要求的遵守执行情况，并由相关部门或最高管理者提出改进要求。

第二节　建筑工程职业健康安全事故的分类和处理

一、建筑工程职业健康安全事故的分类

1. 职业伤害事故的分类

按照我国《企业职工伤亡事故分类》(GB 6441—1986)规定，职业伤害事故分为 20 类，其中与建筑业有关的有以下 12 类。

(1)物体打击。物体打击是指落物、滚石、锤击、碎裂、崩块、碰伤等造成的人身伤害，不包括因爆炸而引起的物体打击。

(2)车辆伤害。车辆伤害是指被车辆挤、压、撞和车辆倾覆等造成的人身伤害。

(3)机械伤害。机械伤害是指被机械设备或工具绞、碾、碰、割、戳等造成的人身伤害，不包括车辆、起重设备引起的伤害。

(4)起重伤害。起重伤害是指从事各种起重作业时发生的机械伤害事故，不包括上、下驾驶室时发生的坠落伤害，起重设备引起的触电及检修时制动失灵造成的伤害。

(5)触电。触电是由于电流经过人体导致的生理伤害，也包括雷击伤害。

(6)灼烫。灼烫是指火焰引起的烧伤、高温物体引起的烫伤、强酸或强碱引起的灼伤、放射线引起的皮肤损伤，不包括电烧伤及火灾事故引起的烧伤。

(7)火灾。在火灾时造成的人体烧伤、窒息、中毒等。

(8)高处坠落。高处坠落是由于危险势能差引起的伤害，包括从架子、屋架上坠落以及平地坠入坑内等。

(9)坍塌。坍塌是指建筑物、堆置物倒塌以及土石塌方等引起的事故伤害。

(10)火药爆炸。火药爆炸是指在火药的生产、运输、储藏过程中发生的爆炸事故。

(11)中毒和窒息。中毒和窒息是指煤气、油气、沥青、化学、一氧化碳中毒等。

(12)其他伤害。其他伤害包括扭伤、跌伤、冻伤、野兽咬伤等。

以上 12 类职业伤害事故中，在建筑工程领域中最常见的是高处坠落、物体打击、机械伤害、触电、坍塌、中毒、火灾 7 类。

2. 按安全事故伤害程度分类

根据《企业职工伤亡事故分类》(GB 6441—1986)规定，安全事故按伤害程度分类为轻伤事故、重伤事故和死亡事故。

3. 按生产安全事故造成的人员伤亡或直接经济损失分类

根据中华人民共和国国务院令第 493 号《生产安全事故报告和调查处理条例》(以下简称《条例》)第三条规定：根据生产安全事故(以下简称事故)造成的人员伤亡或者直接经济损失，事故一般分为以下等级：

(1)特别重大事故：是指造成 30 人以上死亡，或者 100 人以上重伤(包括急性工业中毒，下同)，或者 1 亿元以上直接经济损失的事故。

（2）重大事故：是指造成 10 人以上 30 人以下死亡，或者 50 人以上 100 人以下重伤，或者 5 000 万元以上 1 亿元以下直接经济损失的事故。

（3）较大事故：是指造成 3 人以上 10 人以下死亡，或者 10 人以上 50 人以下重伤，或者 1 000 万元以上 5 000 万元以下直接经济损失的事故。

（4）一般事故：是指造成 3 人以下死亡，或者 10 人以下重伤，或者 1 000 万元以下直接经济损失的事故。

本等级划分所称的"以上"包括本数，所称的"以下"不包括本数。

二、建筑工程生产安全事故报告和调查处理

（一）生产安全事故报告和调查处理原则

根据国家法律法规的要求，在进行生产安全事故报告和调查处理时，要坚持实事求是、尊重科学的原则，既要及时、准确地明确事故原因，明确事故责任，使责任人受到追究，又要总结经验教训，落实整改和防范措施，防止类似事故再次发生。因此，施工项目一旦发生安全事故，必须实施"四不放过"的原则：

（1）事故原因未查明不放过。

（2）事故责任者和员工未受到教育不放过。

（3）事故责任者未处理不放过。

（4）整改措施未落实不放过。

生产安全事故报告
和调查处理条例

（二）事故报告

根据《条例》的要求，事故报告应当及时、准确、完整，任何单位和个人对事故不得迟报、漏报、谎报或者瞒报。

1. 施工单位事故报告要求

生产安全事故发生后，受伤者或最先发现事故的人员应立即用最快的传递手段，将发生事故的时间、地点、伤亡人数、事故原因等情况，向施工单位负责人报告。施工单位负责人接到报告后，应当在 1 小时内向事故发生地县级以上人民政府安全生产监督管理部门和负有安全生产监督管理职责的有关部门报告。

在情况紧急时，事故现场有关人员可以直接向事故发生地县级以上人民政府安全生产监督管理部门和负有安全生产监督管理职责的有关部门报告。实行施工总承包的建设工程，由总承包单位负责上报事故。

2. 安全生产监督管理部门及相关部门事故报告要求

安全生产监督管理部门和负有安全生产监督管理职责的有关部门接到事故报告后，应当依照下列规定上报事故情况，并通知公安机关、劳动保障行政部门、工会和人民检察院：

（1）特别重大事故、重大事故逐级上报至国务院安全生产监督管理部门和负有安全生产监督管理职责的有关部门。

（2）较大事故逐级上报至省、自治区、直辖市人民政府安全生产监督管理部门和负有安全生产监督管理职责的有关部门。

（3）一般事故上报至设区的市级人民政府安全生产监督管理部门和负有安全生产监督管理职责的有关部门。

安全生产监督管理部门和负有安全生产监督管理职责的有关部门依照前款规定上报事故情况，应当同时报告本级人民政府。国务院安全生产监督管理部门和负有安全生产监督管理职责的有关部门以及省级人民政府接到发生特别重大事故、重大事故的报告后，应当立即报告国务院。

必要时，安全生产监督管理部门和负有安全生产监督管理职责的有关部门可以越级上报事故情况。

安全生产监督管理部门和负有安全生产监督管理职责的有关部门逐级上报事故情况，每级上报的时间不得超过 2 小时。

3. 事故报告的内容

(1)事故发生的时间、地点以及事故现场情况。

(2)事故的简要经过。

(3)事故已经造成或者可能造成的伤亡人数(包括下落不明的人数)和初步估计的直接经济损失。

(4)事故发生单位概况。

(5)事故发生后采取的措施及事故控制情况。

(6)其他应当报告的情况。

4. 事故补报

事故报告后出现新情况，以及自事故发生之日起 30 日内，事故造成的伤亡人数发生变化的，应当及时补报。

(三)事故调查

按照《条例》的要求，事故调查处理应当坚持实事求是、尊重科学的原则，及时、准确地查清事故经过、事故原因和事故损失，查明事故性质，认定事故责任，总结事故教训，提出整改措施，并对事故责任者依法追究责任。

(1)施工单位项目经理应指定技术、安全、质量等部门的人员，会同企业工会、安全管理部门组成调查组，开展调查。

(2)安全生产监督管理等部门应当按照有关人民政府的授权或委托组织事故调查组，对事故进行调查，并应履行下列职责：

1)核实事故项目基本情况，包括项目履行法定建设程序的情况、参与项目建设活动各方主体履行职责的情况。

2)查明事故发生的经过、原因、人员伤亡及直接经济损失，并依据国家有关法律法规和技术标准分析事故的直接原因和间接原因。

3)认定事故的性质，明确事故责任单位和责任人员在事故中的责任。

4)依照国家有关法律法规对事故的责任单位和责任人员提出处理建议。

5)总结事故教训，提出防范和整改措施。

6)提交事故调查报告。

(3)事故调查报告的内容。

1)事故发生单位概况。

2)事故发生经过和事故救援情况。

3)事故造成的人员伤亡和直接经济损失。

4)事故发生的原因和事故性质。

5)事故责任的认定和对事故责任者的处理建议。

6)事故防范和整改措施。

事故调查报告应当附具有关证据材料，事故调查组成员应当在事故调查报告上签名。

(四)事故处理

1. 事故现场处理

事故处理是落实"四不放过"原则的核心环节。当事故发生后，事故发生单位应当严格保护事故现场，做好标志，排除险情，采取有效措施抢救伤员和财产，防止事故蔓延扩大。事故现场是追溯、判断发生事故原因和事故责任人责任的客观物质基础。因抢救人员、疏导交通等原因，需要移动现场物件时，应当做出标志，绘制现场简图并做出书面记录，妥善保存现场重要痕迹、物证，有条件的可以拍照或录像。

2. 事故登记

施工现场要建立安全事故登记表，作为安全事故档案，对发生事故人员的姓名、性别、年龄、工种等级、负伤时间、伤害程度、负伤部位及情况、简要经过及原因记录归档。

3. 事故分析记录

施工现场要有安全事故分析记录，对发生轻伤、重伤、死亡、重大设备事故及未遂事故必须按"四不放过"的原则组织分析，查出主要原因，分清责任，提出防范措施，应吸取的教训要记录清楚。

4. 事故月报制度

要坚持安全事故月报制度，若当月无事故也要报空表。

(五)违法行为和法律责任

1. 事故报告和调查处理的违法行为

事故报告和调查处理的违法行为，包括事故发生单位及其有关人员的违法行为，还包括政府、有关部门及其有关人员的违法行为，其种类主要有以下几种：

(1)不立即组织事故抢救。

(2)在事故调查处理期间擅离职守。

(3)迟报或者漏报事故。

(4)谎报或者瞒报事故。

(5)伪造或者故意破坏事故现场。

(6)转移、隐匿资金、财产，或者销毁有关证据、资料。

(7)拒绝接受调查或者拒绝提供有关情况和资料。

(8)在事故调查中作伪证或者指使他人作伪证。

(9)事故发生后逃匿的。

(10)阻碍、干涉事故调查工作。

(11)对事故调查工作不负责任，致使事故调查工作有重大疏漏。

(12)包庇、袒护负有事故责任的人员或者借机打击报复。

(13)故意拖延或者拒绝落实经批复的对事故责任人的处理意见。

根据《条例》规定，对事故报告和调查处理中的违法行为，任何单位和个人有权向安全生产监督管理部门、监察机关或者其他有关部门举报，接到举报的部门应当依法及时处理。

2. 事故报告和调查处理的法律责任

(1)事故发生单位主要负责人有上述(1)～(3)条违法行为之一的，处上一年年收入40%～80%的罚款；属于国家工作人员的，并依法给予处分；构成犯罪的，依法追究刑事责任。

(2)事故发生单位及其有关人员有上述(4)～(9)条违法行为之一的，对事故发生单位处100万元以上500万元以下的罚款；对主要负责人、直接负责的主管人员和其他直接责任人员处上一年年收入60%～100%的罚款；属于国家工作人员的，并依法给予处分；构成违反治安管理行为的，由公安机关依法给予治安管理处罚；构成犯罪的，依法追究刑事责任。

(3)有关地方人民政府、安全生产监督管理部门和负有安全生产监督管理职责的有关部门有上述(1)、(3)、(4)、(8)、(10)条违法行为之一的，对直接负责的主管人员和其他直接责任人员依法给予处分；构成犯罪的，依法追究刑事责任。

(4)参与事故调查的人员在事故调查中有上述(11)、(12)条违法行为之一的，依法给予处分；构成犯罪的，依法追究刑事责任。

(5)有关地方人民政府或者有关部门故意拖延或者拒绝落实经批复的对事故责任人的处理意见的，由监察机关对有关责任人员依法给予处分。

三、生产安全事故应急预案的管理

(一)预警体系的建立

预警体系是以事故现象的原因、特征及其发展作为研究对象，运用现代系统理论和预警理论，构建对灾害事故能够起到"免疫"，并能够预防和"矫正"各种事故现象的一种"自组织"系统。它是以警报为导向，以"矫正"为手段，以"免疫"为目的的防错、纠错系统。

1. 预警体系建立的原则

(1)及时性。预警体系的出发点就是当事故还在萌芽状态时，就通过细致的观察、分析，提前做好各种防范的准备，及时发现、及时报告、及时采取有效措施加以控制和消除。

(2)全面性。对生产过程中人、物、环境、管理等各个方面进行全面监督，及时发现各方面的异常情况，以便采取合理对策。

(3)高效性。预警必须有高效性，只有如此，才能对各种隐患和事故进行及时预告，并制定合理、适当的应急措施，迅速改变不利局面。

(4)客观性。生产运行中，隐患是客观存在的，必须正确引导有关单位和个人，不能因为可能涉及形象或负面影响，隐匿有关信息，要积极主动地应对。

(二)预警体系实现的功能

预警体系功能的实现主要依赖于预警分析和预控对策两大子系统作用的发挥。

1. 预警分析

预警分析主要由预警监测、预警信息管理、预警评价指标体系构建和预警评价等工作内容组成。

(1)预警监测。实现和完成与事故有关的外部环境与内部管理状况的监测任务，并将采集的原始信息实时存入计算机，供预警信息系统分析使用。

（2）预警信息管理。预警信息管理是一个系统性的动态管理过程，包括信息收集、处理、辨伪、存储和推断等管理工作。

（3）预警评价指标体系的构建。预警评价指标是能敏感地反映危险状态及存在问题的指标，是预警体系开展识别、诊断、预控等活动的前提，也是预警管理活动中的关键环节之一。构建预警评价指标体系的目的是使信息定量化、条理化和可操作化。预警评价指标体系内容一般包括以下几项：

1）预警评价指标的确定：一般可分为人的安全可靠性指标，生产过程的环境安全性指标，安全管理有效性的指标以及机（物）安全可靠性指标等。

2）预警准则的确定：是指一套判别标准或原则，用来决定在不同预警级别情况下，是否应当发出警报以及发出何种程度的警报。

3）预警方法的确定：包括指标预警、因素预警、综合预警、误警和漏警等方法。

4）预警阈值的确定：原则上既要防止误报又要避免漏报，若采用指标预警，一般可根据具体规程设定报警阈值，或者根据具体实际情况，确定适宜的报警阈值。若为综合预警，一般根据经验和理论来确定预警阈值（即综合指标临界值），如综合指标值接近或达到这个阈值时，意味着将有事故出现，可以将此时的综合预警指标值确定为报警阈值。

（4）预警评价。预警评价包括确定评价的对象、内容和方法，建立相应的预测系统，确定预警级别和预警信号标准等工作。评价对象是导致事故发生的人、机、环境、管理等方面的因素，预测系统建立的目的是实现必要的未来预测和预警。预警信号一般采用国际通用的颜色表示不同的安全状况，如：

Ⅰ级预警，表示安全状况特别严重，用红色表示。

Ⅱ级预警，表示受到事故的严重威胁，用橙色表示。

Ⅲ级预警，表示处于事故的上升阶段，用黄色表示。

Ⅳ级预警，表示生产活动处于正常状态，用蓝色表示。

2. 预控对策

预警的目标是实现对各种事故现象的早期预防与控制，并能对事故实施危机管理，预警是制定预控对策的前提，预控对策是根据具体的警情确定控制方案，尽早采取必要的预防和控制措施，避免事故的发生和人员的伤亡，减少财产损失等。预控对策一般包括组织准备、日常监控和事故危机管理三个活动阶段。

（1）组织准备。组织准备的目的在于预警分析以及为预控对策的实施提供组织保障，其任务有两个：一是确定预警体系的组织构成、职能分配及运行方式；二是为事故状态下预警体系的运行和管理提供组织保障，确保预控对策的实施。

（2）日常监控。日常监控是指对预警分析所确定的主要事故征兆（现象）进行特别监视与控制的管理活动。包括培训员工的预警知识和对各种逆境的预测，模拟预警管理方案，总结预警监控活动的经验或教训，在特别状态时提出建议供决策层采纳等。

（3）事故危机管理。事故危机管理是指在日常监控活动无法有效扭转危险状态时的管理对策，是预警管理活动陷入危机状态时采取的一种特殊性质的管理，只有在特殊情况下才采用的特别管理方式。

3. 预警分析和预控对策的关系

预警分析和预控对策的活动内容是不同的，前者主要是对系统隐患的辨识，后者是对事故征兆的不良趋势进行纠错、治错的管理活动，但两者相辅相成，是明确的时间顺序关系和逻辑顺序关系。预警分析是预警体系完成其职能的前提和基础，预控对策是预警体系职能活动的目标，两者缺少任何一个方面，预警体系都无法完整实现其功能，也难于很好地实施事故预警的目的。

预警分析和预控对策活动的对象是有差异的，前者的对象是在正常生产活动中的安全管理过程，后者的对象则是已被确认的事故现象。但如果工程已处于事故状态，那么两者的活动对象是一致的，都是事故状态中的生产现象。另外，不论生产活动是处于正常状态还是事故状态，预警分析的活动对象总是包含预控对策的活动对象。或者说，预控活动的对象总是预警分析活动对象中的主要矛盾。

(三)应急预案的评审

地方各级安全生产监督管理部门应当组织有关专家对本部门编制的应急预案进行审定，必要时可以召开听证会，听取社会有关方面的意见。涉及相关部门职能或者需要有关部门配合的，应当征得有关部门同意。

参加应急预案评审的人员应当包括应急预案涉及的政府部门工作人员和有关安全生产及应急管理方面的专家。

评审人员与所评审预案的生产经营单位有利害关系的，应当回避。

应急预案的评审或者论证应当注重应急预案的实用性、基本要素的完整性、预防措施的针对性、组织体系的科学性、响应程序的操作性、应急保障措施的可行性、应急预案的衔接性等内容。

(四)应急预案的备案

地方各级安全生产监督管理部门的应急预案，应当报同级人民政府和上一级安全生产监督管理部门备案。

其他负有安全生产监督管理职责的部门的应急预案，应当抄送至同级安全生产监督管理部门。

中央管理的总公司(总厂、集团公司、上市公司)的综合应急预案和专项应急预案，报国务院国有资产监督管理部门、国务院安全生产监督管理部门和国务院有关主管部门备案；其所属单位的应急预案分别抄送至所在地的省、自治区、直辖市或者设区的市人民政府安全生产监督管理部门和有关主管部门备案。

上述规定以外的其他生产经营单位中涉及实行安全生产许可的，其综合应急预案和专项应急预案，按照隶属关系报所在地县级以上地方人民政府安全生产监督管理部门和有关主管部门备案；未实行安全生产许可的，其综合应急预案和专项应急预案的备案，由省、自治区、直辖市人民政府安全生产监督管理部门确定。

(五)应急预案的实施

各级安全生产监督管理部门、生产经营单位应当采取多种形式开展应急预案的宣传教育，普及生产安全事故预防、避险、自救和互救知识，提高从业人员的安全意识和应急处理能力

生产经营单位应当制定本单位的应急预案演练计划，根据本单位的事故预防重点，每年至少组织一次综合应急预案演练或者专项应急预案演练，每半年至少组织一次现场处置

方案演练。

有下列情形之一的，应当及时修订应急预案：

(1)生产经营单位因兼并、重组、转制等导致隶属关系、经营方式、法定代表人发生变化的。

(2)生产经营单位生产工艺和技术发生变化的。

(3)周围环境发生变化，形成新的重大危险源的。

(4)应急组织指挥体系或者职责已经调整的。

(5)依据的法律、法规、规章和标准发生变化的。

(6)应急预案演练评估报告要求修订的。

(7)应急预案管理部门要求修订的。

生产经营单位应当及时向有关部门或者单位报告应急预案的修订情况，并按照有关应急预案报备程序重新备案。

(六)奖惩

生产经营单位应急预案未按照有关规定备案的，由县级以上安全生产监督管理部门给予警告，并处三万元以下罚款。

生产经营单位未制定应急预案或者未按照应急预案采取预防措施，导致事故救援不力或者造成严重后果的，由县级以上安全生产监督管理部门依照有关法律、法规和规章的规定，责令停产停业整顿，并依法给予行政处罚。

第三节　建筑工程安全生产管理

一、建筑工程项目安全管理的职责

1. 建设单位的安全责任

(1)向施工单位提供资料的责任。建设单位应当向施工单位提供施工现场及毗邻区域内的供水、排水、供电、供气、供热、通信、广播电视等地下管线资料，气象和水文观测资料，相邻建筑物、构筑物及地下工程的有关资料，并保证资料的真实、准确、完整。

建设单位因建筑工程需要，对于施工单位或相关企业与建筑工程有关的资料，建设单位要及时提供。

建设单位提供的资料将成为施工单位后续工作的主要参考依据，这些资料如果不是真实、准确、完整的，因此而导致施工单位的损失，施工单位可以就此向建设单位要求赔偿。

(2)依法履行合同的责任。建设单位不得对勘察、设计、施工、工程监理等单位提出不符合建筑工程安全生产法律、法规和强制性标准规定的要求，不得压缩合同约定的工期。

建设单位与勘察、设计、施工、工程监理等单位都是完全平等的关系，其对这些单位的要求必须要以合同为依据并不得触犯相关的法律、法规。

(3)提供安全生产费用的责任。安全生产需要资金的保证，而这笔资金的源头是建设单位。只有建设单位提供了用于安全生产的费用，施工单位才能保证安全生产。

因此，《建设工程安全生产管理条例》（以下简称《安全生产管理条例》）第8条规定："建设单位在编制工程概算时，应当确定建设工程安全作业环境及安全施工措施所需费用。"

（4）不得推销劣质材料设备的责任。建设单位不得明示或者暗示施工单位购买、租赁、使用不符合安全施工要求的安全防护用具、机械设备、施工机具及配件、消防设施和器材。

（5）提供安全施工措施资料的责任。建设单位在申请领取施工许可证时，应当提供建筑工程有关安全措施的资料。依法批准开工报告的建筑工程，建设单位应自开工报告批准之日起15日内，将保证安全施工的措施报送建筑工程所在地的县级以上地方人民政府建设行政主管部门或者其他有关部门备案。

（6）对拆除工程进行备案的责任。《安全生产管理条例》第11条规定，建设单位应当将拆除工程发包给具有相应资质等级的施工单位。

建设单位应当在拆除工程施工15日前，将下列资料报送建筑工程所在地的县级以上地方人民政府建设行政主管部门或者其他有关部门备案：

1）施工单位资质等级证明。

2）拟拆除建筑物、构筑物及毗邻建筑的说明。

3）拆除施工组织方案。

4）堆放、清除废弃物的措施。

实施爆破作业的，应当遵守国家有关民用爆炸物品管理的规定。

建设工程安全
生产管理条例

2. 勘察、设计单位的安全责任

（1）勘察单位的安全责任。建筑工程勘察是工程的基础性工作。建筑工程勘察文件是建筑工程项目规划、选址和设计的重要依据，其勘察成果是否科学、准确，对建筑工程安全生产具有重要影响。

1）确保勘察文件的质量，以保证后续工作的安全责任。勘察单位应当按照法律、法规和工程建设强制性标准进行勘察，提供的勘察文件应当真实、准确，以满足建筑工程安全生产的需要。

2）科学勘察，以保证周边建筑物安全的责任。勘察单位在勘察作业时，应当严格执行操作规程，采取措施，保证各类管线、设施和周边建筑物、构筑物的安全。

（2）设计单位的安全责任。在项目设计阶段应注重施工安全操作和防护的需要，采用新结构、新材料、新工艺的建筑工程应提出有关安全生产的措施和建议。设计单位应当按照法律、法规和工程建设强制性标准进行设计，防止因设计不合理而导致生产安全事故的发生。

1）提出建议的责任。设计单位应当考虑施工安全操作和防护的需要，对涉及施工安全的重点部位和环节在设计文件中注明，并对防范生产安全事故提出建议。

对于采用新结构、新材料、新工艺的建筑工程和特殊结构的建筑工程，设计单位应当在设计中提出保障施工作业人员安全和预防生产安全事故的措施建议。

2）承担后果的责任。《安全生产管理条例》第13条规定："设计单位和注册建筑师等注册执业人员应当对其设计负责。"

3. 施工单位的安全责任

在施工阶段进行施工平面图设计和安排施工计划时，应充分考虑安全、防火、防爆、职业健康等因素，要制定项目主要负责人、项目负责人、安全生产管理机构和专职安全生产管理人员的安全责任。

(1)主要负责人。加强对施工单位安全生产管理，首先要明确责任人。《安全生产管理条例》第 21 条规定："施工单位主要负责人依法对本单位的安全生产工作全面负责。"在这里，"主要负责人"并不仅仅限于施工单位的法定代表人，而是施工单位全面负责、有生产经营决策权的人。

根据《安全生产管理条例》的有关规定，施工单位主要负责人在安全生产方面主要的职责如下：

1)建立健全安全生产责任制度和安全生产教育培训制度。

2)制定安全生产规章制度和操作规程。

3)保证本单位安全生产条件所需资金的投入。

4)对所承建的建筑工程进行定期和专项安全检查，并做好安全检查记录。

(2)项目负责人。《安全生产管理条例》第 21 条规定："施工单位的项目负责人应当由取得相应执业资格的人员担任，对建设工程项目的安全施工负责。"

项目负责人(主要指项目经理)在工程项目中处于重要的地位，其对建筑工程项目的安全全面负责。鉴于项目负责人对安全生产的重要作用，国家规定施工单位的项目负责人应当由取得相应执业资格的人员担任。这里提到的"相应的职业资格"，目前指建造师职业资格。

根据《安全生产管理条例》第 21 条规定，基础负责人的安全责任主要包括以下几个方面：

1)落实安全生产责任制度、安全生产规章制度和操作规程。

2)确保安全生产费用的有效使用。

3)根据工程的特点组织制定施工措施，消除安全事故隐患。

4)及时、如实地报告生产安全事故。

(3)安全生产管理机构和专职安全生产管理人员。《安全生产管理条例》第 23 条规定："施工单位应当设立安全生产管理机构，配备专职安全生产管理人员。"

1)安全生产管理机构的设置及其职责。安全生产管理机构是指施工建设单位及其在建工程项目中设置的负责安全生产管理工作的独立职能部门。

安全生产管理机构具有以下职责：

①宣传和贯彻国家有关安全生产法律法规和标准。

②编制并适时更新安全生产管理制度并监督实施。

③组织或参与企业生产安全事故应急救援预案的编制及演练。

④组织开展安全教育培训与交流。

⑤协调配备项目专职安全生产管理人员。

⑥制订企业安全生产检查计划并组织实施。

⑦监督在建项目安全生产费用的使用。

⑧参与危险性较大工程安全专项施工方案专家论证会。

⑨通报在建项目违规违章查处情况。

⑩组织开展安全生产评优评先表彰工作。

⑪建立企业在建项目安全生产管理档案。

⑫考核评价分包企业安全生产业绩及项目安全生产管理情况。

⑬参加生产安全事故的调查和处理工作。

⑭企业明确的其他安全生产管理职责。

2)专职安全生产管理人员的配备及其职责。

①专职安全生产管理人员的配备。按照《安全生产管理条例》的规定，在建项目实施过程中，专职安全生产管理人员的配备办法必须由国务院建设行政主管部门会同国务院其他有关部门制定。

②专职安全生产管理人员的职责。专职安全生产管理人员是指经安全责任主管部门或者其他有关部门安全生产考核合格，并取得安全生产考核合格证书，在企业从事安全生产管理工作的专职人员，包括施工单位安全生产管理机构的负责人及其施工现场安全生产管理人员。

专职安全生产管理人员的安全责任主要包括：对安全生产进行现场监督检查；发现安全事故隐患，应当及时向项目负责人和安全生产管理机构报告；对于违章指挥、违章操作的，应当立即制止。

4. 总承包单位和分包单位的安全责任

(1)总承包单位的安全责任。《安全生产管理条例》第24条规定："建设工程实行施工总承包的，由总承包单位对施工现场的安全生产负总责。"为了防止违法分包和转包等违法行为的发生，真正落实施工总承包单位的安全责任，《安全生产管理条例》强调："总承包单位应当自行完成建设工程主体结构的施工。"这也是《中华人民共和国建筑法》(以下简称《建筑法》)的要求，可以避免由于分包单位能力的不足而导致生产安全事故的发生。

(2)总承包单位与分包单位的安全责任划分。《安全生产管理条例》规定，总承包单位依法将建设工程分包给其他单位的，分包合同中应当明确各自的安全生产方面的权利、义务。总承包单位和分包单位对分包工程的安全生产承担连带责任。另有规定的除外。

但是，总承包单位与分包单位在安全生产方面的责任也不是固定的，要根据具体的情况来确定。

5. 出租机械设备和施工机具及配件单位的安全责任

出租的机械设备和施工机具及配件，应当具有生产(制造)许可证、产品合格证，并应当对出租的机械设备和施工机具及配件的安全性能进行检测。在签订租赁协议时，应当出具检测合格证明，禁止出租检测不合格的机械设备和施工机具及配件。

6. 施工起重机械和自升式架设设施的安全管理

(1)安装与拆卸。施工起重机械和自升式架设设施等的安装、拆卸属于特殊专业安装，具有高度危险性，容易造成重大伤亡事故。

在施工现场安装、拆卸施工起重机械和整体提升脚手架、模板等自升式架设设施，必须由具有相应资质的单位承担。

例如，安装、拆卸施工起重机械手架、模板等自升式架设设施，应当编制拆装方案、制定安全施工措施并由专业技术人员现场监督。施工起重机械和整体提升脚手架、模板等自升式架设设施安装完毕后，安装单位应当进行自检，出具自检合格证明，并向施工单位进行安全使用说明，办理验收手续并签字。

(2)检验检测。

1)强制检测。施工起重机械和整体提升脚手架、模板等自升式架设设施的使用达到国家规定的检验检测期限的，必须经具有专业资质的检测机构检测，经检测不合格的，不得继续使用。

施工起重机械和自升式架设设施在使用过程中，应当按照规定进行定期检测，并及时进行全面检修保养。对于达到国家规定的检验检测期限的，必须经具有专业资质的检验检测机构检测。根据国务院《特种设备安全监察条例》的规定，从事施工起重机械定期检验、监督检测的机构，应当经国务院特种设备安全监督部门核准，取得核准后方可从事检验检测业务。检验检测机构必须具备与所从事的检验检测工作相适应的检验检测人员、检验检测仪器和设备，有健全的检验检测管理制度和检验检测责任制度。同时，检验检测机构进行检测工作是应当符合安全技术规范的要求，经检测不合格的，不得继续使用。

2)检验检测机构的安全责任。检验检测机构对检测合格的施工起重机械和整体提升脚手架、模板等自升式架设设施，应当出具安全合格证明文件，并对检测结果负责。检测合格的，应当出具安全合格证明文件。当设备检验检测机构进行设备检验检测时发现严重事故隐患，应当及时告知施工单位，并立即向安全监督管理部门报告。

二、安全生产许可证制度

《安全生产许可证条例》规定国家对建筑施工企业实施安全生产许可证制度。其目的是为了严格规范安全生产条件，进一步加强安全生产监督管理，防止和减少生产安全事故。

省、自治区、直辖市人民政府建设主管部门负责建筑施工企业安全生产许可证的颁发和管理，并接受国务院建设主管部门的指导和监督。

企业取得安全生产许可证，应当具备下列安全生产条件：

(1)建立健全安全生产责任制，制定完备的安全生产规章制度和操作规程。

(2)安全投入符合安全生产要求。

(3)设置安全生产管理机构，配备专职安全生产管理人员。

(4)主要负责人和安全生产管理人员经考核合格。

(5)特种作业人员经有关业务主管部门考核合格，取得特种作业操作资格证书。

(6)从业人员经安全生产教育和培训合格。

(7)依法参加工伤保险，为从业人员缴纳保险费。

(8)厂房、作业场所和安全设施、设备、工艺符合有关安全生产法律、法规、标准和规程的要求。

(9)有职业危害防治措施，并为从业人员配备符合国家标准或者行业标准的劳动防护用品。

(10)依法进行安全评价。

(11)有重大危险源检测、评估、监控措施和应急预案。

(12)有生产安全事故应急救援预案、应急救援组织或者应急救援人员，配备必要的应急救援器材、设备。

(13)法律、法规规定的其他条件。

企业进行生产前，应当依照《安全生产许可证条例》的规定向安全生产许可证颁发管理机关申请领取安全生产许可证，并提供该条例第六条规定的相关文件、资料。安全生产许可证颁发管理机关应当自收到申请之日起45日内审查完毕，经审查符合该条例规定的安全生产条件的，颁发安全生产许可证；不符合该条例规定的安全生产条件的，不予颁发安全生产许可证，书面通知企业并说明理由。

安全生产许可证的有效期为3年。安全生产许可证有效期满需要延期的，企业应当于期满前3个月向原安全生产许可证颁发管理机关办理延期手续。

企业在安全生产许可证有效期内，严格遵守有关安全生产的法律法规，未发生死亡事故的，在安全生产许可证有效期届满时，经原安全生产许可证颁发管理机关同意，不再审查，安全生产许可证有效期延期3年。

企业不得转让、冒用安全生产许可证或者使用伪造的安全生产许可证。

三、政府安全生产监督检查制度

政府安全监督检查制度是指国家法律、法规授权的行政部门代表政府对企业的安全生产过程实施监督管理。《安全生产管理条例》中的"第五章　监督管理"对建设工程安全监督管理的规定内容如下：

（1）国务院负责安全生产监督管理的部门依照《中华人民共和国安全生产法》（以下简称《安全生产法》）的规定，对全国建设工程安全生产工作实施综合监督管理。

（2）县级以上地方人民政府负责安全生产监督管理的部门依照《安全生产法》的规定，对本行政区域内建设工程安全生产工作实施综合监督管理。

（3）国务院建设行政主管部门对全国的建设工程安全生产实施监督管理。国务院铁路、交通、水利等有关部门按照国务院规定的职责分工，负责有关专业建设工程安全生产的监督管理。

（4）县级以上地方人民政府建设行政主管部门对本行政区域内的建设工程安全生产实施监督管理。县级以上地方人民政府交通、水利等有关部门在各自的职责范围内，负责本行政区域内的专业建设工程安全生产的监督管理。

（5）县级以上人民政府负有建设工程安全生产监督管理职责的部门在各自的职责范围内履行安全监督检查职责时，有权纠正施工中违反安全生产要求的行为，责令立即排除检查中发现的安全事故隐患，对重大隐患可以责令暂时停止施工。建设行政主管部门或者其他有关部门可以将施工现场安全监督检查委托给建设工程安全监督机构具体实施。

四、安全生产责任制与安全教育

（一）安全生产责任制的一般规定

安全生产责任制是根据"管生产必须管安全""安全生产，人人有责"等原则，明确各级领导、各职能部门、各岗位、各工种人员在生产中所负安全职责的一种制度。有了安全生产责任制，可增强各级管理人员的安全责任心，使安全管理纵向到底，横向到边，专管成线，群管成网，责任明确，协调配合，共同努力，真正把安全生产工作落到实处。因此，安全生产责任制是各项管理制度的核心，是企业岗位责任制的重要组成部分，是企业安全管理中最基本的制度，是保障安全生产的重要组织措施。企业要参照《建筑法》《安全生产法》及《国务院关于特大安全事故行政责任追究的规定》（国务院令第302号）制定企业的安全生产责任制。

各级安全生产责任制的基本要求包括以下几个方面。

1. 企业经理是企业安全生产的第一责任人

企业经理负责企业安全生产的全面工作，对安全生产负总的责任。各副经理对分管部门的安全生产负直接领导责任，应认真贯彻执行国家安全生产的方针政策、法令、规章制度。

(1)制定企业各级各部门的责任制等。

(2)定期向企业职工代表会议报告企业安全生产情况和措施。

(3)制定企业各级干部的安全责任制等制度，定期研究解决安全生产中的问题。

(4)组织或授权委托审批安全技术措施计划并贯彻实施。

(5)定期组织企业安全检查，开展安全竞赛活动，对职工进行安全和遵章守纪教育，督促各级领导干部和各职能单位的职工做好本职范围内的安全工作，总结与推广安全生产先进计划、新设备、新工艺、新经验，主持重大伤亡事故的调查分析，提出处理意见和改进措施，并督促实施。

2. 项目经理应对市项目的安全生产工作负领导责任

项目经理应认真执行安全生产规章制度，不违章指挥，制定和实施安全技术措施，经常进行安全生产检查，消除事故隐患，制止违章作业；对职工进行安全计划和安全记录教育。

(二)安全教育活动的开展要求

安全教育工作是整个安全工作中的一个重要环节。通过各种形式的安全教育，能增强全体职工尤其是操作层工人的安全生产意识，提高安全生产知识，有效地防止人的不安全行为，减少人的失误。进行安全教育要适时、宜人，内容合理、方式多样并形成制度。组织安全教育要做到严肃、严格、严密、严谨，讲求实效。安全教育活动的开展要求如下：

(1)新进施工现场的各类施工人员，必须进行进场安全教育。新工人人场前，应完成三级安全教育。对学徒工、实习生的入场三级安全教育，应偏重一般安全知识、生产组织原则、生产环境、生产纪律等，强调操作的非独立性；对季节工、农民工的三级安全教育，应以生产组织原则、环境、纪律、操作标准为主。两个月内安全技能不能达到熟练程度的，应及时解除劳动合同，废止劳动资格。

(2)变换工种时，要进行新工种的安全技术教育。

(3)进行定期和季节性的安全技术教育，其目的在于增强安全意识，控制人的行为，尽快地适应变化，减少人的失误。

(4)加强对全体施工人员节前和节后的安全教育。

(5)在采用新技术，使用新设备、新材料，推行新工艺前，应对有关人员进行安全知识、技能、意识的全面安全教育，激励操作者实行安全技能的自觉性。

(6)坚持班前安全活动、周讲评制度。

(三)三级安全教育的内容

三级安全教育是指公司、项目经理部和施工班组三个层次的安全教育，其内容、时间及考核结果要有记录。

1. 工人进场公司一级安全教育内容

(1)我国建筑业安全生产的指导方针是：必须贯彻"预防为主，安全第一"的思想。

（2）安全生产的原则是坚持"管生产必须管安全"。讲效益必须讲安全，是生产过程中必须遵循的原则。

（3）需遵守本公司的一切规章制度和"工地守则"及"文明施工守则"。

（4）建筑企业历年来工伤事故统计表明：高处坠落占40%～50%，物体打击约占20%，触电伤亡约占20%，机械伤害占10%～20%，坍塌事故占5%～10%，可见，预防以上几类事故的发生，就可以大幅度降低建筑工人的工伤事故率。

（5）提高自我防护意识，做到不伤害自己、不伤害他人。

（6）企业职工、合同工、临时工、承包工要热爱本职工作，努力学习、提高政治、文化、业务水平和操作技能。积极参加安全生产的各项活动，提出改进安全工作的意见，一心一意搞好安全。

（7）在施工过程中，必须严格遵守劳动纪律，服从领导和安全检查人员的指挥，工作时思想要集中，坚守岗位，未经变换工种培训和项目经理部的许可，不得从事非本工种作业；严禁酒后上班；不得在禁火的区域吸烟和动火。

（8）施工时要严格执行操作规程，不得违章指挥和违章作业；对违章作业的指令有权予以拒绝施工，并有责任和义务制止他人违章作业。

（9）按照作业要求，正确穿戴个人防护用品。进入施工现场必须戴安全帽，在没有防护设施的高空、临边和陡坡进行施工时，必须系上安全带；高空作业不得穿硬底和带钉易滑的鞋，不得往下投掷物体，严禁赤脚或穿高跟鞋、拖鞋进入施工现场作业。

（10）如发现有人触电时，应立即：

1）拉下电闸，切断电源。

2）用木棍挑开电源。

3）站在干木板或木凳上拉触电者的干衣服，使其脱离电源。万一触电者因抽筋而紧握电线，可用干燥的木棍、胶把钳等工具切断电源。或用干燥木板、干胶木板等绝缘物插入触电者身下，以隔断电流。

（11）施工现场要按规定悬挂灭火器，工地一旦发生火灾，无论任何人发现火警都有义务迅速向当地消防部门报警，报警时要讲清楚起火原因、地点，并要派人在路口接应消防车。

（12）发生火灾时，现场所有人员都要积极扑救并保护好现场，积极配合火灾事故的调查工作。

（13）如工地发生伤亡事故，应立即报告公司和主管部门，不得瞒报和谎报。

（14）发生伤亡事故后，因抢救人员的需要移动现场物件时，应绘制现场简图并妥善保存现场重要痕迹、物证，有条件的可以拍照。

（15）事故现场必须经过劳动安全机构和司法部门的调查组同意，方可进行现场的清理工作。

2. 工人进场项目部二级安全教育内容

（1）建筑施工现场是一个露天、多工种的立体交叉作业环境，临时设施多、作业环境多变、人机流动性大。因此，存在着多种不安全因素，是事故多发的作业场所。

（2）应遵守公司和项目部的一切规章制度及"工地守则""现场文明施工条例"。

（3）努力学习本工种的安全技术操作规程和有关的安全防护知识，积极参加各项安全活动，提出改正安全工作的意见，从而使安全管理水平再上新台阶。

(4)提高自我防护意识，做到不伤害自己、不伤害他人、不被他人伤害。

(5)进入施工现场必须戴好安全帽、扣好帽带，并正确使用个人防护用品。

(6)高处作业时，不准往下或向上抛掷工具、材料等物体。

(7)建筑业属于高空作业，生产班组招临时性工人时，严禁招收患有高血压、心脏病、精神病、癫痫病及高度近视等不宜在建筑行业劳动的人员。

(8)高空作业不得穿硬底鞋和带钉易滑的鞋，严禁赤脚或穿高跟鞋、拖鞋进入施工现场。

(9)在施工现场行走要注意安全，不得攀登脚手架、井架；井架的吊篮严禁人乘坐上、下。

(10)严禁酒后上班，不得在工地打架斗殴、嬉闹、猜拳、酗酒、赌博、寻衅滋事。

(11)施工作业时要严格执行安全操作规程，不得违章指挥和违章作业；对违章作业的指令班组有权拒绝施工，并有责任和义务制止他人违章作业的行为。

(12)正确使用个人防护用品和爱护防护设施。对各种防护装置、防护设施和安全警示牌等，未经工地安全员同意，不得随便拆除和挪动。

(13)在工棚(包括木制品车间)吸烟时，应将烟火和火柴梗放在有水的盆里，不得随地乱丢；不要躺在床上吸烟；照明灯泡距离可燃物应大于 30 cm。

(14)当拆除井架、竹架和倾倒杂物时，必须有专人监护。

(15)防止触电事故发生，要做到：

1)非电工、机械人员，不要乱动电和机械设备。

2)实行一机一闸一漏电保护。

3)不要把衣服和杂物挂在可能触电的物体上。

(16)外脚手架、卸料平台架的防护栏杆，严禁坐人和挤压。

3. 工人进场班组三级安全教育内容

班组安全教育按工种展开。比如，钢筋班组安全生产教育的内容如下：

(1)每个工人都应自觉遵守法律法规和公司、项目部的各种规章制度。

(2)钢材、半成品等应按规格、品种分别堆放整齐。制作场地要平整，操作台要稳固，照明灯具必须加网罩。

(3)拉直钢筋时，卡头要卡牢，地锚要结实、牢固，拉筋沿线 2 m 区域内禁止行人。人工绞磨拉直，禁止用胸部、腹部接触推杆；松解时应缓慢，不得一次松开。

(4)展开圆盘钢筋要一头卡牢，防止回弹，切断时要先用脚踩牢。

(5)在高空、深坑绑扎钢筋和安装骨架时，需搭设脚手架和马道。

(6)绑扎立柱、墙体钢筋时，不得站在钢筋骨架上和攀登骨架上面及下方。柱筋在 4 m 以下且质量不大时，可在地面或楼面上绑扎，整体竖起；柱筋在 4 m 以上时应搭设工作台；柱、梁骨架应用临时支撑拉牢，以防倾倒。

(7)绑扎基础钢筋时，应按施工操作规程摆放钢筋支架(马凳)架起上部钢筋，不得任意减少支架或马凳。

(8)多人合运钢筋时，起、落、转、停动作要一致，人工上、下传送不得在同一垂直线上；钢筋堆放要分散、稳当，防止倾倒和塌落。

(9)点焊、对焊钢筋时，焊机应设在干燥的地方；焊机要有防护罩并放置平稳、牢固，电源通过漏电保护器，导线绝缘良好。

(10)电焊时应戴防护眼镜和手套，并站在胶木板或木板上。电焊前应先清除易燃易爆物品，停工时确认无火源后，方准离开现场。

(11)钢筋切断机应在机械运转正常时，方准断料。手与刀口距离不得小于15 cm。电源通过漏电保护器，导线绝缘良好。

(12)切断钢筋时禁止超过机械负载能力；切长钢筋时应有专人扶住，操作动作要一致，不得任意拖拉。切断钢筋时要用套管或钳子夹料，不得用手直接送料。

(13)使用卷扬机拉直钢筋，地锚应牢固、坚实，地面平整。钢丝绳最少需保留三圈，操作时不准有人跨越。作业突然停电时，应立即拉开闸刀。

(14)电机外壳必须做好接地，一机一闸，严禁把闸刀放在地面上，应挂在1.5 m高的地方并有防雨棚。

(15)严禁操作人员在酒后进入施工现场作业。

(16)每个工人进入施工现场，都必须戴安全帽。

(17)班组如果因劳动力不足需要再招新工人时，应事先向工地报告。

(18)新工人进场后应先经过三级安全交底，并经考试合格后方可正式上岗。

(19)新工人进场应具有四证，即劳动技能证、身份证、计划生育证和外来人口暂住证。

五、施工安全技术措施

(一)卫生与防疫安全管理

1. 卫生安全管理

(1)施工现场不宜设置职工宿舍，必须设置时应尽量和施工场地分开。现场应准备必要的医务设施。在办公室内显著位置处应张贴急救车和有关医院电话号码。根据需要采取防暑降温和消毒、防毒措施。施工作业区与办公区应分区明确。

(2)承包人应明确施工保险及第三者责任险的投保人和投保范围。

(3)项目经理部应对现场管理进行考评，考评办法应由企业按有关规定制定。

(4)项目经理部应进行现场节能管理，有条件的现场应下达能源使用指标。

(5)现场的食堂、厕所应符合卫生要求，现场应设置饮水设施。

2. 防疫安全管理

(1)食堂管理应当在组织施工时就进行策划。现场食堂应按照现场就餐人数安排食堂面积、设施以及炊事员和管理人员。食堂卫生必须符合《中华人民共和国食品卫生法》和其他有关卫生管理规定的要求。炊事人员应经定期体格检查，合格后方可上岗；炊具应严格消毒，生熟食应分开；原料及半成品应经检验合格方可采用。

(2)现场食堂不得出售酒精饮料。现场人员在工作时间严禁饮用酒精饮料。要确保现场人员饮水的正常供应，炎热季节要供应清凉饮料。

(二)用电安全管理

1. 临时用电施工组织设计的编制

临时用电施工组织设计的内容有以下几项：

(1)现场勘察。

(2)确定电源进线和变电所、配电室、总配电箱等的装设位置及线路走向。

(3)负荷计算。

(4)选择变压器容量、导线截面和用电器的类型、规格。

(5)绘制电气平面图、立面图和接线系统图。

(6)制定安全用电技术措施和电气防火措施。

2.TN-S接零保护系统的采用

(1)TN-S系统电气设备的金属外壳保护零线是与工作零线分开、单独敷设的。也就是在三相四线制的施工现场中,要使用五根线,第五根即为保护零线。

(2)在施工现场专用电源(电力变压器等)为中性点直接接地的电力线路中,必须采用TN-S接零保护系统。即电气设备的金属外壳必须与专用保护零线连接。专用保护零线应由工作接地线、配电室的零线或第一级漏电保护器电源侧的零线引出。

3. 照明装置安全的技术要求

(1)照明开关箱(板)中的所有正常不带电的金属部件,都必须做保护接零;所有灯具的金属外壳,都必须做保护接零。

(2)照明开关箱(板)应装设漏电保护器。

(3)照明线路的相线必须经过开关才能进入照明器,不得直接进入。否则,只要照明线路不停电,即使照明器不亮,灯头也是带电的,这就增加了不安全因素。

(4)螺口灯头的中心触头必须与相线连接,其螺口部分必须与工作零线连接。否则,在更换和擦拭照明器时,容易意外地触及螺口相线部分而发生触电。

(5)灯具的安装高度既要符合施工现场实际,又要符合安装要求,按照施工现场临时用电安全相关规范要求装设。

六、安全检查的方法

施工现场质量检查的方法主要有目测法、实测法和试验法等。

(1)目测法:凭借感官进行检查,也称为观感质量检验。其手段可概括为"看、摸、敲、照"四个字。看,就是根据质量标准要求进行外观检查。例如,清水墙面是否洁净,喷涂的密实度和颜色是否良好、均匀,工人的操作是否正常,内墙抹灰的大面及口角是否平直,混凝土外观是否符合要求等。摸,就是通过触摸手感进行检查、鉴别。例如,油漆的光滑度,浆活是否牢固、不掉粉等。敲,就是运用敲击工具进行音感检查。例如,对地面工程、装饰工程中的水磨石、面砖、石材饰面等,均应进行敲击检查。照,就是通过人工光源或反射光照射,检查难以看到或光线较暗的部位。例如,管道井、电梯井等内的管线、设备安装质量,装饰吊顶内连接及设备安装质量等。

(2)实测法:通过实测数据与施工规范、质量标准的要求及允许偏差值进行对照,以此判断质量是否符合要求。其手段可概括为"靠、量、吊、套"四个字。靠,就是用直尺、塞尺检查诸如墙面、地面、路面等的平整度。量,就是指用测量工具和计量仪表等检查断面尺寸、轴线、标高、湿度、温度等的偏差。例如,大理石板拼缝尺寸与超差数量,摊铺沥青拌合料的温度,混凝土坍落度的检测等。吊,就是利用托线板以及线坠吊线检查垂直度。例如,砌体垂直度检查、门窗的安装等。套,就是以方尺套方,辅以塞尺检查。例如,对阴阳角的方正、踢脚线的垂直度、预制构件的方正、门窗口及构件的对角线检查等。

（3）试验法：通过必要的试验手段对质量进行判断的检查方法，主要包括理化试验和无损检测。

1）理化试验：工程中常用的理化试验包括物理力学性能方面的检验和化学成分及含量的测定两个方面。此外，根据规定有时还需进行现场试验，例如，对于桩或地基的静载试验、下水管道的通水试验、供热管道的压力试验、防水层的蓄水或淋水试验等。

2）无损检测：利用专门的仪器仪表表面探测结构物、材料、设备的内部组织结构或损伤情况。

七、安全监督管理的工作内容

安全监督包括施工安全和文明施工监督两项内容，监督单位应根据工程项目的实际情况，建立健全工程监督组织机构，落实安全监督责任制，实施切实有效的监督方法，将安全监督工作贯穿于整个工程监督之中，做到思想到位、人员到位、工作到位、管理到位，切实保障施工安全，杜绝安全事故的发生。在具体施工管理中，安全监督的主要内容是：贯彻执行"安全第一、预防为主"的方针，国家现行的安全生产的法律、法规，建设行政主管部门的安全生产的规章、检查标准和工程建设标准强制性条文。

督促施工单位落实安全生产的组织保证体系、安全管理人员配备、安全设备设施、安全防护用品用具和安全生产资金投入，建立健全安全生产责任制和各项安全生产管理制度。

督促施工单位对工人进行安全生产教育及分部分项工程的安全技术交底，检查特种作业人员的持证上岗情况和工人对安全操作规程的掌握情况。

审核总体施工组织设计和各单项专业安全施工组织设计，督促施工单位按照有关规范标准要求，落实分部分项工程、各工序和关键部位的安全防护措施。

第四节　建筑工程施工现场职业健康安全与环境管理的要求

一、施工现场文明施工的要求

文明施工是指保持施工现场良好的作业环境、卫生环境和工作程序。因此，文明施工也是保护环境的一项重要措施。文明施工主要包括：规范施工现场的场容，保持作业环境的整洁卫生；科学组织施工，使生产有序进行；减少施工对周围居民和环境的影响；遵守施工现场文明施工的规定和要求，保证职工的安全和身体健康。

文明施工可以适应现代化施工的客观要求，有利于员工的身体健康，有利于培养和提高施工队伍的整体素质，促进企业综合管理水平的提高，增强企业的知名度和市场竞争力。

1. 文明施工的条件要求

（1）有整套的施工组织设计（或施工方案）。

(2)有健全的施工指挥系统和岗位责任制度。

(3)工序衔接交叉合理，交接责任明确。

(4)有严格的成品保护措施和制度。

(5)施工场地平整，道路畅通，排水设施得当，水电线路整齐。

(6)机具设备状况良好，使用合理，施工作业符合消防和安全要求。

(7)大小临时设施和各种材料、构件、半成品按平面布置堆放整齐。

2. 文明施工的要求

(1)进行现场文化建设。

(2)规范场容，保持作业环境整洁、卫生。

(3)创造有序生产的条件。

(4)减少对居民和环境的不利影响。

3. 文明施工组织设计

(1)施工现场平面布置图：包括临时设施、现场交通、现场作业区、施工设备及机具的布置，成品、半成品、原材料的库房位置等。大型工程平面布置因施工期较长，可按基础、主体和装修三个阶段进行施工平面图设计。

(2)现场围护的设计。

(3)现场工程标志牌的设计。

(4)临时建筑物、构筑物、地面硬化、道路等单体设计。

(5)现场污水处理排放设计。

(6)粉尘、噪声控制措施。

(7)施工区域内现有市政管网和周围的建(构)筑物的保护。

(8)现场卫生及安全保卫措施。

(9)现场文明施工管理组织机构及责任人。

4. 现场文明施工管理的内容

(1)建筑工地周围必须设置遮挡围墙。围墙应用混凝土预制板或砖砌筑，封闭严密并粉刷涂白，保持整洁、完整。

1)围挡材质采用砌体或者定型板材，有基础和墙帽。围挡外侧与道路衔接处要采用绿化或者硬化铺装措施。围挡必须稳固、安全、整洁、美观。

2)城镇建成区、风景旅游区、市容景观道路、交通主干道及机场、码头、车站、广场的施工现场，围挡高度不得低于2.5 m，其他地区围挡高度不得低于1.8 m。

3)围挡大门应当采用封闭门扇，大门入口设置应当符合消防要求，其净宽度不得小于5 m。

4)市政工程、道路维修及地下管线敷设工程项目工地围挡可以连续设置，也可以按工程进度分段设置。特殊情况不能进行围挡的，应当设置安全警示标志，并在工程险要处采取隔离措施。

(2)施工现场的施工区、办公区、生活区应当分开设置，实行区划管理。生活、办公设施应当科学、合理布局，并符合城市环境、卫生、消防安全及安全文明施工标准化管理的有关规定。

(3)施工现场的场区应干净、整齐，施工现场的楼梯口、电梯井口、预留洞口、通道口和建筑物临边部位应当设置整齐、标准的防护装置，各类警示标志设置明显。施工作业面应当保持良好的安全作业环境，余料及时清理、清扫，禁止随意丢弃。

（4）施工现场的各种设施、建筑材料、设备器材、现场制品、成品半成品、构配件等物料，应当按照施工总平面图划定的区域存放，并设置标签。禁止混放或在施工现场外擅自占道堆放建筑材料和建筑垃圾等。

（5）施工现场堆放砂、石等散体物料的，应当设置高度不低于0.5 m的堆放池，并对物料裸露部分实施遮盖。土方、工程渣土和垃圾应当集中堆放，堆放高度不得超出围挡高度，并采取遮盖、固化措施。

（6）在施工现场设置食堂及就餐场所的，应当符合卫生管理规定，制定健全的生活卫生和预防食物中毒管理制度。

（7）建筑工地内的民工宿舍面积应符合卫生和居住要求，地面应用混凝土硬化，宿舍应保持整洁，不得男女混杂居住，不得居住与施工无关的人员。利用在建工程作为临时宿舍的，也应符合上述要求。

（8）坐落在建成区内的施工现场厕所，应当采用密闭水冲式，保持干净、清洁。高层建筑施工应当隔层设置简易厕所。

（9）施工现场应当设置良好的排水系统和废水回收利用设施。防止污水、污泥污染周边道路，堵塞排水管道或河道。采用明沟排水的，沟顶应当设置盖板。禁止向饮用水源及各类河道、水域排水。

（10）临街或人口密集区的建筑物，应设置防止物体坠落的防护性设施。

（11）施工单位应当制定公共卫生突发事件应急预案。在施工现场应当配备符合有关规定要求的急救人员、保健医药箱和急救器材。

建筑工地的主要入口处应设置"五牌一图"。即在施工现场入口处的醒目位置，应公示下列内容：

1）工程概况。

2）安全记录。

3）防火须知。

4）安全生产与文明施工。

5）施工平面图。

6）项目经理部组织机构及主要管理人员名单。

二、建筑工程施工现场环境保护的要求

（1）根据《中华人民共和国环境保护法》和《中华人民共和国环境影响评价法》的有关规定，建筑工程项目对环境保护的基本要求如下：

1）涉及依法划定的自然保护区、风景名胜区、生活饮用水水源保护区及其他需要特别保护的区域时，应当符合国家有关法律法规及该区域内建设工程项目环境管理的规定，不得建设污染环境的工业生产设施；建设的工程项目设施的污染物排放不得超过规定的排放标准。已经建成的设施，其污染物排放超过排放标准的，限期整改。

2）开发利用自然资源的项目，必须采取措施保护生态环境。

3）建筑工程项目选址、选线、布局应当符合区域、流域规划和城市总体规划。

4)应满足项目所在区域环境质量、相应环境功能区划和生态功能区划标准或要求。

5)拟采取的污染防治措施应确保污染物排放达到国家和地方规定的排放标准,满足污染物总量控制要求;涉及可能产生放射性污染的,应采取有效预防和控制放射性污染措施。

6)建筑工程应当采用节能、节水等有利于环境与资源保护的建筑设计方案、建筑材料、装修材料、建筑构配件及设备。建筑材料和装修材料必须符合国家标准。禁止生产、销售和使用有毒、有害物质超过国家标准的建筑材料与装修材料。

7)尽量减少建筑工程施工中所产生的干扰周围生活环境的噪声。

8)应采取生态保护措施,有效预防和控制生态破坏。

9)对环境可能造成重大影响、应当编制环境影响报告书的建筑工程项目,可能严重影响项目所在地居民生活环境质量的建筑工程项目,以及存在重大意见分歧的建筑工程项目,环保部门可以举行听证会,听取有关单位、专家和公众的意见,并公开听证结果,说明对有关意见采纳或不采纳的理由。

10)建筑工程项目中防治污染的设施,必须与主体工程同时设计、同时施工、同时投产使用。防治污染的设施必须经原审批环境影响报告书的环境保护行政主管部门验收合格后,该建筑工程项目方可投入生产或者使用。防治污染的设施不得擅自拆除或者闲置,确有必要拆除或者闲置的,必须征得所在地的环境保护行政主管部门同意。

11)新建工业企业和现有工业企业的技术改造,应当采取资源利用率高、污染物排放量少的设备和工艺,采用经济、合理的废弃物综合利用技术和污染物处理技术。

12)排放污染物的单位,必须依照国务院环境保护行政主管部门的规定申报登记。

13)禁止引进不符合我国环境保护规定要求的技术和设备。

14)任何单位不得将产生严重污染的生产设备转移给没有污染防治能力的单位使用。

(2)《中华人民共和国海洋环境保护法》规定:在进行海岸工程建设和海洋石油勘探开发时,必须依照法律的规定,防止对海洋环境的污染损害。

三、建筑工程施工现场职业健康安全卫生的要求

根据我国相关标准,施工现场职业健康安全卫生主要包括现场宿舍、现场食堂、现场厕所、其他卫生管理等内容。施工现场职业健康安全卫生要符合以下基本要求:

(1)施工现场应设置办公室、宿舍、食堂、厕所、淋浴间、开水房、文体活动室、密闭式垃圾站(或容器)及盥洗设施等临时设施。临时设施所用建筑材料应符合环保、消防要求。

(2)办公区和生活区应设密闭式垃圾容器。

(3)办公室内布局合理,文件资料宜归类存放,并应保持室内清洁卫生。

(4)施工企业应根据法律、法规的规定,制定施工现场的公共卫生突发事件应急预案。

(5)施工现场应配备常用药品及绷带、止血带、颈托、担架等急救器材。

(6)施工现场应设专职或兼职保洁员,负责卫生清扫和保洁。

(7)办公区和生活区应采取灭鼠、蚊、蝇、蟑螂等措施,并应定期投放和喷洒药物。

(8)施工企业应结合季节特点,做好作业人员的饮食卫生和防暑降温、防寒保暖、防煤气中毒、防疫等工作。

(9)施工现场必须建立环境卫生管理和检查制度,并应做好检查记录。

本章小结

　　建筑工程是一个高风险的行业，职业健康安全与环境管理旨在建筑工程生产活动中控制影响工作人员和其他相关人员职业健康安全的条件、因素，保护生产者的健康和安全，并考虑和避免因使用不当或其他原因给使用者造成的健康与安全危害。本章主要介绍了建筑工程职业健康安全事故的分类和处理、建筑工程安全生产管理及相关要求。

思考与练习

一、填空题

　　1. _____是指为了实现项目职业健康安全管理目标，针对危险源和风险所采取的管理活动。

　　2. 建设单位应自开工报告批准之日起_____内，将保证安全施工的措施报送建设工程所在地的县级以上人民政府建设行政主管部门或其他有关部门备案。

　　3. 按照我国《企业职工伤亡事故分类》规定，职业伤害事故分为_____类。

　　4. 根据《企业职工伤亡事故分类》规定，安全事故按伤害程度分类为_____、_____和_____。

　　5. 预警体系功能的实现主要依赖于_____和_____两大子系统作用的发挥。

　　6. 预警分析主要由_____、_____、_____和_____等工作内容组成。

　　7. 预控对策一般包括_____、_____和_____三个活动阶段。

二、不定项选择题

　　1. 影响职业健康安全的主要因素有（　　）。

　　　　A. 物的不安全状态　　　　　　　　B. 人的不安全状态

　　　　C. 环境因素　　　　　　　　　　　D. 管理缺陷

　　　　E. 机械设备的陈旧

　　2. 职业健康安全与环境管理的目的是（　　）。

　　　　A. 保护产品生产者和使用者的健康与安全以及保护生态环境

　　　　B. 保护能源和资源

　　　　C. 控制作业现场各种废弃物的污染与危害

　　　　D. 控制影响工作人员以及其他人员的健康安全的条件和因素

　　3. 国家规定特大伤亡事故是指一次死亡（　　）的安全事故。

　　　　A. 10 人以上(含 10 人)　　　　　　B. 20 人以上

　　　　C. 30 人以上　　　　　　　　　　　D. 50 人以上

　　4. 按照国家规定，如果发生一次安全事故死亡 14 人属于（　　）。

　　　　A. 大事故　　　　　B. 重大事故　　　　　C. 伤亡事故　　　　　D. 特大伤亡事故

5. 安全事故处理的"四不放过"原则包括(   )。

A. 事故原因未查明不放过 B. 事故责任者和员工未受到教育不放过

C. 事故责任者未处理不放过 D. 整改措施未落实不放过

E. 安全制度不落实不放过

6. 预警体系建立的原则是(   )。

A. 及时性 B. 全面性

C. 高效性 D. 客观性

E. 突发性

三、简答题

1. 简述预警分析和预控对策的关系。

2. 建设单位的安全责任有哪些?

3. 总承包单位和分包单位的安全责任有哪些?

4. 施工现场质量检查的方法主要有哪些?

5. 建筑工程项目对环境保护的基本要求有哪些?

第八章 建筑工程项目合同管理

知识目标

1. 了解合同、合同法、建筑工程施工合同的概念、分类、内容；熟悉施工合同示范文本及合同文件；掌握建筑工程施工合同的实施控制、施工合同的变更、施工合同的终止、施工合同争议等。

2. 了解施工索赔的概念、特征；熟悉施工索赔的原因、分类；掌握施工索赔的程序。

3. 了解反索赔的概念、种类；熟悉反索赔的内容、工作步骤、反驳索赔报告。

能力目标

1. 具备施工合同中进度控制、质量控制、投资控制的能力。
2. 能够正确处理施工合同变更、终止和争议解决。
3. 具备施工索赔和反索赔的能力。

第一节 建筑工程项目合同基础

一、合同

1. 合同的概念

合同是指当事人或当事双方之间设立、变更、终止民事关系的协议。依法成立的合同，受法律保护。合同的含义非常广泛，广义的合同泛指所有法律部门中确定权利、义务关系的协议；狭义的合同指一切民事合同。

2. 合同的分类

在市场经济活动中，交易的形式多种多样，合同的种类也各不相同。

(1)按表现形式不同，合同可分为书面合同、口头合同和默示合同。

(2)按给付内容和性质不同，合同可分为转移财产合同、完成合同和提供服务合同。

(3)按当事人是否相互负有义务，合同可分为双务合同和单务合同。

(4)按当事人之间的权利、义务关系是否存在着对价关系，合同可分为有偿合同和无偿合同。

(5)按合同成立是否以交付标的物为必要条件，合同可分为诺成合同与要务合同。

(6)按相互之间的从属关系，合同可分为主合同和从合同。

(7)按法律对合同形成是否有特别要求划分，合同可分为要式合同和不要式合同。

3. 合同的订立

(1)要约。要约是希望和他人订立合同的意思表示，即一方当事人以缔结合同为目的，向对方当事人提出合同条件，希望对方当事人接受的意思表示。构成要约必须具备以下条件：

1)必须是特定人所为的意思表示。

2)必须向相对人发出。

3)要约内容应具体确定。

4)要约必须具有缔约目的。

(2)承诺。承诺是指受约人同意接受要约的全部条件的意思表示。承诺的法律效力在于要约一经受约人承诺并送达要约人，合同便宣告成立。承诺必须具备以下条件才能产生法律效力：

1)承诺必须是受约人发出。

2)承诺应在确定的期限或合理的期限内送达要约人。

3)承诺是对要约的同意，其同意内容必须与要约内容完全一致，不得限制、扩张或者变更要约内容，否则不构成承诺。

中华人民共和国
合同法

二、合同法

1. 合同法的含义

合同法有两层含义：广义上的合同法是指根据法律的实质内容，调整合同关系的所特有的法律法规的总称；狭义上的合同法是指基本法律法规的表现形式，即由立法机关制定的，如我国 1999 年 3 月 15 日通过的《中华人民共和国合同法》(以下简称《合同法》)。

2. 合同法的基市原则

(1)平等原则，也就是签合同的双方都要在平等情况下进行，并履行和遵守平等的义务和权利。

(2)自愿原则，也就是在双方签合同的时候，是在双方都愿意的情况下进行的。

(3)公平原则，也就是签合同的双方要公平相处，不得欺诈和违约。

(4)诚信原则，也就是在签合同的时候，双方都要以诚信相待，不得存在违背职业道德的行为。

(5)遵守法律和公共秩序原则，也就是在签合同的时候，双方的合同条款等不得违背法律和公共秩序。

三、合同法律关系

1. 合同法律关系的概念

法律关系是指人与人之间的社会关系为法律法规调整时形成的权利和义务关系，即法律上的社会关系。

2. 合同法律关系的主体

合同法律关系的主体是指合同法律关系的参加者或当事人，即参加合同法律关系，依法享有权利、承担义务的当事人。合同法律关系的主体包括国家机关、法人、其他社会组织、个体工商户、农村承包经营户、公民等。

3. 合同法律关系的客体

合同法律关系的客体是指法律关系的权利和义务所指向的对象。法律关系的客体包括物、行为和智力成果等。

4. 合同法律关系的内容

合同法律关系的内容是指债权人的权利和债务人的义务，即合同债权和合同债务。

(1)合同债权。合同债权又称为合同权利，是债权人依据法律规定和合同约定而享有的，要求债务人给付的权利。合同债权人主要有以下几方面的权利：

1)请求债务人履行的权利，即债权人有权要求债务人按照法律的规定和合同的约定履行其义务。

2)请求权。请求权又称为请求保护债权的权利，即债务人不履行或未正确履行债务时，债权人有权请求法院予以保护，强制债务人履行债务或承担违约责任。

3)接受履行的权利，当债务人履行债务时，债权人接受并永久保持因履行所得的利益。

4)处分合同债务的权利，即债权人具备决定债权命运的权利。

(2)合同债务。合同债务又称为合同义务，是指债务人根据合同规定和合同约定向债权人履行给付有关的其他行为的义务。

5. 合同法律关系三要素之间的关系

主体是客体的占有者、支配者和行为的实施者，客体是主体合同债权、债务指向的目标，内容是连接主体和客体之间的纽带，三者缺一不可，共同构成合同法律关系。

四、建筑工程合同

1. 建筑工程合同的概念

建筑工程合同又称为工程项目合同，其是指承包人进行工程建设，业主支付相应价款的合同。建筑工程合同实际上是一类特殊的加工承揽合同，只是因为建筑工程一般具有投资大、回收期长、风险大等特点，在合同的履行和管理中有较大的特殊性，涉及的法律问题比一般的承揽合同要复杂得多，因此，《合同法》将建筑工程合同从加工承揽合同中分离出来，单独进行规定。建筑工程合同包括工程勘察、设计、施工合同。双方当事人应当在合同中明确各自的权利义务，但合同的主要内容是承包人进行工程建设，发包人支付工程款。建筑工程实行监理的，发包人也应当与监理人采用书面形式订立委托监理合同。

建筑工程合同是一种诺成合同，合同订立生效后双方应当严格履行。同时，建筑工程合同也是一种双务、有偿合同，当事人双方在合同中都有各自的权利和义务，在享有权利的同时必须履行义务。

2. 建筑工程合同的特点

(1)建筑工程合同主体的严格性。建筑工程合同主体一般只能是法人。发包人一般只能是经过批准进行工程项目建设的法人，必须有国家批准的建筑项目，落实投资计划，并且应当具备相应的协调能力；承包人则必须具备法人资格，而且应当具备相应的勘察设计、施工等资质。无营业执照或无承包资质的单位不能作为建筑工程合同的主体，资质等级低的单位不能越级承包建筑工程。

（2）建筑工程合同履行期限的长期性。建筑工程由于结构复杂、体积庞大、建筑材料类型多、工作量大，使得合同履行期限都较长。而且，建筑工程合同的订立和履行一般都需要较长的准备期，在合同的履行过程中，还可能因为不可抗力、工程变更、材料供应不及时等原因而导致合同期限顺延。这些情况决定了建筑工程合同的履行期限具有长期性。

（3）建筑工程合同形式的特殊性。一个建筑工程涉及业主、勘察设计单位、施工单位、监理单位、材料设备供应商等多个单位。各单位之间的经济法律关系非常复杂，一旦出现工程法律责任，往往属于连带责任。所以，建筑工程合同应当采用书面形式，并且为法定式合同，这是由建筑工程合同履行的特点所决定的。

（4）投资计划和程序的严格性。由于工程建设对国家的经济发展、人们的工作和生活都具有重大的影响，因此，国家对工程建设在投资和程序上均有严格的管理制度。订立建筑工程合同必须以国家批准的投资计划为前提，即使是国家投资以外的以其他方式筹集的投资也要受到当年的贷款规模和批准限额的限制，纳入当年投资规模的范畴，并经过严格的审批程序。建筑合同的订立和履行，还必须遵守国家关于建设程序的规定。

（5）合同的多变性与风险性。由于工程项目投资大，周期长，在建设过程中受地区、环境、气候、地质、政治、经济及市场等各种因素变化的影响比较大，在项目实施过程中经常出现设计变更及进度计划的修改，以及合同某些条款的变更。因此，在项目管理中，要有专人及时做好设计或施工变更洽谈记录，明确因变更而产生的经济责任，并妥善保存好相关资料，作为索赔、变更或终止合同的依据。建设工程合同的风险相对一般合同来说要大得多，在合同签订、变更以及履行的过程中，要慎重分析研究各种风险因素，做好风险管理工作。

3. 建筑工程合同的类型

（1）按建筑工程合同的任务分类。

1）勘察设计合同。建筑项目勘察设计合同是指业主与勘察设计单位为完成一定的勘察设计任务，明确双方权利义务关系而达成的协议。

2）施工合同。施工合同是指建筑工程承包合同，它是建设项目的主要合同。施工合同具体是指具有一定资格的业主（业主或总承包单位）与承包人（施工单位或分包单位）为完成建筑工程的施工任务，明确双方权利义务关系而达成的协议。

3）监理合同。监理合同是指业主（委托方）与监理咨询单位为完成某一工程项目的监理服务，规定并明确双方的权利、义务和责任关系而达成的协议。建筑工程委托监理合同是指委托人与监理人对工程建设参与者的行为进行监督、控制、督促、评价和管理而达成的协议。监理合同的主要内容包括监理的范围和内容、双方的权利与义务、监理费的计取与支付、违约责任、双方约定的其他事项等。

4）物资采购合同。建筑项目物资采购合同是指具有平等民事主体的法人与其他经济组织之间为实现建设物资的买卖，通过平等协商，明确相互权利义务关系而达成的协议。它实质上是一种买卖合同。

（2）按承发包的工程形式分类。

按承发包的不同范围和数量进行划分，建筑工程合同可以分为建筑工程总承包合同、建筑工程承包合同、建筑工程分包合同。发包人将工程建设的全过程发包给一个承包人的合同为建筑工程总承包合同。发包人将建筑工程的勘察、设计、施工等的每一项分别发包给一个承包人的合同为建筑工程承包合同。经合同约定和发包人认可，从工程承包人承包的工程中承包部分工程而订立的合同为建筑工程分包合同。

（3）按承包工程计价方式分类。

1）总价合同。

①固定总价合同。合同双方以招标时的图纸和工程量等说明为依据，承包人按投标时业主接受的合同价格承包实施，并一笔包死。当采用这种合同形式时，承包人要考虑承担合同履行过程中的主要风险，因此，投标报价一般较高。

②可调整总价合同。与固定总价合同基本相同，但合同期较长（一年以上），只是在固定总价合同的基础上，增加合同履行过程中因市场价格浮动等因素对承包价格调整的条款。

③固定工程量总价合同。在工程量报价单内，业主按单位工程及分项工作内容列出实施工程量，承包人分别填报各项内容的费用单价，然后再汇总算出总价，并据以签订合同。合同内原定工作内容全部完成后，业主按总价支付给承包人全部费用。

2）单价合同。单价合同是指承包人按工程量报价单内分项工程内容填报单价，以实际完成工程量乘以所报单价计算结算款的合同。承包人所填报的单价应为包括各种摊销费用的综合单价，而非费用单价。

①估计工程量单价合同。承包人在投标时以工程量报价单中开列的工作内容和估计工程量填报相应的单价后，累计计算合同价，此时的单价应为计算各种摊销费用后的综合单价，即成品价，不再包括其他费用项目；合同履行过程中以实际完成工程量乘以单价作为支付和结算依据，合同双方较为合理地分担了合同履行过程中的风险。

②纯单价合同。采用纯单价合同往往会引起结算过程中的麻烦，甚至导致合同争议。

③单价与包干混合合同。这种合同是总价合同与单价合同的一种结合形式。对内容简单、工程量准确的部分，采用总价合同方式承包；对技术复杂、工程量为估算值的部分采用单价合同方式承包。

3）成本加酬金合同。成本加酬金合同将工程项目的实际投资划分为直接成本费和承包人完成工作后应得酬金两部分。实施过程中发生的直接成本费由业主实报实销，另按合同约定的方式付给承包人相应的报酬。成本加酬金合同大多适用于边设计边施工的紧急工程或灾后修复工程，以议标方式与承包人签订合同。由于在签订合同时，业主还提供不出可供承包人准确报价的详细资料，因此，合同内只能采用商定酬金的计算方法。按照酬金的计算方式不同，成本加酬金合同又可分为成本加固定百分比酬金合同、成本加固定酬金合同、成本加浮动酬金合同及目标成本加奖罚合同等四种类型。

第二节　建筑工程施工合同

一、施工合同

（一）施工合同的概念

工程施工合同是发包人（建设单位或总包单位）和承包人（施工单位）之间，为完成商定的建筑安装工程，明确相互权利义务关系的协议。承发包双方签订施工合同，必须具备相应资质条件和履行施工合同的能力。对合同范围内的工程在实施建设时，发包人必须具备组织协调能力或委托给具备相应资质的监理单位承担；承包人必须具备有关部门核定的资质等级并持有营业执照等证明文件。依据施工合同，承包人应完成发包人交给的建筑安装工程任务，发包人应按合同规定提供必需的施工条件并支付工程价款。建设工程施工合同是建设工程的主要合同，是工程建设质量控制、进度控制、投资控制的主要依据。

(二)施工合同订立的条件

签订施工合同必须具备以下条件：

(1)初步设计已经批准。

(2)工程项目已列入年度建设计划。

(3)有能够满足施工需要的设计文件和有关技术资料。

(4)建设资金和主要建筑材料、设备来源已经落实。

(5)对于招标投标工程，中标通知书已经下达。

(6)建筑场地、水源、电源、气源及运输道路已具备或在开工前完成等。

只有具备上述条件，施工合同才具有有效性，并能保证合同双方都能正确履行合同，以免在实施过程中引起不必要的违约和纠纷，从而圆满完成合同规定的各项要求。

(三)建筑施工合同的特点

1. 施工合同标的物的特殊性

施工合同的"标的物"是特定的各类建筑产品，不同于其他一般商品，其标的物的特殊性主要表现在以下几个方面：

(1)建筑产品的固定性(不动产)和施工生产的流动性，是其区别于其他商品的根本特征。

(2)由于建筑产品各有其特定的功能要求，其实物形态千差万别，种类繁多，这也就形成了建筑产品的个体性和生产的单件性。

(3)建筑产品体积庞大，消耗的人力、物力、财力多，一次性投资额大。

施工合同"标的物"的这些特点，必然会在施工合同中表现出来，使得施工合同在明确"标的物"时，不能像其他合同只简单地写明名称、规格、质量就可以了，而需要将建筑产品的幢数、面积、层数或高度、结构特征、内外装饰标准和设备安装要求等一一规定清楚。

2. 施工合同履行期限的长期性

由于建筑产品体积大、结构复杂、施工周期长，施工工期少则几个月，多则几年甚至十几年，在合同实施过程中的不确定影响因素多，受外界自然条件影响大，故合同双方承担的风险较高。当主观和客观情况变化时，就有可能造成施工合同的变化。因此，施工合同的变更较频繁，施工合同争议和纠纷也比较多。

3. 施工合同内容条款的多样性

由于建筑工程本身的特殊性和施工生产的复杂性，决定了施工合同必须有很多条款。施工合同一般应具备以下主要内容：

(1)工程名称、地点、范围、内容，工程价款及开、竣工日期。

(2)双方的权利、义务和一般责任。

(3)施工组织设计的编制要求和工期调整的处置办法。

(4)工程质量要求、检验与验收方法。

(5)合同价款调整与支付方式。

(6)材料、设备的供应方式与质量标准。

(7)设计变更。

(8)竣工条件与结算方式。

(9)违约责任与处置办法。

(10)争议解决方式。

(11)安全生产防护措施等。

此外，索赔、专利技术使用、发现地下障碍物和文物、工程分包、不可抗力、工程保险、合同生效与终止等也是施工合同的重要内容。

4. 施工合同涉及面的广泛性

签订施工合同，首先必须遵守国家的法律法规和国家、行业标准，还有政府部门的规定和管理办法，如地方法规；另外，定额及相应预算价格、取费标准、调价办法等也是签订施工合同要涉及的内容。因此，承、发包双方要熟悉和掌握与施工合同相关的法律、法规和各种规定。此外，施工合同在履行过程中，不仅仅是建设单位和施工单位两方面的事，还涉及监理单位、施工单位的分包商、材料设备供应商、保险公司、保证单位等众多参与方。施工合同监督管理会涉及工商行政管理部门、建设主管部门、合同双方的上级主管部门以及负责拨付工程款的银行、解决合同纠纷的仲裁机关或人民法院，还有税务部门、审计部门及合同公证机关等机构和部门。施工合同的这些特点，使得施工合同无论在合同文本结构，还是合同内容上，都要反映其特点，符合工程项目建设客观规律的内在要求，以保护施工合同当事人的合法权益，促使当事人严格履行自己的义务和职责，提高工程项目的社会效益和经济效益。

(四)施工合同的作用

在社会主义市场经济条件下，施工合同的作用日益明显和重要，主要表现在以下四个方面。

1. 培育、发展和完善建筑市场的需要

随着社会主义市场经济新体制的建立，建设单位和施工单位将逐渐成为建筑市场的合格主体。对建设项目实行真正的业主负责制，让施工企业参与市场的公平竞争。在建筑商品交换过程中，双方都要利用合同这一法律形式，明确规定各方的权利和义务，以最大限度地实现自己的经济目的和经济效益。建筑工程合同的依法签订和全面履行，是建立一个完善的建筑市场最基本的条件。因此，搞好和强化施工合同管理，对纠正目前建筑市场存在的某些混乱现象，维护建筑市场正常秩序，培育和发展建筑市场具有重要的保证作用。

2. 政府转变职能的需要

在企业转换经营机制、建立现代企业制度的进程中，随着政企分开和政府职能的转变，政府不再直接管理企业，企业行为将主要靠合同来约束和保证，建筑市场主体之间的关系也将主要靠合同确定和调整。因此，施工合同的管理将成为政府管理市场的一项主要内容。保证施工合同的全面、正确履行，就保护了承、发包双方的合法权益，保证了建筑市场的正常秩序，也就保证了建设工程的质量、工期和效益。

3. 推行工程建设监理制的需要

工程建设监理是我国建设管理体制改革深化和参照国际惯例组织工程建设的需要，是

在我国建设领域推行的一项科学管理制度。其旨在改进我国工程建设项目管理体制，提高工程项目建设水平和投资效益。这项制度现已在全国范围内推行。工程建设监理的依据主要是国家关于工程建设的法律、政策、法规，政府批准的建设计划、规划，设计文件以及依法订立的工程承包合同。国内外实践经验表明，工程建设监理的主要依据是合同。监理工程师在工程建设监理过程中要做到坚持按合同办事，坚持按规范办事，坚持按程序办事。监理工程师必须根据合同秉公办事，监督业主和承包人都履行各自的合同义务。因此，承、发包双方签订一个内容合法，条款公平、完备，适应建设监理要求的施工合同是监理工程师实施公正监理的根本前提条件，也是推行工程建设监理制的内在要求。

4. 企业编制计划、组织生产经营的需要

在社会主义的市场经济条件下，建筑企业将主要通过招标投标活动，参与市场竞争，承揽工程任务，获取工程项目的承包权。因此，建筑工程合同是企业编制计划、组织生产经营的重要依据，是实行经济责任和推行项目经理负责制，加强企业经济核算、提高经济效益的法律保证。建筑企业将通过签订施工合同，落实全年任务，明确施工目标，并制订经营计划，优化配置资源，组织项目实施。因此，强化合同管理，对于提高企业素质、保证建设工程质量、提高经济效益都具有十分重要的作用。

(五)施工合同订立的原则

1. 合同第一性原则

在市场经济中，合同是双方当事人经过协商达成的协议，签订合同是双方当事人的民事行为。在合同所限定的经济活动中，合同是第一位的。作为双方的最高行为准则，合同限定和调节着双方的义务和权利。任何工程问题和争议首先都要按照合同解决，只有当法律判定合同无效，或争议超过合同范围时才按法律解决。所以，在工程中，合同具有法律上的最高优先地位。

2. 平等原则

合同当事人法律地位一律平等，一方不得将自己的意志强加给另一方，各方应在权利义务对等的基础上订立合同。

3. 自愿原则

自愿原则是《合同法》重要的基本原则，是市场经济的基本原则之一，也是一般国家的法律准则。自愿原则体现了签订合同作为民事活动的基本特征。

4. 诚实信用原则

《合同法》规定，当事人行使权利、履行义务应当遵循诚实信用原则。当事人应当诚实守信，善意地行使权利、履行义务，不得有欺诈等恶意行为。在法律、合同未做规定或规定不清的情况下，要依据诚实信用原则来解释法律和合同，来平衡当事人之间的利益关系。

5. 自由原则

合同自由是市场经济运行的基本原则之一，也是一般国家的法律准则。合同自由体现在以下几个方面：

(1)合同签订前，双方当事人在平等自由的条件下进行商讨。双方自由表达意见，自己决定签订与否，自己对自己的行为负责。任何人不得对对方进行胁迫，利用暴力或其他手段签订违背对方意愿的合同。

(2)合同自由构成。合同的形式、内容、范围由双方商定，合同的签订、修改、变更、补充、解释以及合同争执等均由双方商定，只要双方一致同意即可，他人不得随便干预。

6. 守法原则

合同的签订、执行绝不仅仅是当事人之间的事情，它可能会涉及社会公共利益和社会经济秩序。因此，遵守法律、行政法规，不得损害社会公共利益是《合同法》的重要原则。

7. 公平、风险均担原则

《合同法》规定当事人在确定各方的权利和义务时应当遵循公平原则。任何当事人不得滥用权力，不得在合同中规定显失公平的内容，要根据公平原则确定风险的承担，确定违约责任的承担。

二、施工合同示范文本及合同文件

(一)施工合同示范文本的组成

1.《建设工程施工合同(示范文市)》的组成

《建设工程施工合同(示范文本)》(GF—2017—0201)(以下简称《示范文本》)由合同协议书、通用合同条款和专用合同条款三部分组成。其中，合同协议书附有《承包人承揽工程项目一览表》附件；专用合同条款附有《发包人供应材料设备一览表》《工程质量保修书》《主要建设工程文件目录》《承包人用于本工程施工的机械设备表》《承包人主要施工管理人员表》《分包人主要施工管理人员表》《履约担保格式》《预付款担保格式》《支付担保格式》《暂估价一览表》共 10 个附件。

《示范文本》合同协议书是纲领性文件，共计 13 条，主要包括：工程概况、合同工期、质量标准、签约合同价和合同价格形式、项目经理、合同文件构成、承诺以及合同生效等重要内容。虽然协议书的文字量并不大，但它集中约定了合同当事人基本的合同权利义务，经合同当事人在这份文件上签字盖章，就对双方当事人产生法律约束力，而且在所有施工合同文件组成中，它具有最优的解释效力。

通用合同条款是合同当事人根据《建筑法》《合同法》等法律法规的规定，就工程建设的实施及相关事项，对合同当事人的权利义务做出的原则性约定。通用合同条款共计 20 条，具体条款分别为：一般约定，发包人，承包人，监理人，工程质量，安全文明施工与环境保护，工期和进度，材料与设备，试验与检验，变更，价格调整，合同价格、计量与支付，验收和工程试车，竣工结算，缺陷责任与保修，违约，不可抗力，保险，索赔和争议解决。通用合同条款中的条款安排既考虑了现行法律法规对工程建设的有关要求，也考虑了建设工程施工管理的特殊需要。

专用合同条款是对通用合同条款原则性约定的细化、完善、补充、修改或另行约定的条款。合同当事人可以根据不同建设工程的特点及具体情况，通过双方的谈判、协商对相应的专用合同条款进行修改补充。在使用专用合同条款时，应注意以下事项：

(1)专用合同条款的编号应与相应的通用合同条款的编号一致。

(2)合同当事人可以通过对专用合同条款的修改，满足具体建设工程的特殊要求，避免直接修改通用合同条款。

(3)在专用合同条款中有横道线的地方，合同当事人可针对相应的通用合同条款进行细化、完善、补充、修改或另行约定；如无细化、完善、补充、修改或另行约定，则填写"无"或画"/"。

文本的附件则是对施工合同当事人的权利、义务的进一步明确，并且使得施工合同当事人的有关工作一目了然，便于执行和管理。

2. 施工合同文件的构成及解释顺序

组成合同的各项文件应互相解释，互为说明。除专用合同条款另有约定外，解释合同文件的优先顺序如下：

(1)合同协议书。

(2)中标通知书(如果有)。

(3)投标函及其附录(如果有)。

(4)专用合同条款及其附件。

(5)通用合同条款。

(6)技术标准和要求。

(7)图纸。

(8)已标价工程量清单或预算书。

(9)其他合同文件。

建设工程施工合同
(示范文本)
(GF—2017—0201)

上述各项合同文件包括合同当事人就该项合同文件所做出的补充和修改，属于同一类内容的文件，应以最新签署的为准。

在合同订立及履行过程中形成的与合同有关的文件均构成合同文件组成部分，并根据其性质确定优先解释顺序。

(二)施工合同双方的义务

《示范文本》中的合同当事人是指发包人和(或)承包人。在具体合同的签订和语言交流过程中，习惯上把发包方简称为甲方，把承包方简称为乙方。在实行工程监理的建设工程项目中，除甲、乙方之外还有监理人存在。监理人是指在专用合同条款中指明的，受发包人委托按照法律规定进行工程监督管理的法人或其他组织。

1. 发包人

发包人是指与承包人签订合同协议书的当事人及取得该当事人资格的合法继承人。发包人应遵守法律，并办理法律规定由其办理的许可、批准或备案，包括但不限于建设用地规划许可证，建设工程规划许可证，建设工程施工许可证，施工所需临时用水、临时用电、中断道路交通、临时占用土地等许可和批准。发包人应协助承包人办理法律规定的有关施工证件和批件。因发包人原因未能及时办理完毕前述许可、批准或备案，由发包人承担由此增加的费用和(或)延误的工期，并支付承包人合理的利润。

(1)发包人代表。发包人应在专用合同条款中明确其派驻施工现场的发包人代表的姓名、职务、联系方式及授权范围等事项。发包人代表在发包人的授权范围内，负责处理合同履行过程中与发包人有关的具体事宜。发包人代表在授权范围内的行为由发包人承担法律责任。发包人更换发包人代表的，应提前7天书面通知承包人。发包人代表不能按照合同约定履行其职责及义务，并导致合同无法继续正常履行的，承包人可以要求发包人撤换发包人代表。不属于法定必须监理的工程，监理人的职权可以由发包人代表或发包人指定的其他人员行使。

(2)发包人人员。发包人应要求在施工现场的发包人人员遵守法律及有关安全、质量、环境保护、文明施工等规定，并保障承包人免于承受因发包人人员未遵守上述要求给承包人造成的损失和责任。发包人人员包括发包人代表及其他由发包人派驻施工现场的人员。

(3)施工现场、施工条件和基础资料的提供。

1)提供施工现场。除专用合同条款另有约定外，发包人应最迟于开工日期7天前向承包人移交施工现场。

2)提供施工条件。除专用合同条款另有约定外，发包人应负责提供施工所需要的条件，包括：

①将施工用水、电力、通信线路等施工所必需的条件接至施工现场内。

②保证向承包人提供正常施工所需要的进入施工现场的交通条件。

③协调处理施工现场周围地下管线和邻近建筑物、构筑物、古树名木的保护工作，并承担相关费用。

④按照专用合同条款约定应提供的其他设施和条件。

3)提供基础资料。发包人应当在移交施工现场前向承包人提供施工现场及工程施工必需的毗邻区域内供水、排水、供电、供气、供热、通信、广播电视等地下管线资料，气象和水文观测资料，地质勘察资料，相邻建筑物、构筑物和地下工程等有关基础资料，并对所提供资料的真实性、准确性和完整性负责。按照法律规定确需在开工后方能提供的基础资料，发包人应及时地在相应工程施工前的合理期限内提供，合理期限应以不影响承包人的正常施工为限。

(4)逾期提供的责任。因发包人原因未能按合同约定及时向承包人提供施工现场、施工条件、基础资料的，由发包人承担由此增加的费用和(或)延误的工期。

(5)资金来源证明及支付担保。除专用合同条款另有约定外，发包人应在收到承包人要求提供资金来源证明的书面通知后28天内，向承包人提供能够按照合同约定支付合同价款的相应资金来源证明。除专用合同条款另有约定外，发包人要求承包人提供履约担保的，发包人应当向承包人提供支付担保。支付担保可以采用银行保函或担保公司担保等形式，具体由合同当事人在专用合同条款中约定。

(6)支付合同价款。发包人应按合同约定向承包人及时支付合同价款。

(7)组织竣工验收。发包人应按合同约定及时组织竣工验收。

(8)现场统一管理协议。发包人应与承包人、由发包人直接发包的专业工程的承包人签订施工现场统一管理协议，明确各方的权利和义务。施工现场统一管理协议作为专用合同条款的附件。

2. 承包人

承包人是指与发包人签订合同协议书的，具有相应工程施工承包资质的当事人及取得该当事人资格的合法继承人。承包人在履行合同过程中应遵守法律和工程建设标准规范，并履行以下义务：

(1)办理法律规定应由承包人办理的许可和批准，并将办理结果书面报送发包人留存。

(2)按法律规定和合同约定完成工程，并在保修期内承担保修义务。

(3)按法律规定和合同约定采取施工安全和环境保护措施，办理工伤保险，以确保工程及人员、材料、设备和设施的安全。

(4)按合同约定的工作内容和施工进度要求，编制施工组织设计和施工措施计划，并对所有施工作业和施工方法的完备性和安全可靠性负责。

（5）在进行合同约定的各项工作时，不得侵害发包人与他人使用公用道路、水源、市政管网等公共设施的权利，避免对邻近的公共设施产生干扰。承包人占用或使用他人的施工场地，影响他人作业或生活的，应承担相应责任。

（6）按照约定负责施工场地及其周边环境与生态的保护工作。

（7）按约定采取施工安全措施，以确保工程及其人员、材料、设备和设施的安全，防止因工程施工造成的人身伤害和财产损失。

（8）将发包人按合同约定支付的各项价款专用于合同工程，且应及时支付其雇用人员工资，并及时向分包人支付合同价款。

（9）按照法律规定和合同约定编制竣工资料，完成竣工资料立卷及归档，并按专用合同条款约定的竣工资料的套数、内容、时间等要求移交发包人。

（10）应履行的其他义务。

除专用合同条款另有约定外，承包人应在接到开工通知后7天内，向监理人提交承包人项目管理机构及施工现场人员安排的报告，其内容应包括合同管理、施工、技术、材料、质量、安全、财务等主要施工管理人员名单及其岗位、注册执业资格等，以及各工种技术工人的安排情况，并同时提交主要施工管理人员与承包人之间的劳动关系证明和缴纳社会保险的有效证明。

承包人派驻到施工现场的主要施工管理人员应相对稳定。施工过程中如有变动，承包人应及时向监理人提交施工现场人员变动情况的报告。承包人更换主要施工管理人员时，应提前7天书面通知监理人，并征得发包人书面同意。通知中应当载明继任人员的注册执业资格、管理经验等资料。特殊工种作业人员均应持有相应的资格证明，监理人可以随时检查。

发包人对于承包人主要施工管理人员的资格或能力有异议的，承包人应提供资料证明被质疑人员有能力完成其岗位工作或不存在发包人所质疑的情形。若发包人要求撤换不能按照合同约定履行职责及义务的主要施工管理人员，承包人应当将其撤换。承包人无正当理由拒绝撤换的，应按照专用合同条款的约定承担违约责任。

除专用合同条款另有约定外，承包人的主要施工管理人员离开施工现场每月累计不超过5天的，应报监理人同意；离开施工现场每月累计超过5天的，应通知监理人，并征得发包人书面同意。主要施工管理人员离开施工现场前应指定一名有经验的人员临时代行其职责，该人员应具备履行相应职责的资格和能力，且应征得监理人或发包人的同意。

承包人擅自更换主要施工管理人员，或前述人员未经监理人或发包人同意擅自离开施工现场的，应按照专用合同条款约定承担违约责任。

（三）监理人的规定

1. 监理人的一般规定

工程实行监理的，发包人和承包人应在专用合同条款中明确监理人的监理内容及监理权限等事项。监理人应当根据发包人授权及法律规定，代表发包人对工程施工相关事项进行检查、查验、审核、验收，并签发相关指示，但监理人无权修改合同，且无权减轻或免除合同约定的承包人的任何责任与义务。

除专用合同条款另有约定外，监理人在施工现场的办公场所、生活场所由承包人提供，所发生的费用由发包人承担。

2. 监理人员

发包人授予监理人对工程实施监理的权力由监理人派驻施工现场的监理人员行使，监理人员包括总监理工程师及监理工程师。监理人应将授权的总监理工程师和监理工程师的姓名及授权范围以书面形式提前通知承包人。若更换总监理工程师，监理人应提前7天书面通知承包人；更换其他监理人员，监理人应提前48小时书面通知承包人。

3. 监理人的指示

监理人应按照发包人的授权发出监理指示。监理人的指示应采用书面形式，并经其授权的监理人员签字。紧急情况下，为了保证施工人员的安全或避免工程受损，监理人员可以口头形式发出指示，该指示与书面形式的指示具有同等法律效力，但必须在发出口头指示后24小时内补发书面监理指示，补发的书面监理指示应与口头指示一致。

监理人发出的指示应送达承包人项目经理或经项目经理授权接收的人员。因监理人未能按合同约定发出指示、指示延误或发出了错误指示而导致承包人费用增加和(或)工期延误的，由发包人承担相应责任。除专用合同条款另有约定外，总监理工程师不应将约定应由总监理工程师做出确定的权力授权或委托给其他监理人员。

承包人对监理人发出的指示有疑问的，应向监理人提出书面异议，监理人应在48小时内对该指示予以确认、更改或撤销，监理人逾期未回复的，承包人有权拒绝执行上述指示。

监理人对承包人的任何工作、工程或其采用的材料和工程设备未在约定的或合理期限内提出意见的，视为批准，但不免除或减轻承包人对该工作、工程、材料、工程设备等应承担的责任和义务。

4. 商定或确定

合同当事人进行商定或确定时，总监理工程师应当会同合同当事人尽量通过协商达成一致；不能达成一致的，由总监理工程师按照合同约定审慎做出公正的确定。

总监理工程师应将确定以书面形式通知发包人和承包人，并附详细依据。合同当事人对总监理工程师的确定没有异议的，按照总监理工程师的确定执行。任何一方合同当事人有异议，按照合同约定处理。争议解决前，合同当事人暂按总监理工程师的确定执行；争议解决后，争议解决的结果与总监理工程师的确定不一致的，按照争议解决的结果执行，由此造成的损失由责任人承担。

三、建筑工程项目施工合同的实施

施工合同各项内容的实施主要体现在双方各自权利的实现及对各自义务的完全履行。

(一)施工合同实施的控制

在工程实施的过程中要对合同的履行情况进行跟踪与控制，并加强工程变更管理，保证合同的顺利履行。

1. 施工合同跟踪

合同签订以后，合同中各项任务的执行要落实到具体的项目经理部或具体的项目参与人员身上，承包单位作为履行合同义务的主体，必须对合同执行者(项目经理部或项目参与人)的履行情况进行跟踪、监督和控制，以确保合同义务的完全履行。

施工合同跟踪有两个方面的含义，一是承包单位的合同管理职能部门对合同执行者(项目经理部或项目参与人)的履行情况进行的跟踪、监督和检查；二是合同执行者(项目经理部或项目参与人)本身对合同计划的执行情况进行的跟踪、检查与对比。在合同实施过程中二者缺一不可。

对合同执行者而言,应该掌握合同跟踪的以下几个方面:

(1)合同跟踪的依据。首先,合同跟踪的重要依据是合同以及依据合同而编制的各种计划文件;其次,还要依据各种实际工程文件,如原始记录、报表、验收报告等;另外,还要依据管理人员对现场情况的直观了解,如现场巡视、交谈、会议、质量检查等。

(2)合同跟踪的对象。

1)承包的任务。

①工程施工的质量,包括材料、构件、制品和设备等的质量,以及施工或安装质量,是否符合合同要求等。

②工程进度,是否在预定期限内施工,工期有无延长,延长的原因是什么等。

③工程数量,是否按合同要求完成全部施工任务,有无合同规定以外的施工任务等。

④成本的增加和减少。

2)工程小组或分包人的工程和工作。可以将工程施工任务分解,交由不同的工程小组或发包给专业分包完成,工程承包人必须对这些工程小组或分包人及其所负责的工程进行跟踪检查、协调关系,提出意见、建议或警告,保证工程总体质量和进度。

对专业分包人的工作和负责的工程,总承包商负有协调和管理的责任,并承担由此造成的损失,所以,专业分包人的工作和负责的工程必须纳入总承包工程的计划和控制中,防止因分包人工程管理失误而影响全局。

3)业主和其委托的工程师的工作。

①业主是否及时、完整地提供了工程施工的实施条件,如场地、图纸、资料等。

②业主和工程师是否及时给予了指令、答复和确认等。

③业主是否及时并足额地支付了应付的工程款项。

2. 合同实施的偏差分析

通过合同跟踪,可能会发现合同实施中存在着偏差,即工程实施实际情况偏离了工程计划和工程目标,应该及时分析原因,采取措施,纠正偏差,避免损失。

合同实施偏差分析的内容包括以下几个方面:

(1)产生偏差的原因分析。通过对合同执行的实际情况与实施计划的对比分析,不仅可以发现合同实施的偏差,而且可以探索引起差异的原因。原因分析可以采用鱼刺图、因果关系分析图(表)、成本量差、价差、效率差分析等方法定性或定量地进行。

(2)合同实施偏差的责任分析。即分析产生合同偏差的原因是由谁引起的,应该由谁承担责任。责任分析必须以合同为依据,按合同规定落实双方的责任。

(3)合同实施趋势分析。针对合同实施偏差情况,可以采取不同的措施,应分析在不同措施下合同执行的结果与趋势,包括:

1)最终的工程状况,包括总工期的延误、总成本的超支、质量标准、所能达到的生产能力(或功能要求)等。

2)承包商将承担什么样的后果,如被罚款、被清算,甚至被起诉,对承包商资信、企业形象、经营战略的影响等。

3)最终工程经济效益(利润)水平。

3. 合同实施偏差处理

根据合同实施偏差分析的结果，承包商应该采取相应的调整措施，调整措施可以分为：

(1)组织措施，如增加人员投入，调整人员安排，调整工作流程和工作计划等。

(2)技术措施，如变更技术方案，采用新的高效率的施工方案等。

(3)经济措施，如增加投入，采取经济激励措施等。

(4)合同措施，如进行合同变更，签订附加协议，采取索赔手段等。

4. 工程变更管理

工程变更一般是指在工程施工过程中，根据合同约定对施工的程序、工程的内容、数量、质量要求及标准等作出的变更。

(1)工程变更的原因。工程变更一般主要有以下几个方面的原因：

1)业主新的变更指令，对建筑的新要求，如业主有新的意图、修改项目计划、削减项目预算等。

2)由于设计人员、监理方人员、承包商事先没有很好地理解业主的意图，或设计的错误，导致图纸修改。

3)工程环境的变化，预定的工程条件不准确，要求实施方案或实施计划变更。

4)由于产生新技术和知识，有必要改变原设计、原实施方案或实施计划，或由于业主指令及业主责任的原因造成承包商施工方案的改变。

5)政府部门对工程新的要求，如国家计划变化、环境保护要求、城市规划变动等。

6)由于合同实施出现问题，必须调整合同目标或修改合同条款。

(2)工程变更的范围。根据 FIDIC 施工合同条件，工程变更的内容可能包括以下几个方面：

1)改变合同中所包括的任何工作的数量。

2)改变任何工作的质量和性质。

3)改变工程任何部分的标高、基线、位置和尺寸。

4)删减任何工作，但要交与他人实施的工作除外。

5)任何永久工程需要的任何附加工作、工程设备、材料或服务。

6)改动工程的施工顺序或时间安排。根据我国《示范文本》中变更的范围，除专用合同条款另有约定外，合同履行过程中发生以下情形的，应按照《示范文本》的约定进行变更：

①增加或减少合同中任何工作，或追加额外的工作。

②取消合同中任何工作，但转由他人实施的工作除外。

③改变合同中任何工作的质量标准或其他特性。

④改变工程的基线、标高、位置和尺寸。

⑤改变工程的时间安排或实施顺序。

(3)工程变更的程序。根据统计，工程变更是索赔的主要起因。由于工程变更对工程施工过程影响很大，会造成工期的拖延和费用的增加，容易引起双方的争执，所以，要十分重视工程变更管理问题。一般工程施工承包合同中都有关于工程变更的具体规定。工程变更一般按照如下程序进行。

1)提出工程变更。根据工程实施的实际情况，承包商、业主方和设计方都可以根据需要提出工程变更。

2)工程变更的批准。承包商提出的工程变更，应该交与工程师审查并批准；由设计方提出的工程变更应该与业主协商或经业主审查并批准；由业主方提出的工程变更，涉及设计修改的应该与设计单位协商，并一般通过工程师发出。工程师具有发出工程变更通知的权力，这种权力一般会在施工合同中明确约定，通常在发出变更通知前应征得业主批准。

3)工程变更指令的发出及执行。为了避免耽误工程，工程师和承包人就变更价格和工期补偿达成一致意见之前有必要先行发布变更指示，先执行工程变更工作，然后再就变更价格和工期补偿进行协商和确定。

工程变更指示的发出有两种形式：书面形式和口头形式。一般情况下要求用书面形式发布变更指示，如果由于情况紧急而来不及发出书面指示，承包人应该根据合同规定要求工程师书面认可。

根据工程惯例，除非工程师明显超越合同权限，承包人应该无条件地执行工程变更的指示。即使工程变更价款没有确定，或者承包人对工程师答应给予付款的金额不满意，承包人也必须一边进行变更工作，一边根据合同寻求解决办法。

（4）工程变更的责任分析与补偿要求。根据工程变更的具体情况可以分析确定工程变更的责任和费用补偿。

1)由于业主要求、政府部门要求、环境变化、不可抗力、原设计错误等导致的设计修改，应该由业主承担责任。由此所造成的施工方案的变更以及工期的延长和费用的增加应该向业主索赔。

2)由于承包人的施工过程、施工方案出现错误、疏忽而导致设计的修改，应该由承包人承担责任。

3)无论施工方案的变更是否会对业主带来好处（如工期缩短、节约费用），都要经过工程师的批准。

由于承包人的施工过程、施工方案本身的缺陷而导致了施工方案的变更，由此所引起的费用增加和工期延长应该由承包人承担责任。

业主向承包人授标前（或签订合同前），可以要求承包人对施工方案进行补充、修改或作出说明，以便符合业主的要求。在授标后（或签订合同后），若业主为了加快工期、提高质量等要求变更施工方案，由此所引起的费用增加承包人可以向业主索赔。

（二）施工合同的变更

1. 施工合同变更概述

合同的变更是指合同依法成立后，在尚未履行或尚未完全履行时，当事人双方依法对合同的内容进行修订或调整所达成的协议。如对合同约定的数量、质量标准、履行期限、履行地点和履行方式等进行变更。合同变更一般不涉及已履行部分，而只对未履行的部分进行变更，因此，合同变更不能在合同完全履行后进行，只能在合同完全履行之前进行。

《合同法》规定，当事人协商一致，可以变更合同。因此，当事人变更合同的方式类似订立合同的方式，经过提议和接受两个步骤，即要求变更合同的一方首先提出建议，明确变更的内容，以及变更合同引起的后果处理。另一方当事人对变更表示接受。这样，双方当事人对合同的变更就达成了协议。一般来说，针对书面形式的合同，变更协议也应采用书面形式。应当注意的是，当事人对合同变更只是一方提议，而未达成协议时，不产生合同变更的效力；当事人对合同变更的内容约定不明确的，同样也不产生合同变更的效力。

2. 施工合同变更的原因

(1)业主的原因。如业主新的要求、业主指令错误、业主资金短缺、合同转让等。

(2)勘察设计的原因。如工程条件不准确、设计错误等。

(3)监理工程师的原因。如错误的指令等。

(4)承包人的原因。如合同执行错误、质量缺陷、工期延误等。

(5)合同的原因。如合同文件问题,必须调整合同目标或修改合同条款等。

(6)其他方面的原因。如工程环境的变化、环境保护要求、城市规划变动、不可抗力影响等。

3. 施工合同变更的内容

(1)工程量的增减。

(2)质量及特性的变化。

(3)工程标高、基线、尺寸等变更。

(4)施工顺序的改变。

(5)永久工程的删减。

(6)附加工作。

(7)设备、材料和服务的变更等。

4. 施工合同价款的变更

合同变更后,当事人应当按照变更后的合同履行。根据《合同法》规定,合同的变更仅对变更后未履行的部分有效,而对已履行的部分无溯及力。因合同的变更使当事人一方受到经济损失的,受损一方可向另一方当事人要求赔偿损失。

5. 施工合同变更责任分析

施工合同变更更多的是工程变更,它在工程索赔中所占的份额最大。工程变更的责任分析是确定相应价款变更或赔偿的重要依据。

(1)设计变更。设计变更的原因主要是项目计划、设计的深度不够,项目投资设计失误,新技术、新材料和新规范的出台,设计、施工方案错误或疏忽。设计变更的实质是对设计图纸进行补充、修改。设计变更往往会引起工程量的增减、工程分项的增加或删除、工程质量和进度的变化、施工方案的变化。

(2)施工方案变更。承包人承担由于自身原因而修改施工方案的责任。重大的设计变更常常会导致施工方案的变更。如果设计变更由业主承担责任,则相应的施工方案的变更也由业主负责;反之,则由承包人负责。对不利的异常地质条件引起的施工方案的变更,一般应由业主承担。在工程中,承包人采用或修改施工方案都要经业主(或监理工程师)批准。

6. 施工合同变更程序

(1)发包人提出变更。发包人提出变更的,应通过监理人向承包人发出变更指示,变更指示应说明计划变更的工程范围和变更的内容。

(2)监理人提出变更建议。监理人提出变更建议的,需要向发包人以书面形式提出变更计划,说明计划变更工程的范围和变更的内容、理由,以及实施该变更对合同价格和工期的影响。发包人同意变更的,由监理人向承包人发出变更指示。发包人不同意变更的,监理人无权擅自发出变更指示。

（3）变更执行。承包人收到监理人下达的变更指示后，认为不能执行的，应立即提出不能执行该变更指示的理由。承包人认为可以执行变更的，应当书面说明实施该变更指示对合同价格和工期的影响，且合同当事人应当按照约定确定变更估价。

（4）变更估价。

1）变更估价原则。除专用合同条款另有约定外，变更估价按照以下约定处理：

①已标价工程量清单或预算书有相同项目的，按照相同项目单价认定。

②已标价工程量清单或预算书中无相同项目，但有类似项目的，参照类似项目的单价认定。

③变更导致实际完成的变更工程量与已标价工程量清单或预算书中列明的该项目工程量的变化幅度超过15%的，或已标价工程量清单或预算书中无相同项目及类似项目单价的，按照合理的成本与利润构成的原则，由合同当事人按照约定确定变更工作的单价。

2）变更估价程序。承包人应在收到变更指示后14天内，向监理人提交变更估价申请。监理人应在收到承包人提交的变更估价申请后7天内审查完毕并报送发包人；若监理人对变更估价申请有异议，则应通知承包人修改后重新提交。发包人应在承包人提交变更估价申请后14天内审批完毕。发包人逾期未完成审批或未提出异议的，视为认可承包人提交的变更估价申请。因变更引起的价格调整应计入最近一期的进度款中支付。

（5）承包人的合理化建议。承包人提出合理化建议的，应向监理人提交合理化建议说明，说明建议的内容和理由，以及实施该建议对合同价格和工期的影响。

除专用合同条款另有约定外，监理人应在收到承包人提交的合理化建议后7天内审查完毕并报送发包人，若发现其中存在技术上的缺陷，应通知承包人修改。发包人应在收到监理人报送的合理化建议后7天内审批完毕。合理化建议经发包人批准的，监理人应及时发出变更指示，由此引起的合同价格调整按照约定执行。发包人不同意变更的，监理人应书面通知承包人。合理化建议降低了合同价格或者提高了工程经济效益的，发包人可对承包人给予奖励，奖励的方法和金额在专用合同条款中约定。

（6）变更引起的工期调整。因变更引起工期变化的，合同当事人均可要求调整合同工期，由合同当事人商定或确定并参考工程所在地的工期定额标准确定增减工期天数。

（7）暂估价。暂估价专业分包工程、服务、材料和工程设备的明细由合同当事人在专用合同条款中约定。

1）依法必须招标的暂估价项目。对于依法必须招标的暂估价项目，采取以下方式中的第一种方式确定。合同当事人也可以在专用合同条款中选择其他招标方式。

第一种方式：对于依法必须招标的暂估价项目，由承包人招标，对该暂估价项目的确认和批准按照以下约定执行：

①承包人应当根据施工进度计划，在招标工作启动前14天将招标方案通过监理人报送给发包人审查，发包人应当在收到承包人报送的招标方案后7天内批准或提出修改意见。承包人应当按照经过发包人批准的招标方案开展招标工作。

②承包人应当根据施工进度计划，提前14天将招标文件通过监理人报送发包人审批，发包人应当在收到承包人报送的相关文件后7天内完成审批或提出修改意见；发包人有权确定招标控制价并按照法律规定参加评标。

③承包人与供应商、分包人在签订暂估价合同前，应当提前7天将确定的中标候选供

应商或中标候选分包人的资料报送发包人，发包人应在收到资料后 3 天内与承包人共同确定中标人；承包人应当在签订合同后 7 天内，将暂估价合同副本报送发包人留存。

第二种方式：对于依法必须招标的暂估价项目，由发包人和承包人共同招标确定暂估价供应商或分包人的，承包人应按照施工进度计划，在招标工作启动前 14 天通知发包人，并提交暂估价招标方案和工作分工。发包人应在收到后 7 天内确认。确定中标人后，由发包人、承包人与中标人共同签订暂估价合同。

2)不属于依法必须招标的暂估价项目。除专用合同条款另有约定外，对于不属于依法必须招标的暂估价项目，采取以下方式中的第一种方式确定。

第一种方式：对于不属于依法必须招标的暂估价项目，按以下约定确认和批准：

①承包人应根据施工进度计划，在签订暂估价项目的采购合同、分包合同前 28 天向监理人提出书面申请。监理人应当在收到申请后 3 天内报送发包人，发包人应当在收到申请后 14 天内给予批准或提出修改意见，发包人逾期未予批准或提出修改意见的，视为该书面申请已获得同意。

②发包人认为承包人确定的供应商、分包人无法满足工程质量或合同要求的，发包人可以要求承包人重新确定暂估价项目的供应商、分包人。

③承包人应当在签订暂估价合同后 7 天内，将暂估价合同副本报送发包人留存。

第二种方式：承包人按照"依法必须招标的暂估价项目"约定的第一种方式确定暂估价项目。

第三种方式：承包人直接实施的暂估价项目。

承包人具备实施暂估价项目的资格和条件的，经发包人和承包人协商一致后，可由承包人自行实施暂估价项目，合同当事人可以在专用合同条款中约定具体事项。

3)因发包人原因导致暂估价合同订立和履行延迟的，由此增加的费用和(或)延误的工期由发包人承担，并支付承包人合理的利润。因承包人原因导致暂估价合同订立和履行延迟的，由此增加的费用和(或)延误的工期由承包人承担。

(8)暂列金额。暂列金额应按照发包人的要求使用，发包人的要求应通过监理人发出。合同当事人可以在专用合同条款中协商确定有关事项。

(9)计日工。需要采用计日工方式的，经发包人同意后，由监理人通知承包人以计日工计价方式实施相应的工作，其价款按列入已标价工程量清单或预算书中的计日工计价项目及其单价进行计算。已标价工程量清单或预算书中无相应的计日工单价的，按照合理的成本与利润构成的原则，由合同当事人按照约定确定变更工作的单价。

采用计日工计价的任何一项工作，承包人应在该项工作实施过程中，每天提交以下报表和有关凭证报送监理人审查：

1)工作名称、内容和数量。

2)投入该工作的所有人员的姓名、专业、工种、级别和耗用工时。

3)投入该工作的材料类别和数量。

4)投入该工作的施工设备型号、台数和耗用台时。

5)其他有关资料和凭证。

计日工由承包人汇总后，列入最近一期进度付款申请单，由监理人审查并经发包人批准后列入进度付款。

(三)施工合同的终止

1. 施工合同终止的概念

合同终止是指合同效力归于消灭,合同中的权利义务对双方当事人不再具有法律拘束力。在合同终止后,权利义务的主体虽不复存在,但一些附随义务依然存在。

此外,合同终止后有些内容具有独立性,并不因合同的终止而失去效力。《合同法》规定:合同无效被撤销或者终止的,不影响合同中独立存在的有关解决争议方法的条款的效力。合同权利义务终止,不影响合同中结算和清理条款的效力。

2. 施工合同终止的原因

(1)因合同已按照约定履行完毕而终止。合同生效后,当事人双方按照约定履行自己的义务,实现了自己的全部权利,则订立合同的目的已经实现,合同确立的权利义务关系消灭,合同因此而终止,即自然终止。

(2)因合同解除而终止。在合同生效后,当事人一方不得擅自解除合同。但在履行过程中,有时会产生某些特定情况,应当允许解除合同。《合同法》规定合同解除有两种情况:

1)法定解除。合同成立后,在没有履行或者没有完全履行以前,当事人一方可以行使法定解除权使合同终止。为了防止解除权的滥用,《合同法》规定了十分严格的条件和程序。有下列情形之一的,当事人可以解除合同:

①因不可抗力致使不能实现合同目的。

②在履行期限届满之前,当事人一方明确表示或者以自己的行为表示不履行主要债务。

③当事人一方迟延履行债务或者有其他违约行为致使不能实现合同目的。

④当事人一方迟延履行主要债务,经催告后在合理期限内仍未履行。

⑤法律规定的其他情形。

2)协议解除。当事人双方通过协议可以解除原合同规定的权利和义务关系。

(3)法律规定的其他情形。合同权利义务终止的情形不限于以上几种,如时效法律等有规定的情况也可能导致合同终止。

(四)施工合同争议

1. 常见的合同争议

实践中,工程施工合同中常见的争议有以下几个方面:

(1)工程价款支付主体争议。施工企业被拖欠巨额工程款已成为整个工程建设领域中屡见不鲜的"正常事",往往出现工程的发包人并非工程真正的建设单位、并非工程的权利人的情况。在该种情况下,发包人通常不具备工程价款的支付能力,施工单位该向谁主张权利,以维护其合法权益就会成为争议的焦点。在此情况下,施工企业应理顺关系,寻找突破口,向真正的发包方主张权利,以保证合法权利不受侵害。

(2)工程进度款支付、竣工结算及审价争议。尽管合同中已列出了工程量,约定了合同价款,但实际施工中会有很多变化,包括设计变更、现场工程师签发的变更指令、现场条件变化(如地质、地形)等,以及计量方法等引起的工程数量的增减。这种工程量的变化几乎每天或每月都会发生,而且承包人通常在其每月申请工程进度付款报表中都会列出,希望得到(额外)付款,但常因承包人与现场监理工程师有不同意见而遭拒绝或者拖延不决。这些工程实际已完,但未获得付款,其金额日积月累,在后期可能累积到一个很大的数字,业主更加不愿支付，因而造成更大的分歧和争议。

更主要的是，许多业主在资金尚未落实的情况下就开始工程的建设，从而千方百计要求承包人垫资施工、不支付预付款、尽量拖延支付进度款、拖延工程结算及工程审价进程，致使承包人的权益得不到保障，最终引起争议。

(3) 工程工期拖延争议。一项工程的工期延误，往往是由于错综复杂的原因造成的。在许多合同条件中都约定了竣工逾期违约金。由于工期延误的原因可能是多方面的，因而分清各方的责任往往十分困难。经常可以看到，业主要求承包人承担工程竣工逾期的违约责任，而承包人则提出因诸多业主方的原因及不可抗力等因素导致工期相应顺延，有时承包人还就工期的延长要求业主承担停工、窝工的费用。

(4) 安全损害赔偿争议。安全损害赔偿争议包括相邻关系纠纷引发的损害赔偿、设备安全、施工人员安全、施工导致第三人安全、工程本身发生安全事故等方面的争议。其中，建筑工程相邻关系纠纷发生的频率已越来越高，其牵涉主体和财产价值也越来越多，这种情况已成为城市居民十分关心的问题。《建筑法》第 39 条为建筑施工企业设定了这样的义务："施工现场对毗邻的建筑物、构筑物和特殊作业环境可能造成损害的，建筑施工企业应当采取安全防护措施。"

(5) 合同终止争议。承包人因合同终止造成严重损失而得不到足够的补偿，业主对承包人提出的就终止合同的补偿费用计算持有异议，承包人因设计错误或业主拖欠应支付的工程款而造成困难提出终止合同，业主不承认承包人提出的终止合同的理由，也不同意承包人的责难及其补偿要求等均可造成争议。

2. 终止合同的分类

终止合同一般会给某一方或者双方造成严重的损害。如何合理处置终止合同后的双方的权利和义务，往往是这类争议的焦点。终止合同可能有以下几种情况：

(1) 属于承包人责任引起的终止合同。例如，业主认为并证明承包人不履约，承包人严重拖延工期并证明已无能力改变局面，承包人破产或严重负债而无力偿还致使工程停滞等。在这些情况下，业主可能宣布终止与该承包人的合同，将承包人驱逐出工地，并要求承包人赔偿因工程终止造成的损失，甚至业主可能立即通知开具履约保函和预付款保函的银行全额支付保函金额；承包人则否定自己的责任，并要求取得其已完工程付款，要求业主补偿其已运到现场的材料、设备和各种设施的费用，还要求业主赔偿其各项经济损失，并退还扣留的银行保函。

(2) 属于业主责任引起的终止合同。例如，业主不履约、严重拖延应付工程款并被证明已无力支付欠款，业主破产或无力清偿债务，业主严重干扰或阻碍承包人的工作等。在这种情况下，承包人可能宣布终止与该业主的合同，并要求业主赔偿其因合同终止而遭受的严重损失。

(3) 不属于任何一方责任引起的终止合同。例如，由于不可抗力使任何一方履约合同规定的义务不得不终止合同，大部分政治因素引起的履行合同障碍等。尽管一方可以引用不可抗力宣布终止合同，但是如果另一方对此有不同看法，或者合同中没有明确规定这类终止合同后果的处理办法，双方应通过协商处理，若达不成一致则按争议处理方式申请仲裁或诉讼。

(4) 任何一方由于自身需要而终止合同。例如，业主因改变整个设计方案、改变工程建设地点或者其他任何原因而通知承包人终止合同，承包人因其总部的某种安排而主动要求终止合同等。这类由于一方的需要而非对方的过失而要求终止合同，大都发生在工程开始的初期，而且要求终止合同的一方通常会认识到并且会同意给予对方适当补偿，但是仍然可能在补偿范围和金额方面发生争议。例如，在业主因自身的原因要求终止合同时，可能会承诺给承包人补偿的范围只限于其实际损失，而承包人可能要求还应补偿其失去承包其他工程机会而遭受的损失和预期利润。

第三节　建筑工程项目施工索赔管理

在合同履行过程中，合同当事人往往由于非自己的原因而发生额外的支出或承担额外的工作，权利人依据合同和法律的规定，向责任人追回不应该由自己承担的损失的合法行为，即索赔。索赔是合同管理的重要内容。

一、施工索赔

(一)施工索赔概述

1. 施工索赔的概念

施工索赔是指施工合同当事人在合同实施过程中，根据法律、合同规定及惯例，对并非由于自己的过错，而是由于应由合同对方承担责任的情况造成的实际损失向对方提出给予补偿的要求。对施工合同双方来说，施工索赔是维护双方合法利益的权利，承包人可以向发包人提出索赔，发包人也可以向承包人提出索赔。

施工索赔是一种正当的权利要求，是一种正常的、大量发生而且普遍存在的合同管理业务，是以法律和合同为依据的、合情合理的正当行为。在实际工作中的施工索赔多是指承包方向业主提出的索赔。

2. 施工索赔的特征

(1)索赔是双向的。只是发包人始终处于主动和有利地位，他可以通过直接从应付工程款中扣除或没收履约保函，扣留保证金或留置承包人的材料设备作为抵押等手段来轻易实现自己的索赔要求。

(2)只有实际发生了经济损失或权利损害，一方才能向对方索赔。经济损失是指因对方因素造成合同外的额外支出，如人工费、材料费、机械费、管理费等额外开支；权利损害是指虽然没有经济上的损失，但造成了一方权利上的损害，如由于恶劣气候条件对工程进度的不利影响，承包人有权要求工期延长等。

(3)索赔是一种未经对方确认的单方行为，它与通常所说的工程签证不同。在施工过程中，签证是承、发包双方就额外费用补偿或工期延长等达成一致的书面证明材料和补充协议，它可以直接作为工程款结算或最终增减工程造价的依据；而索赔则是单方面行为，对对方尚未形成约束力，这种索赔要求能否得到最终实现，必须要通过确认，如双方协商、谈判、调解或仲裁、诉讼。

3. 施工索赔的原因

(1)国家政策、法规变化引起的索赔。国家政策、法规的变化，通常是指直接影响工程造价的某些国家政策、法规的变化。常见的国家政策、法规的变化有：

1)国家有关部门在工程中推广某些设备、施工技术的规定。

2)国家有关部门在工程中停止使用某种设备、材料的通知。

3)国家对某种设备、建筑材料限制进口及提高关税的规定等。

4)国家调整关于建设银行贷款利率的规定。

5)建筑材料的市场价与概预算定额文件价差的有关处理规定。

6)由工程造价管理部门发布的建筑工程材料预算价格调整。

承包人可依据这些政策、法规的规定向发包人提出补偿要求。假如这些政策、法规的执行会减少工程费用，受益的无疑是发包人。

(2)合同文件引起的索赔。在施工合同中，由于合同文件本身用词不严谨，前后矛盾或存在漏洞、缺陷而引起的索赔经常会出现。这些矛盾常反映为设计与施工规定相矛盾，技术规范和设计图纸不符合或相矛盾，以及一些商务和法律条款规定有缺陷，甚至引起支付工程款时的纠纷。除此之外，在工程项目的实施过程中，合同的变更也是经常发生的。在合同变更时，承包人有权提出索赔，以弥补自己不应承担的经济损失。

(3)不可抗力和不可预见因素引起的索赔。

1)不可抗力包括自然、政治、经济、社会等各方面的因素，如地震、暴风雨、战争、内乱等，这些是业主和承包人都无法控制的。

2)不可预见因素是指事先没有办法预料到的意外情况，如遇到地下水、地质断层、熔岩孔洞、沉陷、地下文物遗址、地下实际隐藏的障碍物等。这些情况可能是承包人在招标前的现场考察中无法发现，业主在资料中又未提供的，而一旦出现这些情况，承包人就需要花费更多的时间和费用去排除这些障碍和干扰。

对于这些不可抗力和不可预见因素引起的费用增加或工期延长，承包人可以提出索赔要求。

(4)发包人或工程师违约引起的索赔。

1)发包人没有能力或没有在规定的时间内支付工程款造成违约。

2)发包人没有按合同规定的时间和要求提供施工场地、创造施工条件造成违约。

3)发包人没有按施工合同规定的条件提供材料、设备造成违约。

4)工程师对承包人在施工过程中提出的有关问题久拖不定造成违约。

5)工程师工作失误，对承包人进行不正确纠正、苛刻检查等造成违约。

(5)监理方原因引起的索赔。

1)在工程施工过程中，监理工程师受业主委托对承包人进行监督管理，严格按合同规定和技术规范控制工程的投资、进度和质量，以保证合同顺利实施。为此，监理工程师可以发布各种必要的书面或口头的现场指令，如指令承包人进行一些额外的工作，指令加速施工，指令更换某些材料，指令暂停工程或改变施工方法等。在监理工程师发布了这些指令之后，承包人按指令付诸实施后，有权向业主提出索赔以获得费用补偿。

2)因监理工程师的不当行为引起的损失，如拖延审批图纸，重新检验和检查，工程质量要求过高，提供的测量基准有误，或对承包人的施工进行不合理干预等，承包人也可以进行索赔。

（6）风险分担不均引起的索赔。不论是业主还是承包人，在工程建设的过程中都承担着合同风险。然而由于建筑市场的竞争激烈，业主通常处于主导地位，而承包人则被动一些，双方承担的合同风险也并不总是均等的，承包人往往承担了更多的风险。承包人在遇到不可预防和避免的风险时，可以通过索赔的方法来减少风险所造成的损失；业主应该适量地弥补由于各种风险所造成的承包人的经济损失，以求公平合理地分担风险。业主和承包人之间"风险均衡"的原则一直以来在国际上都得到普遍的认可。

（7）其他方面的因素引起的索赔。其他方面的因素引起的索赔包括价格调整引起的索赔、建筑过程的难度和复杂性增大引起的索赔、建筑业经济效益的影响引起的索赔、其他干扰引起的索赔等。

4. 施工索赔的分类

施工索赔的分类方法有很多，各种分类方法都从某一个角度对施工索赔进行分类，通过有目的的分类，对施工索赔进行有效的管理。

（1）施工索赔按索赔处理方式可分为单项索赔与综合索赔。

1）单项索赔。单项索赔是指某一事件发生对承包人造成工期延长或额外费用支出时，承包人即可对这一事件的实际损失在合同规定的索赔有效期内提出索赔。单项索赔可能是涉及内容比较简单、分析比较容易、处理起来比较快的事件，也可能是涉及内容比较复杂、索赔数额比较大、处理起来比较麻烦的事件。

2）综合索赔。综合索赔又称为一揽子索赔，其是指承包人在工程竣工结算前，将施工过程中未得到解决的或承包人对发包人答复不满意的单项索赔集中起来，综合提出一次索赔，双方进行谈判协商。综合索赔一般都是对单项索赔中遗留下来的意见分歧较大的难题，双方对责任的划分、费用的计算等都各持己见，不能立即解决的事件进行的索赔。

（2）施工索赔按索赔依据可分为道义索赔、合同内索赔、合同外索赔。

1）道义索赔。道义索赔是指承包人无论在合同内或合同外都找不到索赔的依据，没有提出索赔的条件和理由，但他在合同履行中诚恳可信，在工程的质量、进度及与发包人配合上尽了最大的努力，由于工程实施过程中估计失误，确实造成了很大的亏损，恳请发包人给予救助的索赔。这时，发包人为了使自己的工程获得良好的进展，往往出于同情和信任对合作的承包人予以费用补偿。

2）合同内索赔。合同内索赔是指索赔所涉及的内容可以在履行的合同中找到条款依据，并可根据合同条款或协议中预先规定的责任和义务划分责任，按违约规定和索赔费用、工期的计算办法提出的索赔。一般情况下，合同内索赔的处理解决相对容易。

3）合同外索赔。合同外索赔与合同内索赔依据恰恰相反，即索赔所涉及的内容难以在合同条款及有关协议中找到依据，但可能来自法律或政府有关部门颁布的有关法规所赋予的权利。如在民事侵权行为、民事伤害行为中找到依据所提出的索赔，就属于合同外索赔。

（3）施工索赔按索赔事件所处合同状态分为解除合同索赔，工程停、缓建索赔，正常施工索赔。

1）解除合同索赔。解除合同索赔是指因合同中的一方严重违约，致使合同无法正常履行的情况下，合同的另一方行使解除合同的权利所产生的索赔。

2）工程停、缓建索赔。工程停、缓建索赔是指已经履行合同的工程因不可抗力、政府法令、资金或其他原因必须中途停止施工所引起的索赔。

3)正常施工索赔。正常施工索赔是指在正常履行合同中发生的各种违约、变更、不可预见因素、加速施工、政策变化等情况引起的索赔。正常施工索赔是最常见的索赔形式。

(4)施工索赔按索赔的目的分为费用索赔和工期索赔。

1)费用索赔。费用索赔是指当施工的客观条件改变导致承包人增加开支，承包人要求对超出计划成本的附加开支给予补偿，以挽回不应由他承担的经济损失的索赔。费用索赔的目的是要求经济补偿。

2)工期索赔。工期索赔是指由于非承包人责任的原因而导致施工进程延误，承包人要求批准延展合同工期的索赔。

(二)施工索赔的程序

施工索赔的程序是指从索赔事件产生到最终处理全过程所包括的工程内容和工作步骤。由于索赔工作实质上是承包人和业主在分担工程风险方面的重新分配过程，涉及双方的众多经济利益，因而是一项烦琐、细致、耗费精力和时间的工作。因此，合同双方必须严格按照合同规定办事，按合同规定的索赔程序工作，才能获得成功的索赔。

施工索赔的程序如下：

1. 发出索赔意向通知

索赔事件发生后，承包人应在合同规定的时间内，及时向发包人或工程师提出书面索赔意向通知，即向发包人或工程师就某一个或若干个索赔事件表示索赔愿望、要求或声明保留索赔的权力。索赔意向的提出是索赔工作程序中的第一步，其关键是抓住索赔机会，及时提出索赔意向。

《示范文本》规定：承包人应在索赔事件发生后的 28 天内，将其索赔意向通知工程师。如果承包人没有在合同规定的期限内提出索赔意向或通知，承包人则会丧失在索赔中的主动和有利地位。发包人和工程师也有权拒绝承包人的索赔要求，这是索赔成立的有效和必备条件之一。因此，在实际工作中，承包人应避免合理的索赔要求由于未能遵守索赔时限的规定而导致无效。

施工合同要求承包人在规定期限内首先提出索赔意向，是基于以下几方面考虑的：

(1)提醒发包人或工程师及时关注索赔事件的发生、发展等全过程。

(2)为发包人或工程师的索赔管理做准备，如进行合同分析、搜集证据等。

(3)如属发包人责任引起的索赔，发包人有机会采取必要的改进措施，防止损失的进一步扩大。

(4)对于承包人来讲，意向通知也可以起到保护作用，使承包人避免"因被称为'志愿者'而无权取得补偿"的风险。

在实际的工程承包合同中，对索赔意向提出的时间限制不尽相同，只要双方经过协商达成一致并写入合同条款即可。一般索赔意向通知仅仅是表明意向，应写得简明扼要，涉及索赔内容但不涉及索赔数额，通常包括以下几个方面的内容：

(1)事件发生的时间和情况的简单描述。

(2)合同依据的条款和理由。

(3)有关后续资料的提供，包括及时记录和提供事件发展的动态。

(4)对工程成本和工期产生不利影响的严重程度，以期引起工程师(发包人)的注意。

2. 准备资料

监理工程师和发包人一般都会对承包人的索赔提出一些质疑，要求承包人做出解释或出具有力的证明材料。因此，承包人在提交正式的索赔报告之前，必须尽力准备好与索赔有关的一切详细资料，以便在索赔报告中使用，或在监理工程师和发包人要求时出示。根据工程项目的性质和内容不同，索赔时应准备的证据资料也是多种多样、复杂多变的。但从工程的索赔实践来看，承包人应该准备和提交的索赔账单和证据资料主要包括以下几种：

(1)施工日志。施工日志是指定有关人员现场记录施工中发生的各种情况，包括天气、出工人数、设备数量及使用情况、进度情况、质量情况、安全情况、监理工程师在现场有什么指示、进行了什么试验、有无特殊干扰施工的情况、遇到了什么不利的现场条件、多少人员参观了现场等。这种现场记录和日志有利于及时发现和正确分析索赔，可能成为索赔的重要证明材料。

(2)来往信件。对与监理工程师、发包人和有关政府部门、银行、保险公司的来往信函，必须认真保存，并注明发送和收到的详细时间。

(3)气象资料。在分析进度安排和施工条件时，天气是应考虑的重要因素之一，因此，要保存一份真实、完整、详细的天气情况记录，包括气温、风力、湿度、降雨量、暴风雪、冰雹等。

(4)备忘录。承包人对监理工程师和发包人的口头指示和电话应随时用书面记录，并签字给予书面确认。事件发生和持续过程中的重要情况也都应有记录。

(5)会议纪要。承包人、发包人和监理工程师在举行会议时要做好详细记录，对其主要问题形成会议纪要，并由会议各方签字确认。

(6)工程照片和工程声像资料。这些资料都是反映工程客观情况的真实写照，也是法律承认的有效证据，对重要工程部位应拍摄有关资料并妥善保存。

(7)工程进度计划。承包人编制的经监理工程师或发包人批准同意的所有工程总进度、年进度、季进度、月进度计划都必须妥善保管。在任何有关工期延误的索赔中，进度计划都是非常重要的证据。

(8)工程核算资料。所有人工、材料、机械设备使用台账，工程成本分析资料，会计报表，财务报表，货币汇率，现金流量，物价指数，收付款票据，都应分类装订成册，这些都是进行索赔费用计算的基础。

(9)工程报告。工程报告包括工程试验报告、检查报告、施工报告、进度报告、特别事件报告等。

(10)工程图纸。工程师和发包人签发的各种图纸，包括设计图、施工图、竣工图及其相应的修改图，承包人应注意对照检查和妥善保存。对于设计变更索赔而言，原设计图和修改图的差异是索赔最有力的证据。

(11)招标投标阶段有关现场考察资料、各种原始单据(工资单、材料设备采购单)、各种法规文件、证书证明等，都应积累保存，它们都有可能是某项索赔的有力证据。

3. 编写索赔报告

索赔报告是承包人在合同规定的时间内向监理工程师提交的要求发包人给予一定经济补偿和延长工期的正式书面报告。索赔报告的水平与质量如何，直接关系到索赔的成败。对于大型土木工程项目的重大索赔报告，承包人都要非常慎重、认真而全面地论证和阐述，充分地提供证据资料，甚至专门聘请合同及索赔管理方面的专家，帮助编写索赔报告，以争取索赔成功。承包人的索赔报告必须有力地证明自己正当合理的索赔报告资格，受损失的时间和金钱，以及有关事项与损失之间的因果关系。

编写索赔报告时，应注意以下几个问题：

(1)必须符合索赔报告的基本要求。第一，必须说明索赔的合同依据，即基于何种理由有资格提出索赔要求，一种是根据合同某条某款规定，承包人有资格因合同变更或追加额外工作而取得费用补偿和(或)延长工期；另一种是发包人或其代理人如果违反合同规定给承包人造成损失，承包人有权取取补偿。第二，索赔报告中必须有详细准确的损失金额及时间的计算。第三，要证明客观事实与损失之间的因果关系，说明索赔事件前因后果的关联性，要以合同为依据，说明发包人违约或合同变更与引起索赔的必然性联系。如果不能有理有据地说明因果关系，而仅在事件的严重性和损失的巨大性上花费过多的笔墨，对索赔的成功都无济于事。

(2)索赔报告必须准确。编写索赔报告是一项比较复杂的工作，需有一个专门的小组和各方的大力协助才能完成。索赔小组的人员应具有合同、法律、工程技术、施工组织计划、成本核算、财务管理、写作等各方面的知识，要进行深入的调查研究，对较大的、复杂的索赔需要向有关专家咨询，对索赔报告进行反复讨论和修改，写出的报告不仅要有理有据，而且必须准确可靠。编写索赔报告应明确以下几点：

1)责任分析应清楚、准确。在报告中所提出索赔的事件的责任是对方引起的，应把全部或主要责任推给对方，不能有责任含混不清和自我批评式的语言。要做到这一点，就必须强调索赔事件的不可预见性，若承包人对它没有准备，事发后尽管能够采取措施也无法制止；同时指出索赔事件使承包人工期拖延、费用增加的严重性和索赔值之间的直接因果关系。

2)索赔值的计算依据要正确，计算结果要准确。计算依据要用文件规定的和公认合理的计算方法，并加以适当的分析。数字计算上不要有差错，一个小的计算错误可能影响到整个计算结果，容易使人对索赔的可信度产生不好的印象。

3)用词要婉转和恰当。在索赔报告中要避免使用强硬的、不友好的、抗议式的语言。不能因语言而伤害了双方的感情。同时，切忌断章取义，牵强附会，夸大其词。

(3)索赔报告的内容。

在实际承包工程中，索赔报告通常包括以下三个部分：

1)承包人或其授权人致发包人或工程师的信。信中应简要介绍索赔的事项、理由和要求，说明随函所附的索赔报告正文及证明材料情况等。

2)索赔报告正文。针对不同格式的索赔报告，其形式可能不同，但实质性的内容相似，一般主要包括以下几项：

①题目：简要地说明针对什么提出索赔。

②索赔事件陈述：叙述事件的起因、事件经过、事件过程中双方的活动、事件的结果，重点叙述己方按合同所采取的行为、对方不符合合同的行为。

③理由：总结上述事件，同时引用合同条文或合同变更和补充协议条文，证明因对方行为违反合同或对方的要求超过合同规定，造成了该项事件，对方有责任对此造成的损失予以赔偿。

④影响：简要说明事件对承包人施工过程的影响，而这些影响与上述事件有直接的因

果关系。重点应围绕由于上述事件原因造成的成本增加和工期延长做叙述说明。

⑤结论：对上述事件的索赔问题做出最后总结，提出具体的索赔要求，包括工期索赔和费用索赔。

3)附件。该报告中所列举事实、理由、影响的证明文件和各种计算基础、计算依据的证明文件。

索赔报告正文该编写至何种程度，需附上多少证明材料，计算书该详细、准确到何种程度，这都根据监理工程师评审索赔报告的需要而定。对承包人来说，可以参考过去的索赔经验判断或直接询问工程师或发包人的意图，以便配合协调，有利于施工和索赔工作的开展。

4. 递交索赔报告

索赔意向通知提交后的 28 天内，或工程师可能同意的其他合理时间，承包人应递送正式的索赔报告。如果索赔事件的影响持续存在，28 天内还不能算出索赔额和工期顺延天数时，承包人应按工程师合理要求的时间间隔(一般为 28 天)，定期陆续报出每一个时间段内的索赔证据资料和索赔要求。在该项索赔事件影响结束后的 28 天内，报出最终详细报告，提出索赔论证资料和累计索赔额。

承包人发出索赔意向通知后，可以在工程师指示的其他合理时间内再报送正式索赔报告，也就是说，工程师在索赔事件发生后有权不马上处理该项索赔。如果事件发生时，现场施工非常紧张，工程师不希望立即处理索赔而分散各方抓施工管理的精力，可通知承包人将索赔的处理留待施工不太紧张时再去解决。但承包人的索赔意向通知必须在事件发生后的 28 天内提出，包括因对变更估价双方不能取得一致意见，而先按工程师单方面决定的单价或价格执行时，承包人提出保留索赔权利的意向通知。如果承包人未能按时间规定提出索赔意向和索赔报告，则就失去了就该项事件请求补偿的索赔权利。此时承包人所能得到的损害补偿，将不超过工程师认为应主动给予的补偿额。

5. 索赔审查

索赔审查是当事双方在承包合同的基础上，逐步分清在某些索赔事件中的权利和责任以使其数量化的过程。作为发包人或工程师，应明确审查的目的和作用，掌握审查的内容和方法，处理好索赔审查中的特殊问题，促进工程的顺利进行。当承包人将索赔报告呈交工程师后，工程师首先应予以审查和评价，然后与发包人和承包人一起协商处理。在具体索赔审查操作中，应首先进行索赔资格条件的审查，然后进行索赔具体数据的审查。

(1)工程师审核承包人的索赔申请。接到承包人的索赔意向通知后，工程师应建立自己的索赔档案，密切关注事件的影响。检查承包人的同期记录时，随时就记录内容提出不同意见或希望予以增加的记录项目。在接到正式索赔报告之后，认真研究承包人报送的索赔资料。首先，在不确认责任归属的情况下，客观分析事件发生的原因，研究承包人的索赔证据，并检查其同期记录。其次，通过对事件的分析，工程师依据合同条款划清责任界限，必要时还可以要求承包人进一步提供补充资料。尤其是对承包人与发包人或工程师都负有一定责任的事件影响，更应划出各方应该承担合同责任的比例。最后，审查承包人提出的索赔补偿要求，剔除其中的不合理部分，拟定自己计算的合理索赔数额和工期顺延天数。

(2)判定索赔成立的条件。工程师判定承包人索赔成立的条件为：

1)与合同相对照，事件已造成了承包人施工成本的额外支出或总工期延误。

2)造成费用增加或工期延误的原因，按合同约定不属于承包人应承担的责任，包括行为责任和风险责任。

3）承包人按合同规定的程序提交了索赔意向通知和索赔报告。

上述三个条件没有先后主次之分，应当同时具备。只有工程师认定索赔成立后，才可以处理应给予承包人的补偿额。

（3）审查索赔报告。

1）事态调查。通过对合同实施的跟踪，分析了解事件的起因、经过和结果，掌握事件的详细情况。

2）损害事件原因分析。即分析索赔事件是由何种原因引起的，责任应由谁来承担。在实际工作中，损害事件的责任有时是多方面原因造成的，故必须进行责任分解，划分责任范围，按责任大小承担损失。

3）分析索赔理由。分析索赔理由主要依据合同文件判明索赔事件是否属于未履行合同规定义务或未正确履行合同义务而导致，是否在合同规定的赔偿范围之内。只有符合合同规定的索赔要求才有合法性，索赔才能成立。

4）实际损失分析。实际损失分析即分析索赔事件的影响，主要表现为工期的延长和费用的增加。如果索赔事件不造成损失，则无索赔可言。损失调查的重点是分析、对比实际和计划的施工进度，工程成本和费用方面的资料，在此基础上核算索赔值。

5）证据资料分析。证据资料分析主要分析证据资料的有效性、合理性、正确性，这也是索赔要求有效的前提条件。如果在索赔报告中提不出证明其索赔理由、索赔事件的影响、索赔值的计算等方面的详细资料，索赔要求是不能成立的。如果工程师认为承包人提出的证据不足以说明其要求的合理性时，可以要求承包人进一步提交索赔的证据资料。

（4）工程师提出质疑。工程师可根据自己掌握的资料和处理索赔的工作经验就以下问题提出质疑：

1）索赔事件不属于发包人和监理工程师的责任，而是第三方的责任。

2）事实和合同依据不足。

3）承包人未能遵守意向通知的要求。

4）合同中的开脱责任条款已经免除了发包人补偿的责任。

5）索赔是由不可抗力引起的，承包人没有划分和证明双方责任的大小。

6）承包人没有采取适当措施避免或减少损失。

7）承包人必须提供进一步的证据。

8）损失计算夸大。

9）承包人以前已明示或暗示放弃了此次索赔的要求。

在评审过程中，承包人应对工程师提出的各种质疑做出圆满的答复。

6. 索赔的解决

从递交索赔文件到索赔结束是索赔解决的过程。工程师经过对索赔文件的评审，与承包人进行较充分的讨论后，应提出对索赔处理决定的初步意见，并参加发包人和承包人之间的索赔谈判，根据谈判达成索赔最后处理的一致意见。

如果索赔在发包人和承包人之间未能通过谈判得以解决，可将有争议的问题进一步提交工程师决定。如果一方对工程师的决定不满意，双方可寻求其他友好解决方式，如中间人调解、争议评审团评议等。友好解决无效的，一方可将争端提交仲裁或诉讼。

一般合同条件规定争端的解决程序如下：

(1)合同的一方就其争端的问题书面通知工程师，并将一份副本提交对方。

(2)工程师应在收到有关争端的通知后，在合同规定的时间内做出决定，并通知发包人和承包人。

(3)发包人和承包人在收到工程师决定的通知后，均未在合同规定的时间内发出要将该争端提交仲裁的通知，则该决定视为最后决定，对发包人和承包人均具有约束力。若一方不执行此决定，另一方可按对方违约提出仲裁通知，并开始仲裁。

(4)如果发包人或承包人不同意工程师的决定，或在要求工程师做决定的书面通知发出后，未在合同规定的时间内得到工程师决定的通知，任何一方可在其后于合同规定的时间内就其争端问题向对方提出仲裁意向通知，将一份副本送交工程师。在仲裁开始前应设法友好协商解决双方的争端。

工程项目实施中会发生各种各样、大大小小的索赔、争议等问题，应该强调的是，合同各方应该争取尽量在最早的时间、最低的层次，尽最大可能以友好协商的方式解决索赔问题，不要轻易提交仲裁。因为对工程争议的仲裁往往是非常复杂的，要花费大量的人力、物力、财力和精力，对工程建设会带来不利有时甚至是严重的影响。

二、反索赔

(一)反索赔的概念与种类

1. 反索赔的概念

按《合同法》和《示范文本》通用合同条款的规定，索赔应是双方面的。在工程项目过程中，发包人与承包人之间，总承包人与分包商之间，合伙人之间，承包人与材料和设备供应商之间都可能有双向的索赔与反索赔。工程师，一方面通过圆满的工作防止索赔事件的发生；另一方面又必须妥善地解决合同双方的各种索赔与反索赔问题。按照通常的习惯，把追回自方损失的手段称为索赔，把防止和减少向自方提出索赔的手段称为反索赔。反索赔的原则是，以事实为根据，以法律(合同)为准绳，实事求是地认可合理的索赔要求，反驳、拒绝不合理的索赔要求，按《合同法》原则公平合理地解决索赔问题。

2. 反索赔的种类

依据工程承包的惯例和实践，常见的发包人反索赔主要有以下几种：

(1)工程质量缺陷反索赔。土木工程承包合同都严格规定了工程质量标准，有严格细致的技术规范和要求。因为工程质量的好坏直接与发包人的利益和工程的效益紧密相关。发包人只承担直接负责设计所造成的质量问题，工程师虽然对承包人的设计、施工方法、施工工艺、施工工序以及对材料进行过批准、监督、检查，但其只是负间接责任，并不能因而免除或减轻承包人对工程质量应负的责任。在工程施工过程中，若承包人所使用的材料或设备不符合合同规定或工程质量不符合施工技术规范和验收规范的要求，或出现缺陷而未在缺陷责任期满之前完成修复工作，发包人均有权追究承包人的责任，并提出由承包人造成的工程质量缺陷所带来的经济损失的反索赔。另外，发包人向承包人提出工程质量缺陷的反索赔要求时，往往不仅包括工程缺陷所产生的直接经济损失，也包括该缺陷带来的间接经济损失。

(2)工期拖延反索赔。依据合同条件规定，承包人必须在合同规定的时间内完成工程的施工任务。如果由于承包人的原因造成完工日期拖延，则会影响发包人对该工程的使用和运营生产计划，从而给发包人带来经济损失。此项发包人的索赔并不是发包人对承包人的违约罚款，而只是发包人要求承包人补偿拖期完工给发包人造成的经济损失。承包人则应按签订合同时双方约定的赔偿金额以及拖延时间长短向发包人支付这种赔偿金，而不需再去寻找和提供实际损失的证据详细计算。在有些情况下，拖期损失赔偿金若按该工程项目合同价的一定比例计算，且在整个工程完工之前，工程师已经对一部分工程颁发了移交证书，则对整个工程所计算的延误赔偿金数量应给予适当地减少。

(3)经济担保反索赔。经济担保是国际工程承包活动中不可缺少的部分，担保人要承诺在其委托人不适当履约的情况下代替委托人来承担赔偿责任或原合同所规定的权利与义务。在土木工程项目承包施工活动中，常见的经济担保反索赔有以下几种：

1)预付款担保反索赔。

2)履约担保反索赔。

3)保留金的反索赔。

4)其他损失反索赔。

(二)反索赔的内容

1. 反索赔的方式

(1)防止对方提出索赔。防止对方提出索赔应做到：

1)防止自己违约，自己要按合同办事。通过加强工程管理，特别是合同管理，使对方找不到索赔的理由和根据。

2)对于实际工程中的干扰事件，常常双方都有责任。干扰事件一经发生，就应着手研究，收集证据，一方面做索赔处理；另一方面又准备反击对方的索赔。

(2)反击对方的索赔要求。反击对方的索赔要求的方式有：

1)用我方的索赔对抗(平衡)对方的索赔要求，使双方都做让步，互不支付。

2)反驳对方的索赔报告，找出理由和证据，证明对方的索赔报告不符合事实、不符合合同规定、没有根据、计算不准确，以推卸或减轻自己的赔偿责任，使自己不受或少受损失。

2. 反索赔的工作步骤

在接到对方索赔报告后，就应着手进行分析、反驳。反索赔与索赔有相似的处理过程，但也有其特殊性。反索赔的工作步骤如下：

(1)合同总体分析。

(2)事态调查与分析。

(3)对索赔报告进行全面分析与评价。

(4)起草并向对方递交反索赔报告。

3. 反驳索赔报告

对于索赔报告的反驳，通常可从以下几个方面着手：

(1)索赔事件的真实性。

(2)索赔事件责任分析。

(3)索赔依据分析。

(4)索赔事件的影响分析。

(5)索赔值审核。

合同管理是建筑工程项目管理的核心，工程管理的各方面工作都要围绕着这个核心来开展，建筑工程项目的合同管理已经成为我国建筑业可持续发展、实现科学管理的重要内容。本章主要介绍了项目合同基础知识、建设工程施工合同、施工索赔管理等。

思考与练习

一、填空题

1. _____是当事人或当事双方之间设立、变更、终止民事关系的协议。

2. 《建设工程施工合同(示范文本)》由_____、_____和_____三部分组成。

3. _____是指合同效力归于消灭，合同中的权利义务对双方当事人不再具有法律拘束力。

4. 施工索赔按索赔处理方式可分为_____与_____。

5. 施工索赔按索赔的目的可分为_____和_____。

6. 索赔意向通知提交后的_____内，或工程师可能同意的其他合理时间，承包人应递送正式的索赔报告。

二、不定项选择题

1. 按当事人之间的权利、义务关系是否存在着对价关系，合同可分为(　　)。

   A. 有偿合同和无偿合同　　　　　B. 主合同和从合同

   C. 诺成合同和要务合同　　　　　D. 要式合同和不要式合同

2. 构成要约必须具备(　　)条件。

   A. 必须是特定人所为的意思表示　B. 要约人必须承诺对方

   C. 必须向相对人发出　　　　　　D. 要约内容应具体确定

   E. 要约必须具有缔约目的

3. 按建筑工程合同的任务分为(　　)。

   A. 勘察设计合同　　　　　　　　B. 设备安装合同

   C. 施工合同　　　　　　　　　　D. 监理合同

   E. 物资采购合同

4. 有(　　)情形之一的，当事人可以解除合同。

   A. 因不可抗力致使不能实现合同目的

   B. 在履行期限届满之前，当事人一方明确表示或者以自己的行为表示不履行主要债务

   C. 当事人一方迟延履行债务或者有其他违约行为致使不能实现合同目的

   D. 当事人一方迟延履行主要债务，经催告后在合理期限内仍未履行

   E. 当事人双方通过协议可以解除原合同规定的权利和义务关系

三、简答题

1. 承诺必须具备哪些条件才能产生法律效力?

2. 承包人在履行合同过程中除应遵守法律和工程建设标准规范外还应履行哪些义务?

3. 工程变更一般主要有哪几个方面的原因?

4. 实践中,工程施工合同中常见的争议有哪几个方面?

5. 施工索赔的原因有哪些?

第九章　建筑工程项目资源管理

1. 熟悉劳动力的动态管理。
2. 熟悉材料管理的内容。
3. 掌握材料需求计划。
4. 掌握施工机械设备的获取及选择。
5. 熟悉项目技术管理的工作内容。

1. 具备项目人力资源管理的能力。
2. 具备项目材料管理的能力。
3. 具备项目技术管理的能力。

第一节　项目资源管理概述

一、项目资源管理的概念

项目资源是对项目实施中使用的人力资源、材料、机械设备、技术、资金和基础设施等的总称。资源是人们创造出产品(即形成生产力)所需要的各种要素,也称为生产要素。

项目资源管理是对项目所需的各种资源进行的计划、组织、指挥、协调和控制等系统活动。项目资源管理的复杂性主要表现如下:

(1)工程实施所需资源的种类多、需要量大。

(2)建设过程对资源的消耗极不均衡。

(3)资源供应受外界影响很大,具有一定的复杂性和不确定性,且资源经常需要在多个项目间进行调配。

(4)资源对项目成本的影响最大。

加强项目管理,必须对投入项目的资源进行市场调查与研究,做到合理配置,并在生产中强化管理,以尽量少的消耗获得产出,达到节约物化劳动和活劳动、减少支出的目的。

二、项目资源管理的作用

资源的投入是项目实施必不可少的前提条件，若资源的投入得不到保证，则再周详的项目计划(如进度计划)与安排也不能实行。例如，由于资源供应不及时就会造成工程项目活动不能正常进行，不能及时开工或整个工程停工，出现窝工现象。在项目实施过程中，如果未能采购符合规定的材料，将造成质量缺陷；若采购超量、采购过早，将造成浪费、仓储费用增加等。如果不能合理地使用各项资源或不能经济地获取资源，都会给项目造成损失。

按照项目一次性特点和自身规律，通过项目各种资源管理，可实现资源的优化配置，做到动态管理，降低工程成本，提高经济效益。

(1)进行资源优化配置，即适时、适量、位置适宜地配备或投入资源，以满足施工需要。

(2)进行资源的优化组合，即投入项目的各种资源，在使用过程中搭配适当，协调地发挥作用，有效地形成生产力。

(3)在项目实施过程中，对资源进行动态管理。项目的实施过程是一个不断变化的过程，对各种资源的需求也在不断变化。因此，各种资源的配置和组合也就需要不断调整，这就需要动态管理。动态管理的基本内容就是按照项目的内在规律，有效地计划、配置、控制和处理各种资源，使其在项目中合理流动。动态管理是优化配置和组合的手段和保证。

(4)在项目运转过程中，应合理地、节约地使用资源(劳动力、材料、机械设备、资金)，以达到减少资源消耗的目的。

三、项目资源管理的主要过程

(1)编制资源计划。编制资源计划的目的，是对资源投入量、投入时间、投入步骤做出合理安排，以满足施工项目实施的需要。计划是优化配置和组合的前提和手段。

(2)资源的配置。资源的配置是按编制的计划，从资源的来源、投入到施工项目的供应过程进行管理，使计划得以实现，使施工项目的需要得到保证。

(3)资源的控制。资源控制即根据每种资源的特性，科学地制定相应的措施，对资源进行有效组合，协调投入，合理使用，不断纠正偏差，以尽可能少的资源来满足项目的需求，从而达到节约的目的。

(4)进行资源使用效果的分析与处理。一方面，从一次项目的实施过程来讲，是对本次资源管理过程的反馈、分析与资源管理的调整；另一方面，又为管理提供信息反馈和信息储备，以指导以后(或下一项目)的管理工作。

从一个完整的建筑工程项目管理过程的角度或建筑业企业持续稳定发展的角度来看，项目资源管理应该是不断循环、不断提升、不断完善的动态管理过程。

四、项目资源管理的主要内容

(1)人力资源管理。在工程项目资源中，人力资源是各生产要素中"人"的因素，具有非常重要的作用，主要包括劳动力总量，各专业、各级别的劳动力，操作工、修理工以及不同层次和职能的管理人员。人是生产力中最活跃的因素，人具有能动性和社会性等。项目人力资源管理是指项目组织对该项目的人力资源进行科学的计划、适当的培训教育、合理的配置、有效的约束和激励、准确的评估等方面的一系列管理工作。

项目人力资源管理的任务是根据项目目标，不断获取项目所需人员，并将其整合到项目组织中，使之与项目团队融为一体。项目中人力资源的使用，关键在于明确责任，调动职工的劳动积极性，提高工作效率。从劳动者个人的需要和行为科学的观点出发，责、权、利相结合，多采取激励措施，并在使用中重视对他们的培训，提高他们的综合素质。

（2）材料管理。一般工程中，建筑材料占工程造价的70％左右，加强材料管理对于保证工程质量、降低工程成本都将起到积极的作用。项目材料管理的重点在现场、在使用、在节约和核算，尤其是节约，其潜力巨大。建筑材料主要包括原材料、设备和周转材料。其中，原材料和设备构成工程建筑的实体。周转材料，如脚手架材、模板材、工具、预制构配件、机械零配件等，都因在施工中有独特作用而自成一类，其管理方式与材料基本相同。

（3）机械设备管理。工程项目的机械设备主要是指项目施工所需的施工设备、临时设施和必需的后勤供应。施工设备包括起重机、混凝土拌合设备、运输设备等。临时设施包括施工用仓库、宿舍、办公室、工棚、厕所、现场施工用供排系统（水电管网、道路等）。机械设备管理往往实行集中管理与分散管理相结合的办法，其主要任务是正确选择机械设备，保证机械设备在使用中处于良好状态，减少机械设备闲置、损坏，提高施工机械化水平和使用效率。机械设备管理的关键在于提高机械使用效率，而提高机械使用效率必须提高机械设备的利用率和完好率。利用率的提高靠人，完好率的提高靠保养和维修。

（4）技术管理。技术是指人们在改造自然、改造社会的生产和科学实践中积累的知识、技能、经验，以及体现这些的劳动资料。技术具体包括操作技能、劳动手段、生产工艺、检验试验方法及管理程序和方法等。任何物质生产活动都是建立在一定技术基础之上的，也是在一定技术要求和技术标准的控制下进行的。随着生产的发展，技术水平也在不断提高。工程项目的单件性、复杂性、受自然条件的影响等特点，决定了技术管理在工程项目管理中的作用尤其重要。工程项目技术管理是对各项技术工作要素和技术活动过程的管理。其中，技术工作要素包括技术人才、技术装备、技术规程等。工程项目技术管理的任务是：正确贯彻国家的技术政策，贯彻上级对技术工作的指示与决定；研究认识并利用技术规律，科学地组织各项技术工作，充分发挥技术的作用；确立正常的生产技术秩序，文明施工，以技术保证工程质量；努力提高技术工作的经济效果，使技术与经济有机地结合起来。

第二节　项目材料管理

一、工程项目材料管理的概念及内容

工程项目材料管理就是对工程建设所需的各种材料、构件、半成品，在一定品种、规格、数量和质量的约束条件下，实现特定目标的计划、组织、协调和控制的管理。其内容如下：

（1）计划。计划是对实现工程项目所需材料的预测，其可使这一约束条件在技术上可行、在经济上合理。在工程项目的整个施工过程中，应力争需求、供给和消耗始终保持平衡、协调和有序，以确保目标实现。

（2）组织。根据确定的约束条件，如材料的品种、数量等，组织需求与供给的衔接、材料与工艺的衔接，并根据工程项目的进度情况，建立高效的管理体系，明确各自的责任，实现既定目标。

（3）协调。在工程项目施工过程中，各子过程（如支模、架钢筋、浇筑混凝土等）之间的衔接，产生了众多的结合部；为避免结合部出现管理的真空，以及可能的种种矛盾，必须加强沟通，协调好各方面的工作和利益、统一步调，使项目施工过程均衡、有序地进行。

（4）控制。针对工程项目材料的流转过程，运用行政、经济和技术手段，通过制定程序、规程、方法和标准，规范行为、预防偏差，使该过程处于受控状态下；通过监督、检查，发现、纠正偏差，保证项目目标的实现。

项目材料管理主要包括材料计划管理、材料采购管理、使用环节管理、材料储存与保管、材料节约与控制等内容。

二、材料管理计划

1. 材料需用计划

项目经理部应及时向企业物资部门提供主要材料、大宗材料需用计划，由企业负责采购。工程材料需用计划一般包括整个项目（或单位工程）和各计划期（年、季、月）的需用计划。准确确定材料需要数量是编制材料计划的关键。

（1）整个项目（或单位工程）材料需用量计划。根据施工组织设计和施工图预算，整个项目材料需用量计划应于开工前提出，作为备料依据，它反映单位工程及分部、分项工程材料的需要量。材料需用量计划编制方法是将施工进度计划表中各施工过程的工程量，按材料名称、规格、数量及使用时间汇总而得。

（2）计划期材料需用量计划。根据施工预算、生产进度及现场条件，按工期计划期提出材料需用量计划，作为备料依据。计划需用量是指一定生产期（年、季、月）的材料需要量，主要用于组织材料采购、订货和供应。其编制的主要依据是单位工程（或整个项目）的材料计划、计划期的施工进度计划及有关材料消耗定额。因为施工的露天作业、消耗的不均匀性，必须考虑材料的储备问题，合理确定材料期末储备量。

根据不同的情况，可分别采用直接计算法或间接计算法确定材料需用量。

（1）直接计算法。在工程任务明确、施工图纸齐全的情况下，可直接按施工图纸计算出分部、分项工程实物工程量，套用相应的材料消耗定额，逐条逐项计算各种材料的需用量，然后汇总编制材料需用计划，最后按施工进度计划分期编制各期材料需用计划。

（2）间接计算法。对于工程任务已经落实，但设计尚未完成，技术资料不全，不具备直接计算需用量条件的情况，为了事前做好备料工作，可采用间接计算法。当设计图纸等技术资料具备后，再按直接计算法进行计算调整。

间接计算法有概算指标法、比例计算法、类比计算法、经验估算法。

2. 材料总需求计划的编制

（1）编制依据。编制材料总需求计划时，其主要依据是项目设计文件、项目投标书中的《材料汇总表》、项目施工组织计划、当期物资市场采购价格及有关材料消耗定额等。

（2）编制步骤。

1）计划编制人员与投标部门进行联系，了解工程投标书中该项目的《材料汇总表》。

2)计划编制人员查看经主管领导审批的项目施工组织设计，了解工程工期安排和机械使用计划。

3)根据企业资源和库存情况，对工程所需物资的供应进行策划，确定采购或租赁的范围；根据企业和地方主管部门的有关规定确定供应方式(招标或非招标，采购或租赁)；了解当期市场价格情况。

4)进行具体编制，可按表 9-1 进行。

表 9-1　单位工程物资总量供应计划表

项目名称：　　　　　　　　　　　　　　　　　　　　　　　　　　　　　　　　单位：元

序号	材料名称	规格	单位	数量	单价	金额	供应单位	供应方式

制表人：　　　　　　　　审核人：　　　　　　　　审批人：　　　　　　　　制表时间：

3. 材料计划期(季、月)需求计划的编制

(1)编制依据。计划期材料计划主要用来组织本计划期(季、月)内材料的采购、订货和供应等，其编制依据主要是施工项目的材料计划、企业年度方针目标、项目施工组织设计和年度施工计划、企业现行材料消耗定额、计划期内的施工进度计划等。

(2)确定计划期材料需用量。确定计划期(季、月)内材料的需用量常用以下两种方法：

1)定额计算法。根据施工进度计划中各分部、分项工程量获取相应的材料消耗定额，求得各分部、分项的材料需用量，然后汇总求得计划期各种材料的总需用量。

2)卡段法。根据计划期施工进度的形象部位，从施工项目材料计划中选出与施工进度相应部分的材料需用量，然后汇总求得计划期各种材料的总需用量。

(3)编制步骤。季度计划是年度计划的滚动计划和分解计划，因此，若要了解季度计划，必须首先了解年度计划。年度计划是物资部门根据企业年初制定的方针目标和项目年度施工计划，通过套用现行的消耗定额编制的年度物资供应计划。年度计划是企业控制成本、编制资金计划和考核物资部门全年工作的主要依据。

月度需求计划也称为备料计划，是由项目技术部门依据施工方案和项目月度计划编制的下月备料计划，也可以说是年、季度计划的滚动计划，多由项目技术部门编制，经项目总工审核后报项目物资管理部门。

三、材料供应计划

1. 材料供应量计算

材料供应计划是在确定计划期需用量的基础上，预计各种材料的期初储存量、期末储

备量，经过综合平衡后，计算出材料的供应量，然后再进行编制。

$$材料供应量＝材料需用量＋（期末储备量－期初储存量）$$

式中，期末储备量主要是由供应方式和现场条件决定的，在一般情况下也可按下列公式计算：

$$某项材料储备量＝某项材料的日需用量×（该项材料的供应间隔天数＋运输天数＋入库检验天数＋生产前准备天数）$$

(1)材料供应计划的编制只是计划工作的开始，更重要的是组织计划的实施。而实施的关键问题是实行配套供应，即对各分部、分项工程所需的材料品种、数量、规格、时间及地点组织配套供应，不能缺项，也不能颠倒。

(2)要实行承包责任制，明确供求双方的责任与义务以及奖惩规定，签订供应合同，以确保施工项目顺利进行。

(3)材料供应计划在执行过程中，如遇到设计修改、生产或施工工艺变更时，应做相应的调整和修订，但必须有书面依据，制定相应的措施，并及时通告有关部门，要妥善处理并积极解决材料的余缺，以避免和减少损失。

2. 材料供应计划的编制内容

(1)材料供应计划的编制，要注意从数量、品种、时间等方面进行平衡，以达到配套供应、均衡施工的目的。计划中要明确物资的类别、名称、品种(型号)、规格、数量、进场时间、交货地点、验收人和编制日期、编制依据、送达日期、编制人、审核人、审批人。

(2)在材料供应计划执行过程中，应定期或不定期地进行检查，以便及时发现问题及时处理解决。主要检查内容包括供应计划落实的情况、材料采购情况、订货合同执行情况、主要材料的消耗情况、主要材料的储备及周转情况等。

材料供应计划见表 9-2。

表 9-2　材料供应计划

编制单位：_____

工程名称：_____　　　　　　　　　　　　　　　　　　　编制日期：_____

材料名称	规格型号	计量单位	期初预计库存	计划需用量					期末储备量	计划供应量					供应时间			
				合计	其中					合计	市场采购	挖潜代用	加工自制	其他	第一次	第二次	…	…
					工程用料	周转材料	其他											

四、材料控制

材料控制包括材料供应单位的选择及采购供应合同的订立、出厂或进场验收、储存管理、使用管理及不合格品处置等。施工过程是劳动对象"加工""改造"的过程,是材料使用和消耗的过程,在此过程中材料管理的中心任务就是检查、保证进场施工材料的质量,妥善保管进场的物资,严格、合理地使用各种材料,降低消耗,保证实现管理目标。

(一)材料供应

为保证供应材料的合格性,确保工程质量,则要对生产厂家及供货单位进行资格审查,审查内容有生产许可证、产品鉴定证书、材质合格证明、生产历史、经济实力等。采购合同内容除双方的责、权、利外,还应包括采购对象的规格、性能指标、数量、价格、附件条件和必要的说明。

(二)材料进场验收

材料进场验收的目的是划清企业内部和外部经济责任,防止进料中的差错事故和因供货单位、运输单位的责任事故造成企业不应有的损失。

1. 材料进场验收的要求

材料进场验收的要求主要有:

(1)材料验收必须做到认真、及时、准确、公正、合理。

(2)严格检查进场材料的有害物质含量检测报告,按规范应复验的必须复验,无检测报告或复验不合格的应予退货。

2. 材料验收准备

材料进场前,应根据平面布置图进行存料场地及设施的准备。在材料进场时,必须根据进料计划、送料凭证、质量保证书或产品合格证进行质量和数量验收。

3. 材料验收的方法

(1)双控把关。为了确保进场材料合格,对预制构件、钢木门窗、各种制品及机电设备等大型产品,在组织送料前,应由两级材料管理部门业务人员会同技术质量人员先行看货验收;进库时,由保管员和材料业务人员再一起进行组织验收方可入库。对于水泥、钢材、防水材料、各类外加剂实行检验双控,既要有出厂合格证,还要有试验室的合格试验单方可接收入库以备使用。

(2)联合验收把关。对直接送到现场的材料及构配件,收料人员可会同现场的技术质量人员联合验收;进库物资应由保管员和材料业务人员一起组织验收。

(3)收料员验收把关。收料员对有包装的材料及产品,应认真进行外观检验;查看规格、品种、型号是否与来料相符,宏观质量是否符合标准,包装、商标是否齐全完好。

(4)提料验收把关。总公司、分公司两级材料管理的业务人员到外单位及材料公司各仓库提送料,要认真检查验收所提料的质量、索取产品合格证和材质证明书。送到现场(或仓库)后,应与现场(仓库)的收料员(保管员)进行交接验收。

4. 材料进场质量验收

材料进场质量验收工作按质量验收规范和计量检测规定进行,并做好记录和标志,办理验收手续。施工单位对进场的工程材料进行自检合格后,还应填写《工程材料/构配件/设备报审表》,报请监理工程师进行验收。对不合格的材料应更换、退货或让步接收(降低使用），严禁使用不合格材料。

(1)一般材料外观检验，主要检验规格、型号、尺寸、色彩、方正、完整性及有无开裂。

(2)专用、特殊加工制品外观检验，应根据加工合同、图纸及资料进行质量验收。

(3)内在质量验收由专业技术员负责，按规定比例抽样后，送专业检验部门检验力学性能、化学成分、工艺参数等技术指标。

5. 材料进场数量验收

数量验收主要是核对进场材料的数量与单据量是否一致。材料的种类不同，点数或量方的方法也不相同。

(1)对计重材料的数量验证，原则上以进货方式进行验收。

(2)以磅单验收的材料应进行复磅或监磅，磅差范围不得超过国家规范，超过规范的应按实际复磅重量验收。

(3)以理论重量换算交货的材料，应按照国家验收标准规范做检尺计量换算验收，理论数量与实际数量的差超过国家标准规范的，应作为不合格材料处理。

(4)不能换算或抽查的材料一律过磅计重。

(5)计件材料的数量验收应全部清点件数。

6. 材料进场抽查检验

(1)应配备必要的计量器具，对进场、入库、出库材料严格计量把关，并做好相应的验收记录和发放记录。

(2)对有包装的材料，除按包件数实行全数验收外，属于重要的、专用的易燃易爆、有毒物品应逐项逐件点数、验尺和过磅。属于一般通用的，可进行抽查，抽查率不得低于10%。

(3)砂石等大堆材料按计量换算验收，抽查率不得低于10%。

(4)水泥等袋装的材料按袋点数，袋重抽查率不得低于10%。散装的除采取措施卸净外，还应按磅单抽查。

(5)构配件实行点件、点根、点数和验尺的验收方法。

(三)材料保管

1. 材料发放及领用

材料发放及领用是现场材料管理的中心环节，其标志着料具从生产储备转向生产消耗过程中，必须严格执行领发手续，明确领发责任，采取不同的领发形式。凡有定额的工程用料，都应实行限额领料。

2. 现场材料保管

(1)材料保管、保养过程中，应定期对材料数量、质量、有效期限进行盘查核对，对盘查中出现的问题，应有原因分析、处理意见及处理结果反馈。

(2)施工现场的易燃易爆、有毒有害物品和建筑垃圾必须符合环保要求。

(3)对于怕日晒雨淋、对温度及湿度要求高的材料必须入库存放。

(4)对于可以露天保存的材料，应按其材料性能上苫下垫，做好围挡。建筑物内一般不存放材料，确需存放时，必须经消防部门批准，并设置防护措施后方可存放，并标志清楚。

3. 材料使用监督

材料管理人员应该对材料的使用进行分工监督，检查是否认真执行领发手续，是否合理堆放材料，是否严格按设计参数用料，是否严格执行配合比，是否合理用料，是否做到工完料净、工完退料、场退地清、谁用谁清，是否按规定进行用料交底和工序交接，是否按要求保管材料等。检查是监督的手段，检查要做到情况有记录、问题有（原因）分析、责任定明确、处理有结果。

4. 材料回收

班组余料应回收，并及时办理退料手续，处理好经济关系。设施用料、包装物及容器在使用周期结束后应组织回收，并建立回收台账。

（四）周转性材料管理

1. 管理范围

（1）模板：大模板、滑模、组合钢模、异型模、木胶合板、竹模板等。

（2）脚手架：钢管、钢架管、碗扣、钢支柱、吊篮、竹塑板等。

（3）其他周转性材料：卡具、附件等。

2. 堆放

（1）大模板应集中码放，采取防倾斜等安全措施，设置区域围护并标志。

（2）组合钢模板、竹模板应分规格码放，以便于清点和发放，一般码十字交叉垛，高度应控制在 180 cm 以下，并标志。

（3）钢脚手架管、钢支柱等应分规格顺向码放，周围用围栏固定，减少滚动，便于管理，并标志。

（4）周转性材料零配件应集中存放，在装箱、装袋后，做好防护，减少散失并标志。

3. 使用

周转性材料如连续使用，每次使用完都应及时清理、除污，涂刷保护剂，分类码放，以备再用。如不再使用，应及时回收、整理和退场，并办理退租手续。

第三节　项目机械设备管理

一、项目机械设备管理的特点

随着建筑施工机械化水平的不断提高，工程项目施工对机械设备的依赖程度越来越高，机械设备业已成为影响工程进度、质量和成本的关键因素之一。

机械设备是工程项目的主要项目资源，与工程项目的进度、质量、成本费用有着密切的关系。建筑工程项目机械管理就是按优化原则对机械设备进行选择，合理使用与适时更新，因此，建筑工程项目机械设备管理的任务是：正确选择机械，保证其在使用过程中处于良好的状态，减少闲置、损坏，提高其使用率及产出水平。

作为工程项目的机械设备管理，应根据工程项目管理的特点来进行。由于项目经理部不是企业的一个固定的管理层次，没有固定的机械设备，故工程项目机械设备管理应遵循企业机械设备管理规定来进行。对由分包方进场时自带的设备及企业内外租用的设备进行统一的管理，同时必须围绕工程项目管理的目标，使机械设备管理与工程项目的进度管理、质量管理、成本管理和安全管理紧密结合。

二、施工机械设备的获取

施工机械设备的获取方式有：

(1)从本企业专业机械租赁公司租用已有的施工机械设备。

(2)从社会上的建筑机械设备租赁市场租用设备。

(3)进入施工现场的分包工程施工队伍自带施工机械设备。

(4)企业为本工程新购买施工机械设备。

三、施工机械设备的选择

施工机械设备选择的总原则是切合需要、经济合理。

(1)对施工设备的技术经济进行分析，选择满足生产、技术先进且经济合理的施工设备。结合施工项目管理规划，分析购买和租赁的分界点，进行合理配备。如果设备数量多，但相互之间使用不配套，不仅机械性能不能充分发挥，而且会造成浪费。

(2)现场施工设备的配套必须考虑主导机械和辅助机械的配套关系，综合机械化组列中前后工序与施工设备之间的配套关系，大、中、小型工程机械及劳动工具的多层次结构的合理比例关系。

(3)如果多种施工机械的技术性能可以满足施工工艺要求，还应对各种机械的下列特性进行综合考虑：工作效率、工作质量、施工费和维修费、能耗、操作人员及其辅助工作人员、安全性、稳定性、运输、安装、拆卸及操作的难易程度、灵活性、机械的完好性、维修难易程度、对气候条件的适应性、对环境保护的影响程度等。

四、项目机械设备的优化配置

设备优化配置即合理选择设备，并适时、适量投入设备，以满足施工需要。设备在运行中应搭配适当，协调地发挥作用，形成较高的生产率。

1. 选择原则

施工项目设备选择的原则是：切合需要、实际可能、经济合理。设备选择的方法有很多，但必须以施工组织为依据，并根据进度要求进行调整。不同类型的施工方案要计算出不同类型施工方案中设备完成单位实物工作量的成本费，以其中最小者为最佳经济效益。

2. 合理匹配

选择设备时，先根据某一项目特点选择核心设备，再根据充分发挥核心设备效率的原则配以其他设备，组成优化的机械化施工机群。在这里，一是要求核心设备与其他设备的工作能力应匹配合理；二是按照排队理论合理配备其他设备及相应数量，以充分发挥核心设备的能力。

五、项目机械设备的动态管理

实行设备动态管理，确保设备流动高效、有序、动而不乱，应做到以下几点。

1. 坚持定机、定人、人随机走的原则，坚持操作证制度

项目与机械操作手签订设备定机、定人责任书，明确双方的责任与义务，并将设备的

效益与操作手的经济利益联系起来，对重点设备和多班作业的设备实行机长制和严格的交接班制度，以求得在设备动态管理中机械操作手和作业队伍的相对稳定。

2. 加强设备的计划管理

(1)由项目经理部会同设备调控中心编制施工项目机械施工计划，其内容包括由机械完成的项目工程量、机械调配计划等。

(2)依据机械调配计划制订施工项目机械年度使用计划，由设备调控中心下达给设备租赁站，作为与该项目经理部签订设备租赁合同的依据。

(3)机械作业计划由项目经理部编制、执行，起到具体指导施工和检查、督促施工任务完成的作用，设备租赁站也根据此计划制订设备维修、保养计划。

3. 加强设备动态管理的调控和保障能力

项目应配备先进的通信和交通工具，具有一定的检测手段，并集中一批有较高业务素质的管理人员和维修人员，以便及时了解设备使用情况，发现问题迅速处理、排除故障，保证设备正常运行。

4. 坚持零件统一采购制度

选择有一定经验、思想文化素质较高的配件采购人员，选择信誉好、实力强的专业配件供应商，或按计划从原生产厂批量进货，从而保证配件的质量，取得价格上的优惠。

5. 加强设备管理的基础工作

建立设备档案制度，在设备动态管理的条件下，尤其应加强设备动态记录、运转记录、修理记录，并加以分析整理，以便准确地掌握设备状态，制订修理、保养计划。

6. 加强统一核算工作

实行单机核算，并将考核成绩与操作手、维修人员的经济利益挂钩。

六、项目机械设备的使用与维修

1. 使用前的验收

对进场设备进行验收时，应按机械设备的技术规范和产品特点进行，而且还应检查设备的外观质量、部件机构和设备行驶情况、易损件(特别是四轮一带)的磨损情况，发现问题及时解决，并做好详细的验收记录和必要的设备移交手续。

2. 项目机械设备使用注意事项

(1)必须设专(兼)职机械管理员，负责租赁工程机械的管理工作。

(2)建立项目组机械员岗位责任制，明确职责范围。

(3)坚持"三定"制度，发现违章现象必须坚决纠正。

(4)按设备租赁合同对进、出场设备进行验收交接。

(5)设备进场后要按施工平面布置图规定的位置停放和安装，并建立台账。

(6)机械设备安装场地应平整、清洁、无障碍物，排水良好，操作棚及临时用电架设应符合要求，实现现场文明施工。

(7)检查督促操作人员严格遵守操作规程，做好机械日常保养工作，保证机械设备良好、正常运转，不得失保、失修、带病作业。

3. 机械设备的磨损

机械设备的磨损可分为三个阶段：

第一阶段：磨合磨损，包括制造或大修理中的磨合磨损和使用初期的走合磨损，这段时间较短。此时，只要执行适当的磨合期使用规定就可降低初期磨损，延长机械使用寿命。

第二阶段：正常工作磨损，这一阶段零件经过走合磨损，表面的粗糙度提高，磨损较少，在较长时间内基本处于稳定的均匀磨损状态；在这个阶段后期，零件逐渐变坏，磨损也逐渐加快，进入第三阶段。

第三阶段：事故性磨损，此时，由于零件配合的间隙扩展而负荷加大，磨损激增。如果磨损程度超过了极限时不及时修理，就会引起事故性损坏，造成修理困难和经济损失。

4. 机械设备的日常保养

保养工作主要是定期对机械设备有计划地进行清洁、润滑、调整、紧固、排除故障、更换磨损失效的零件，使机械设备保持良好的状态。

在设备的使用过程中，有计划地进行设备的维护保养是非常关键的工作。由于设备某些零件润滑不良、调整不当或存在个别损坏等原因，往往会缩短设备部件的使用时间，进而影响到设备的使用寿命。

例行保养属于正常使用管理工作，它不占用机械设备的运转时间，由操作人员在机械运转间隙进行。而强制保养是隔一定周期，需要占用机械设备运转时间而停工进行的保养。

5. 机械设备的修理

机械设备的修理是指对机械设备的自然损耗进行修复，排除机械运行的故障，对零部件进行更换、修复。机械设备的修理可分为大修、中修和零星小修。

大修是对机械设备进行全面的解体检查修理，保证各零部件质量和配合要求，维持良好的技术状态，恢复可靠性和精度等工作性能，以延长机械的使用寿命。

中修是大修间隔期间对少数组成进行大修的一次性平衡修理，对其他不进行大修的组成只执行检查保养。中修的目的是对不能继续使用的部分组成进行大修，使用整机状况达到平衡，以延长机械设备的大修间隔。

零星小修一般是临时安排的修理，其目的是消除操作人员无力排除的突然故障、个别零件损坏或一般事故性损坏等问题，一般都是和保养相结合，不列入修理计划之中。

第四节　项目技术管理

一、项目技术管理的概念

运用系统的观点、理论与方法对项目的技术要素与技术活动过程进行的计划、组织、监督、控制、协调等全工程、全方位的管理称为项目技术管理。

二、项目技术管理的内容

建筑工程施工是一种复杂的多工种操作的综合过程，其技术管理所包含的内容主要分为施工准备阶段、工程施工阶段、竣工验收阶段。各阶段的主要内容及工作重点如下。

1. 施工准备阶段

本阶段主要是为工程开工做准备，及时搞清工程程序、要求，主要做好以下工作：

（1）确定技术工作目标。根据招标书的要求、投标书的承诺、合同条款以及国家有关标准和规范，拟定相应技术工作目标。

（2）图纸会审。工程图纸中经常出现相互矛盾之处或施工图无法满足施工需要的情况，所以，图纸会审工作往往贯穿于整个施工过程。准备阶段主要是备全所需的图纸，搞清主要项目及线路的走向、标高、相互关系，明确设计意图，以确保需开工项目具备正确、齐全的图纸。

（3）编制施工组织设计，积极准备，及早确定施工方案，确定关键工程施工方法，下发制度并培训相关知识，明确相关要求，使施工人员均有一个清晰的概念，知道自己该如何做。同时，申请开工。

（4）复核工程定位测量。应做好控制桩复测、加桩，地表、地形复测，测设线路主要桩点，确保线路方向明确、主要结构物位置清楚。该项工作人员应投入足够时间和精力，确保工作及时。尤其地表、地形复测影响较大，应加以重视。

在施工准备阶段进行上述工作的同时，还要做好合同管理工作。在招标投标时，清单工程量计算一般较为粗略，项目也有遗漏，所以，本阶段的合同管理工作应着重统计工程量，并应与设计、清单对比，计算出指标性资料，以便于领导做决策。尤为重要的是，应认真研究合同条款，搞清计量程序，制定出发生干扰、延期、停工等索赔时的工作程序及应具备的记录材料。

2. 工程施工阶段

（1）审图、交底与复核工作。该工作必须要细致，应讲清易忽视的环节。对于结构物，尤其小结构物，应注意与地形复核。

（2）隐蔽工程的检查与验收。

（3）试验工作。应及早建立试验室，及早到当地技术监督部门认证标定，同时及早确定原材料并做好各种试验，以满足施工的需要。

（4）编制施工进度计划，并注意调整工作重点、工作方法，落实各种制度，以确保工作体系运行正常。

（5）遇到设计变更或特殊情况，应及时做出反应。在特殊情况下，注意认真记录好有关资料，如明暗塘、清淤泥、拆除既有结构、停工、耽误、地方干扰等变化情况，应有书面资料及时上报，同时应及时取得现场监理的签认。

（6）计量工作。计量工作包括计量技术和计量管理，其具体内容包括：计量人员职责范围，仪器仪表使用、运输、保管，制定计量工作管理制度，为施工现场正确配置计量器具，合理使用、保管并定期进行检测和及时修理或更换计量器具。确保所有仪表与器具精度、检测周期和使用状态符合要求。

（7）资料收集整理归档。这项工作目前占有越来越重要的地位，应做到资料与工程施工同步进行，力求做到工程完工时，资料整理也签认完毕。做好资料收集整理归档工作不但便于计量，也使工程项目具有可追溯性。建立详细的资料档案台账，确保归档资料正确、工整、齐全，为竣工验收做准备。

3. 竣工验收阶段

（1）工程质量评定、验交和报优工作。如果有条件，可请业主、设计人员等依据平时收集的资料申报优质工程。

（2）工程清算工作。依据竣工资料、联系单等进行末次清算。

（3）资料收集、整理。对于工程日志，工程大事记录，质检、评定资料，工程照片，监理及业主来文、报告、设计变更、联系单、交底单等，应收集齐全、整理整齐。

三、项目技术管理制度

（一）图纸审查制度

1. 审查内容

图纸审查主要是为了学习和熟悉工程技术系统，并检查图纸中出现的问题。图纸包括设计单位提交的图纸以及根据合同要求由承包人自行承担设计和深化的图纸。图纸审查的步骤包括学习、初审、会审三个阶段。

2. 问题处理

对图纸审查中提出的问题，应进行详细记录整理，以便与设计单位协商处理。在施工过程中，应严格按照合同要求执行技术核定和设计变更签证制度，所有设计变更资料都应纳入工程技术档案。

（二）技术交底制度

技术交底是在前期技术准备工作的基础上，在开工前以及分部、分项工程及重要环节正式开始前，对参与施工的管理人员、技术人员和现场操作工人进行的一次性交底，其目的是使参与施工的人员对施工对象从设计情况、建筑施工特点、技术要求、操作注意事项等方面有一个详细的了解。

（三）技术复核制度

凡是涉及定位轴线，标高，尺寸，配合比，皮数杆，预留洞口，预埋件的材质、型号、规格，预制构件吊装强度等技术数据，都必须根据设计文件和技术标准的规定进行复核检查，并做好记录和标志，以避免因技术工作的疏忽、差错而造成工程质量和安全事故。

（四）施工项目管理规划审批制度

施工项目管理实施规划必须经企业主管部门审批，才能作为建立项目组织机构、施工部署、落实施工项目资源和指导现场施工的依据。当实施过程中主、客观条件发生变化，需要对施工项目管理实施规划进行修改、变更时，应报请原审批人同意后方可实施。

（五）工程洽商、设计变更管理制度

施工项目经理部应明确责任人，做到使设计变更所涉及的内容和变更项所在的图纸编号、节点编号清楚，内容详尽，图文结合，明确变更尺寸、单位、技术要求。由于工程洽商、设计变更涉及技术、经济、工期等诸多方面，故施工企业和项目部应实行分级管理，明确各项技术洽商分别由哪一级、谁负责签证。

（六）施工日记制度

施工日记既可用于了解、检查和分析施工的进展变化、存在问题与解决问题的结果，又可用于辅助证实施工索赔、施工质量检验评定以及质量保证等原始资料形成过程的客观真实性。

本章小结

建筑工程项目资源管理是完成建筑工程项目和施工任务的重要手段，也是工程项目目标得以实现的重要保证。建筑工程项目资源管理的主体是以项目负责人（项目经理）为首的项目经理部，管理的客体是与施工活动相关的各生产要素。要加强对建筑工程项目的资源管理，就必须对工程项目的各项生产要素进行认真的分析和研究。本章主要介绍建筑工程项目资源管理的要点和方法。

思考与练习

一、单项选择题

1. ( )是确定暂设工程规模和组织劳动力进场的依据。

   A. 劳动力需求量计划　　　　　　　 B. 管理人员需要量计划

   C. 专业技术人员需要量计划　　　　 D. 平均劳动力需求量计划

2. 间接计算法中不包括( )。

   A. 概算指标法　　　　　　　　　　 B. 比例计算法

   C. 因素分析法　　　　　　　　　　 D. 经验估算法

3. 总公司、分公司的两位材料管理业务人员到外单位及材料公司各仓库提送料，并验收质量属于材料验收方法中的( )。

   A. 双控把关　　　　　　　　　　　 B. 联合验收把关

   C. 收料员验收把关　　　　　　　　 D. 提料验收把关

4. 对于重要的专用的易燃、易爆、有毒的物品，抽查率不得低于( )。

   A. 5%　　　　　 B. 6%　　　　　 C. 8%　　　　　 D. 10%

5. 水泥等袋装的材料按袋点数、袋重抽查率不得低于( )。

   A. 5%　　　　　 B. 6%　　　　　 C. 8%　　　　　 D. 10%

6. 组合钢模板的高度应控制在( )cm 以下。

   A. 150　　　　　 B. 180　　　　　 C. 200　　　　　 D. 250

二、简答题

1. 什么是项目资源管理？

2. 项目资源管理的主要过程有哪些？

3. 项目资源管理的主要内容是什么？

4. 简述劳动力的配置原则。

5. 简述劳动力的动态管理。

6. 简述材料管理计划。

7. 施工机械设备的获取方法有哪些？

8. 项目技术管理制度有哪些？

第十章 建筑工程项目信息管理

知识目标

1. 了解信息、工程项目管理信息、工程项目信息管理的概念和基本要求，熟悉工程项目信息管理的内容、方法等。

2. 掌握建筑工程项目信息过程管理，即项目信息的收集、加工、整理、输出的内容及步骤。

3. 了解工程管理信息化的含义、发展阶段及意义；熟悉项目管理信息系统的定义、特点及常见项目管理软件。

能力目标

1. 具备建筑工程项目信息过程管理的能力。
2. 能够使用计算机辅助建筑工程项目信息管理。

第一节 建筑工程项目信息管理概述

一、工程项目信息

(一)信息

信息来源于拉丁语"information"一词，原是"陈述、解释"的意思，后来泛指消息、音信、情报、新闻、信号等。在人类社会中，信息无处不在，没有一种工作不需要涉及某种信息处理。信息是需要被记载、加工和处理的，是需要被交流和使用的。为了记载信息，人们使用了各种各样的物理符号和它们的组合，这些符号及其组合就是数据。

电话、电视、电子计算机的出现及其广泛使用，把人类带入了崭新的信息时代，互联网的飞速发展就是一个很好的例证。用口头、书面、电子等方式传输(传达、传递)知识、新闻、情报都属于信息。

(二)工程项目管理信息

1. 管理信息

管理信息是指那些以文字、数据、图表、音像等形式描述的，能够反映管理组织中各种业务活动在空间上的分布和时间上的变化程度，并对组织的管理决策和管理目标的实现有参考价值的数据和情报资料。

2. 工程项目信息

工程项目的实施是一个复杂的过程，包含众多的信息，这些信息来源广泛，相互联系，彼此交叉，形成庞大的信息体系。如果这个体系中的某一部分出现问题，将影响整个工程项目的实施。有资料显示：工程项目建设实施过程中存在的众多问题中有 2/3 与信息交流出现问题有关；项目 10%～33% 的费用增加与信息交流存在的问题有关；信息交流问题导致工程变更和工程实施错误的占到工程总成本的 3%～5%。可见，项目的信息管理是至关重要的一项工作。工程项目信息包括在项目决策过程、实施过程(建设准备、设计、施工和物资采购过程等)和试运行过程中产生的信息，以及其他与项目建设有关的信息，如项目的组织类信息、管理类信息、经济类信息、技术类信息和法规类信息。

3. 建筑工程信息的分类原则及方法

(1)建筑工程信息的分类原则。对建筑工程的信息进行分类必须遵循以下基本原则：

1)稳定性。信息分类应选择分类对象最稳定的本质属性或特征作为信息分类的基础和标准。信息分类体系应建立在对基本概念和划分对象的透彻理解基础之上。

2)兼容性。项目信息分类体系必须考虑到项目各参与方所应用的编码体系的情况，项目信息分类体系应能满足不同项目参与方高效信息交换的需要。同时，与有关国际、国内标准的一致性和兼容性也是应考虑的内容。

3)可扩展性。项目信息分类体系应具备较强的灵活性，以便在使用过程中进行扩展。在分类中，通常应设置收容类目(或称为"其他")，以保证增加新的信息类型时不至于打乱已建立的分类体系，同时，一个通用的信息分类体系还应为具体环境中信息分类体系的拓展和细化创造条件。

4)逻辑性。项目信息分类体系中信息类目的设置有着极强的逻辑性，如要求同一层面上各个子类互相排斥。

5)综合实用性。信息分类应从系统工程的角度出发，放在具体的应用环境中进行整体考虑。这体现在信息分类的标准与方法的选择上，应综合考虑项目的实施环境和信息技术工具，确定具体应用环境中的项目信息分类体系，避免对通用信息分类体系的生搬硬套。

(2)建筑工程信息的分类方法。

1)线分类法。将分类对象按所选定的若干属性或特征(作为分类的划分基础)逐次分成相应的若干个层级目录，并排列成一个有层次的、逐级展开的树状信息分类体系。在这一分类体系中，同一层面的同位类目间存在并列关系，同位类目间不重复、不交叉。线分类法具有良好的逻辑性，是最为常见的信息分类方法。

2)面分类法。将所选定的分类对象的若干个属性或特征视为若干个"面"，每个"面"中又可以分成许多彼此独立的若干个类目。在使用时，可根据需要将这些"面"中的类目组合在一起，形成一个复合的类目。面分类法具有良好的适应性，而且有利于计算机处理信息。在工程实践中，由于工程项目信息的复杂性，单独使用一种信息分类方法往往不能满足使用者的需要。在实际应用中往往是根据应用环境组合使用，以某一种分类方法为主，辅以另一种方法，同时进行一些人为的特殊规定以满足信息使用者的要求。

4. 建筑工程项目信息的分类和表现形式

(1)建筑工程项目信息的分类。业主方和项目参与各方可根据各自的项目管理需求确定其信息管理的分类，但为了信息交流的方便和实现部分信息共享，应尽可能做一些统一分类的规定，如项目的分解结构应统一。可以从不同的角度对建筑工程项目的信息进行分类。

1)按项目管理工作的对象即按项目的分解结构进行分类(如子项目1、子项目2等)。

2)按项目实施的工作过程进行分类(如设计准备、设计、招标投标和施工过程等)。

3)按项目管理工作的任务进行分类(如投资控制、进度控制、质量控制等)。

4)按信息的内容属性进行分类(如组织类信息、管理类信息、经济类信息、技术类信息等)，如图10-1所示。

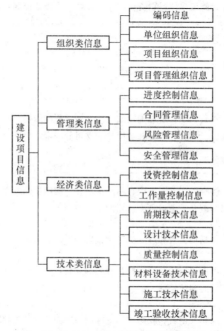

图 10-1　建筑项目的信息按内容属性的分类

(2)建筑工程项目信息的表现形式。建筑工程项目信息的表现形式见表10-1。

表 10-1　建筑工程项目信息的表现形式

表现形式	示　　例
书面形式	设计图纸，说明书，任务书，施工组织设计，合同文本，概预算书，会计、统计等各类报表，工作条例，规章，制度等 会议纪要、谈判记录、技术交底记录、工作研讨记录等 个别谈话记录：如监理工程师口头提出、电话提出的工程变更要求，在事后应及时追补的工程变更文件记录、电话记录等
技术形式	由电报、录像、录音、磁盘、光盘、图片、照片等记载储存的信息
电子形式	电子邮件、Web网页

5. 建筑工程项目信息编码的方法

编码由一系列符号（如文字）和数字组成，编码是信息处理的一项重要的基础工作。一个建筑工程项目有不同类型和不同用途的信息。为了有组织地存储信息，方便信息的检索和信息的加工整理，必须对项目的信息进行编码，其编码方法见表 10-2。

表 10-2　建筑工程项目信息的编码方法

类　　别	内　　容
项目的结构编码	依据项目结构图对项目结构的每一层的每一个组成部分进行编码
项目管理组织结构编码	依据项目管理的组织结构图，对每一个工作部门进行编码
项目的政府主管部门和各参与单位编码	包括政府主管部门、业主方的上级单位或部门、金融机构、工程咨询单位、设计单位、施工单位、物资供应单位、物业管理单位等
项目实施的工作项编码	应覆盖项目实施的工作任务目录的全部内容，包括：设计准备阶段的工作项；设计阶段的工作项；招标投标工作项；施工和设备安装工作项；项目动用前的准备工作项等
项目的投资项编码（业主方）/成本项编码（施工方）	不是概预算定额确定的分部分项工程的编码，而是综合考虑概算、预算、招标控制价（标底）、合同价和工程款的支付等因素，建立统一的编码，以服务于项目投资目标的动态控制
项目的进度项（进度计划的工作项）编码	综合考虑不同层次、不同深度和不同用途的进度计划工作项的需要，建立统一的编码，服务于项目进度目标的动态控制
项目进展报告和各类报表编码	包括项目管理形成的各种报告和报表的编码
合同编码	参考项目的合同结构和合同的分类，应反映合同的类型、相应的项目结构和合同签订的时间等特征
函件编码	反映发函者、收函者、函件内容所涉及的分类和时间等，以便函件的查询和整理
工程档案编码	根据有关工程档案的规定、项目的特点和项目实施单位的需求而建立

以上这些编码是因不同的用途而编制的，如项目的投资项编码（业主方）/成本项编码（施工方）服务于投资控制工作/成本控制工作；项目的进度项编码服务于进度控制工作。但是有些编码并不是针对某一项管理工作而编制的，如投资控制/成本控制、进度控制、质量控制、合同管理、编制项目进展报告等，都要使用项目的结构编码，因此，就需要进行编码的组合。

二、工程项目信息管理

(一)工程项目信息管理的概念

工程项目信息管理是对项目信息的收集、整理、处理、存储、传递与应用等一系列工作的总称，也就是把项目信息作为管理对象进行管理。工程项目信息管理的目的是根据项目信息的特点，有计划地组织信息沟通，以保证决策者能及时、准确地获得所需的信息。

（二）工程项目信息管理的基本要求

工程项目信息管理的目的是为预测未来和正确决策提供科学依据，其主要作用是通过动态、及时的信息处理和有组织的信息流通，使项目经理和各级管理人员能全面、及时、准确地获得所需的信息，以便采取正确的决策和行动。

1. 严格保证信息的时效性，做到适时提供信息

一项信息如果不严格注意时间，那么信息的价值就会随之消失。因此，能适时提供信息，往往对指导工程施工十分有利，甚至可以取得很大的经济效益。

2. 要有针对性与实用性

信息管理的重要任务之一就是如何根据需要，提供针对性强、十分适用的信息。如果仅仅能提供成沓的细部资料，其中又只能反映一些普通的、并不重要的变化，这样会使决策者在花费许多时间去阅览这些作用不大的烦琐细状后，仍得不到决策所需要的信息，最终，使信息管理起不到应有的作用。

要提供针对性强、适用性高的信息就应做到以下几方面：

（1）将过去和现在、内部和外部、计划与实施等加以对比分析，使之可明确看出当前的情况和发展的趋势。

（2）有适当的预测和决策支持信息，使之更好地为管理决策服务，以取得应有的效益。

（3）通过运用数理统计等方法，对收集的大量庞杂的数据进行分析，找出影响重大的方面和因素，并力求给予定性和定量的描述。

3. 所提供的信息具有必要的精确度，以满足使用要求为限

要使信息具有必要的精确度，则要对原始数据进行认真的审查和必要的校核，避免分类和计算错误。即使是加工整理后的资料，也需要做细致的复核。只有这样才能使信息有效、可靠。但信息的精确度应以满足使用要求为限，并不一定是越精确越好，因为不必要的精确度，需耗用更多的精力、费用和时间，容易造成浪费。

4. 综合考虑信息成本及信息收益，实现信息效益最大化

各项资料的收集和处理所需要的费用直接与信息收集的多少、难易等因素有关，要求越细、越完整，则费用越高。

（三）工程项目信息管理的内容

1. 信息收集

信息收集的方法有两种：一种是直接到信息产生的现场去调查研究，如进行检查、试验等；另一种是收集、整理已有的信息情报资料，间接获取信息，如查阅原始记录、分析报告，浏览报纸、杂志等。

2. 信息传递

（1）将收集到的信息及时传递到信息管理者手中（或有关部门）是项目信息管理的一项重要内容，就是要求建立一套合理的信息传递制度，并使其标准化。通过传递形成信息流，可以不断地将有关信息传达到项目管理人员手中，使其有依据地开展工作。

（2）项目实施过程中各部门、各科室、各组之间有许多日常资料需要专人负责传递。信

息传递可以通过通信(电话、E-mail 等)、会议纪要、正式报告等方式进行，具体采取哪种方式应考虑信息需求的紧迫性、技术的可获得性、参与者的经验与能力、项目周期与环境等。

3. 信息加工与处理

(1)将组织收集到的原始信息根据管理的不同需要及要求，运用一定的设备、技术、手段和方法进行分析处理，以获得可供利用的或可存储的真实可靠的信息资料。

(2)对初始的原始信息的加工主要包括判断、分类整理、分析和计算等几方面的工作。判断是为了剔除原始信息中的一些虚假信息和水分，以获得真实的、可靠的信息。分类整理是按一定的标准，如时间、地点、使用目的、所反映的业务性质等，将信息分门别类，排列成序。利用数理统计、运筹学等方法对数据信息进行分析和计算，可以得到符合需要的数据。

4. 信息存储

对信息进行加工处理后，必须将其存储起来，以供随时调用。因此，对处理加工后的信息结果，可编辑成文件或装订成册，并以一定的形式归档保存。归档保存分为文档的形式和计算机的方式。

5. 信息使用

信息的准确性是指要保持数据的最新状态，使数据在合理的误差范围之内。信息的及时性是指能够及时地提供信息，常用的信息放在易取的地方，能够高速度、高质量地把各类信息、各种信息的报告提供(或被检索)到使用者手中。信息的安全性和保密性是指要防止信息受到破坏和信息失窃。

(四)工程项目信息管理的方法

1. 信息的采集与筛选

必须在施工现场建立一套完善的信息采集制度，通过现场代表或监理的施工记录、工程质量记录及各方参加的工地会议纪要等方式，广泛收集初始信息，并对初始信息加以筛选、整理、分类、编辑、计算等，变换为可以利用的形式。

2. 信息的处理与加工

信息处理应符合及时、准确、适用、经济的原则，处理的内容包括信息的收集、加工、传输、存储、检索与输出。信息的加工既可以通过管理人员利用图表数据来进行手工处理，也可以利用计算机进行数据处理。

3. 信息的利用与扩大

在管理中必须更好地利用信息、扩大信息，可利用的信息具有如下特性：

(1)适用性。

1)必须能为使用者所理解。

2)必须能为决策服务。

3)必须与工程项目组织机构中的各级管理相联系。

4)必须具有预测性。

(2)及时性。信息必须能为适时做出决策和控制服务。

(3)可靠性。信息必须完整、准确，不能导致决策控制的失误。

(五)工程资料文档管理

在工程项目上,许多信息是以资料文档为载体进行收集、加工、传递、存储、检索和反馈的,因此,工程资料文档管理是项目信息管理的重要组成部分。工程资料应随工程进度及时收集、整理,并应按专业归类,认真书写,字迹清楚,项目齐全、准确、真实,无未了事项,所用表格应统一规范。在采用计算机辅助信息管理时,对工程资料文档的管理应采用资料数据打印输出加手写签名和全部数据采用计算机数据库管理并行的方式进行,其格式应符合有关规范标准的规定。对规模较大的工程项目,可通过计算机工程资料管理系统来进行工程资料的管理,实现资料管理的标准化、规范化和科学化。

需归档整理的资料文档的编制要求如下:

(1)归档的工程文件一般应为原件。

(2)工程文件的内容及其深度必须符合国家有关工程勘察、设计、施工、监理等方面的技术规范、标准和规程。

(3)工程文件的内容必须真实、准确,与工程实际相符合。

(4)工程文件应采用耐久性强的书写材料,如碳素墨水、蓝黑墨水,不得使用易褪色的书写材料。

(5)工程文件应字迹清楚、图样清晰、图表整洁,签字盖章手续齐全。

(6)工程文件中文字材料幅面尺寸规格宜为 A4 幅面,图纸宜采用国家标准图幅。

(7)工程文件的纸张应采用能够长期保存的韧力大、耐久性强的纸张。图纸一般采用晒蓝图,竣工图应是新蓝图。计算机出图必须清晰,不得使用计算机所出图纸的复印件。

(8)所有竣工图均应加盖竣工图章。

(9)利用施工图改绘竣工图,必须标明变更修改依据。凡施工图结构、工艺、平面布置等有重大改变,或变更部分超过图面 1/3 的,应当重新绘制竣工图。

(10)不同幅面的工程图纸,应统一折叠成 A4 幅面,图标栏露在外面。

(11)工程档案资料的照片(含底片)及声像档案,要求图像清晰、声音清楚,文字说明或内容准确。

(12)工程文件应采用打印的形式,并使用档案规定用笔,手工签字。在不能够使用原件时,应在复印件或抄件上加盖公章并注明原件保存处。

第二节 建筑工程项目信息过程管理

一、项目信息的收集

信息收集就是收集原始信息,这是很重要的基础工作。信息管理工作质量的好坏,很大程度上取决于原始资料的全面性和可靠性。

在工程项目建设的每一个阶段都要进行大量的工作,这些工作将会产生大量的信息。而在这些信息中包含着丰富的内容,它们将是实施项目管理的重要依据,因此,应充分了解和掌握这些内容。

1. 建筑工程决策阶段的信息收集

由于建筑工程决策阶段对建筑工程项目的效益影响很大，应该首先进行项目决策阶段相关信息的收集。该阶段信息收集工作主要是收集工程项目外部的宏观信息，要收集过去的、现代的和未来的与项目相关的信息，具有较多的不确定性。

在建筑工程前期决策阶段，应向有关单位收集以下资料：

(1)批准的"项目建议书""可行性研究报告"及"设计任务书"。

(2)批准的建设选址报告、城市规划部门的批文、土地使用要求、环保要求。

(3)工程地质和水文地质勘察报告、区域图、地形测量图。

(4)地质气象和地震烈度等自然条件资料。

(5)矿藏资源报告。

(6)设备条件。

(7)规定的设计标准。

(8)国家或地方的监理法规或规定。

(9)国家或地方有关的技术经济指标和定额等。

对这些信息的收集是为了帮助建设单位避免决策失误，进一步开展调查和投资机会研究，编写可行性研究报告，进行投资估算和工程建设经济评价。

2. 建筑工程设计阶段的信息收集

设计阶段是工程建设的重要阶段。建筑设计阶段决定了工程规模，建筑形式，工程的概预算，技术的先进性、适用性，标准化程度等一系列具体的要素。在这个阶段将产生一系列的设计文件，它们是业主选择承包人以及在施工阶段实施项目管理的重要依据。

在建筑工程设计阶段，应注意收集以下资料：

(1)可行性研究报告，前期相关文件资料，存在的疑点和建设单位的意图，建设单位前期准备和项目审批完成的情况。

(2)同类工程相关信息，如建筑规模，结构形式，造价构成，工艺、设备的选型，地质处理方式及实际效果，建设工期，采用新材料、新工艺、新设备、新技术的实际效果及存在的问题，技术经济指标。

(3)拟建工程所在地相关信息，如地质、水文情况，地形地貌、地下埋设和人防设施情况，城市拆迁政策和拆迁户数，青苗补偿，周围环境(水、电、气、道路等的接入点，周围建筑、学校、医院、交通、商业、绿化、消防、排污)。

(4)工程所在地政府相关信息，如国家和地方政策、法律、法规、规范规程、环保政策、政府服务情况和限制等。

(5)设计中的设计进度计划，设计质量保证体系，设计合同执行情况，产生偏差的原因及纠偏措施，专业间设计交接情况，执行的规范、规程、技术标准，特别是强制性规范执行的情况，设计概算和施工图预算结果。了解超限额的原因，了解各设计工序对投资的控制等。

(6)勘察、测量、设计单位相关信息，如同类工程完成情况和实际效果，完成该工程项目的人员构成，设备投入状况，质量管理体系完善情况，创新能力，收费情况，施工期间技术服务主动性和处理问题的能力，设计深度和技术文件质量，专业配套能力，设计概算和施工图预算编制能力，合同履约情况，采用新技术、新设备能力等。

因设计阶段信息的收集范围广泛、来源较多、不确定因素较多、外部信息较多、难度较大，所以，信息收集者既要有较高的技术水平和较广的知识面，又要有一定的相关设计经验、投资管理能力和信息综合处理能力，才能完成该阶段的信息收集。

3. 建筑工程施工招标投标阶段的信息收集

施工招标投标阶段的信息收集，有助于建设单位编写好招标书，选择好施工单位和项目经理、项目班子，有利于签订好施工合同，为保证施工阶段目标的实现打下良好基础。

建筑工程施工招标投标阶段，应注意收集以下几个方面的资料：

(1)所在地招标投标代理机构的能力与特点，所在地招标投标管理机构及管理程序。

(2)工程地质、水文地质勘察报告，施工图设计及施工图预算、设计概算，设计、地质勘察、测绘的审批报告等方面的信息，特别是该建筑工程有别于其他同类工程的技术要求、材料、设备、工艺、质量要求等有关信息。

(3)工程造价的市场变化规律及所在地区的材料、构件、设备、劳动力差异。

(4)本工程适用的规范、规程、标准，特别是强制性规范。

(5)建设单位建设前期报审文件，立项文件，建设用地、征地、拆迁文件。

(6)该建筑工程采用的新技术、新设备、新材料、新工艺，投标单位对"四新"的处理能力和了解程度、经验、措施。

(7)当地施工单位的管理水平、质量保证体系、施工质量、设备、机具能力。

(8)所在地关于招标投标有关法规、规定，国际招标、国际贷款指定适用的范本，本工程适用的建筑施工合同范本及特殊条款精髓所在。

在施工招标投标阶段，要求信息收集人员充分了解施工设计和施工图预算，熟悉法律法规，熟悉招标投标程序，熟悉合同示范范本，特别要求在了解工程特点和工程量分解上有一定能力，这样才能为工程建设决策提供必要的信息。

4. 建筑工程施工阶段的信息收集

工程建设的施工阶段，可以说是大量的信息产生、传递和处理的阶段，工程建设者的信息管理工作，也主要集中在这一阶段。

(1)收集业主提供的信息。业主作为工程项目建设的组织者，在施工中要按照合同文件规定提供相应的条件，并要不时表达对工程各方面的意见和看法，下达某些指令。因此，应及时收集业主提供的信息。

对业主提供信息的收集工作应从以下方面进行：

1)当业主负责某些材料的供应时，需收集提供材料的品种、数量、质量、价格、提货地点、提货方式等信息。如一些工程项目中，甲方对钢材、木材、水泥、砂石等主要材料，在施工过程中以某一价格提供给乙方使用，甲方应及时将这些材料在各个阶段提供的数量、材料证明、试验资料、运输距离等情况告诉有关方面。

2)对于业主在建设过程中对有关进度、质量、投资、合同等方面的意见和看法，监理工程师应对其及时收集，同时也应及时收集甲方的上级单位对工程建设的各种意见和指令。

(2)收集承包人提供的信息。施工单位在施工过程中，现场所发生的各种情况均包含了大量的内容，施工单位自身必须掌握和收集这些内容。经收集和整理后，施工单位将其汇集成丰富的信息资料。施工单位在施工中必须经常向有关单位，包括上级部门、设计单位、监理单位及其他方面发出某些文件，传达一定的内容。如向监理单位报送施工组织设计，报送各种计划、单项工程施工措施、月支付申请表、各种工程项目自检报告、质量问题报告、有关问题的意见等。

(3)工程项目监理的记录。工程师代表(驻地工程师)的监理记录，主要包括工程施工历史记录、工程质量记录、工程计量和工程付款记录、竣工记录等内容。

1)工程施工历史记录。

①现场监理人员的日报表。现场监理人员的日报表主要包括：当天的施工内容，当天参加施工的人员(工种、数量、施工单位等)，当天施工用的机械(名称、数量等)，当天发生的施工质量问题，当天施工进度与计划施工进度的比较(若发生施工进度拖延，应说明其原因)，当天的综合评价，其他说明(应注意的事项)。

现场监理人员的日报表可采用表格式，力求简明，要求每日填报，一式两份。

②工地日记。工地日记主要包括：现场监理人员的日报表，现场每日的天气、水情记录，监理工作纪要，其他有关情况与说明等。

③现场每日的天气、水情记录。现场每日的天气、水情记录主要包括：当天的最高、最低气温，当天的降雨、降雪量，当天的风力，当天的天气状况，当天坝址最大流量，当天最高水位，当天因自然原因损失的工作时间等。若施工现场区域大、工地的气候情况差别较大，则应记录两个或多个地方的气候资料。

④驻施工现场监理负责人日记。驻施工现场监理负责人日记主要包括：当天所做的重大决定；当天对施工单位要求的主要指标；当天发生的纠纷及可能的解决办法；该工段项目监理总负责人或其代表在施工现场谈及的问题；当天与该工程项目监理总负责人的口头谈话摘要；当天对驻施工现场监理工程师(监理人员)的指示；当天与其他人达成的任何主要协议，或对其他人的主要指示等。该日记属驻施工现场监理负责人的个人记录，应属于日记录。

⑤驻施工现场监理负责人周报。驻施工现场监理负责人应每周向工程项目监理总负责人(总监理工程师)汇报一周内所发生的重大事件。

⑥驻施工现场监理负责人月报。驻施工现场监理负责人应每月向监理总负责人及业主汇报下列情况：工程施工进度状况(与合同规定的进度做比较)；工程款支付情况；工程进度拖延的原因分析；工程质量情况与问题；工程进展中的主要困难与问题，如施工中的重大差错，重大索赔事件，材料、设备供货困难，组织、协调方面的问题，异常的天气情况等。

⑦驻施工现场监理负责人对施工单位的指示。驻施工现场监理负责人对施工单位的指示的主要内容为：正式函件(用于极重大的指示)，日常指示，如在每日工地协调会中发出的指示，在施工现场发出的指示等。

⑧驻施工现场监理负责人给施工单位的补充图纸。

2)工程质量记录。工程质量记录可分为试验记录和质量评定记录。

3)工程计量和工程付款记录。

4)工程竣工记录。

(4)工地会议记录。工地会议是监理工作的一种重要方法，会议中包含着大量的信息。监理工程师必须重视工地会议，并建立一套完善的会议制度，以便于会议信息的收集。会议制度包括会议的名称、主持人、参加人、举行会议的时间及地点等，每次会议都应有专人记录，会议后应有正式会议纪要和工程会议记录表。工地会议属监理工程师行政管理的一部分，它包括开工前的第一次会议及开工后的经常工地会议。工地会议记录忠实于会议发言，原话必录，以确保记录的真实性。工地会议记录应针对会议内容编制相应的表格，以使数据格式规范，便于计算机进行处理。

(5)收集来自其他方面的信息。在工程建设的施工阶段，除上述几个方面产生各种信息外，其他方面也有信息产生，如设计单位、物资供应单位、建设银行、国家及地方政府有关部门、供电部门、供水部门、通信及交通运输部门等都会产生大量信息，项目管理人员也应注意收集这些信息，它们同样是实施建筑项目管理的重要依据。

5. 建设工程竣工阶段的信息收集

工程项目竣工阶段的信息建立在施工期日常信息积累的基础上。传统工程管理和现代工程管理最大的区别在于传统工程管理不重视信息的收集和规范化，数据不能及时收集整理，往往采取事后补填或做"假数据"应付了事。现代工程管理则要求数据实时记录，真实反映施工过程，可以真正做到积累在平时，而竣工保修期只是建设各方最后的汇总和总结。

建筑工程竣工阶段需要收集的信息有：

(1)工程准备阶段文件。工程准备阶段文件如立项文件，建设用地、征地、拆迁文件，开工审批文件等。

(2)监理文件。监理文件如监理规划、监理实施细则、有关质量问题和质量事故的相关记录、监理工作总结以及监理过程中各种控制和审批文件等。

(3)施工资料。施工资料分为建筑安装工程和市政基础设施工程两大类。

(4)竣工图。竣工图分建筑安装工程和市政基础设施工程两大类。

(5)竣工验收资料。竣工验收资料如工程竣工总结、竣工验收备案表、电子档案等。

二、项目信息的加工、整理

1. 项目信息加工、整理的步骤

原始数据收集后，需要将其进行加工整理以使它成为有用的信息。加工整理一般的操作步骤如下：

(1)依据一定的标准将数据进行排序或分组。

(2)将两个或多个简单有序的数据集按一定顺序连接、合并。

(3)按照不同的目的计算求和或求平均值等。

(4)为快速查找建立索引或目录文件等。

2. 项目信息加工、整理的内容

在建筑工程的施工过程中，信息加工整理的内容主要有以下几个方面：

(1)工程施工进展情况。工程师每月、每季度都要对工程进度进行分析、对比并做出综合评价，包括当月(季)整个工程各方面实际完成量，即用实际完成数量与合同规定的计划数量进行比较。如果某些工作的进度拖后，应分析其原因、存在的主要困难和问题，并提出解决问题的建议。

(2)工程质量情况与问题。工程师应系统地将当月(季)施工过程中的各种质量情况在月报(季报)中进行归纳和评价,包括现场检查中发现的各种问题、施工中出现的重大事故,对各种情况、问题、事故的处理意见。如有必要,可定期印发专门的质量情况报告。

(3)工程结算情况。工程价款结算一般按月进行。工程师要对投资耗费情况进行统计分析。在统计分析的基础上做一些短期预测,以便为业主在组织资金方面的决策提供可靠依据。

(4)施工索赔情况。在工程施工过程中,由于业主的原因或外界客观条件的影响使承包方遭受损失,承包人提出索赔;或由于承包人违约使工程蒙受损失,业主提出索赔,工程师可提出索赔处理意见。

三、项目信息的输出

(一)项目信息输出格式设计

项目信息输出格式设计、输出信息的表格设计应以满足用户需要及习惯为目标。表格形式主要由表头、表地和存放正文的"表体"三部分组成。

(二)项目信息输出内容设计

(1)原始基础数据类。原始基础数据类如市场环境信息等,这类数据主要用于辅助企业决策,其输出方式主要采用屏幕输出,即根据用户查询、浏览和比较的结果来输出,必要时也可打印。

(2)过程数据类。过程数据类主要由原始基础数据推断、计算、统计、分析而得,如市场需求量的变化趋势、方案的收支预测数、方案的财务指标、方案的敏感性分析等,这类数据采用以屏幕输出为主、打印输出为辅的输出方式。

(3)文档报告类。文档报告类主要包括市场调查报告、经济评价报告、投资方案决策报告等,这类数据主要是存档、备案、送上级主管部门审查之用,因而采取打印输出的方式,而且打印的格式必须规范。

(三)建筑工程信息的反馈

信息反馈在工程项目管理过程中起着十分重要的作用。信息反馈就是将输出信息的作用结果再返送回来的过程,也就是施控系统将信息输出,输出的信息对受控系统作用的结果又返回施控系统,并对施控系统的信息再输出发生影响的过程。

1. 信息反馈的特征

(1)及时性。在某项决策实施以后,要及时反馈真实情况,如果不及时,会使反馈的情况失去价值,不能对决策过程中出现的不妥当之处进行进一步完善,对决策本身造成不良影响,甚至导致决策的失败。

(2)针对性。信息反馈具有很强的针对性,它是针对特定决策所采取的主动采集和反映,而不同于一般的反映情况。

(3)连续性。对某项决策的实施情况必须进行连续、有层次的反馈,否则,不利于认识的深化,会影响到决策的进一步完善和发展。

(4)滞后性。虽然信息反馈始终贯穿于信息的收集、加工、存储、检索、传递等众多环节之中，但它主要还是表现在这些环节之后的信息"再传递"和"再返送"上。

2. 信息反馈的方法

（1）跟踪反馈法。跟踪反馈法主要是指在决策实施过程中，对特定主题内容进行全面跟踪，有计划、分步骤地组织连续反馈，形成反馈系列。跟踪反馈法具有较强的针对性和计划性，能够围绕决策实施主线，比较系统地反映决策实施的全过程，便于决策机构随时掌握相关情况，控制工作进度，及时发现问题，实行分类领导。

（2）典型反馈法。典型反馈法主要是指通过某些典型组织机构的情况、某些典型事例、某些代表性人物的观点言行，将其实施决策的情况以及对决策的反映反馈给决策者。

（3）组合反馈法。组合反馈法主要是指在某一时期将不同阶层、不同行业和单位对决策的反映，通过一组信息分别进行反馈。由于每一反馈信息着重突出一个方面、一类问题，故将所有反馈信息组合在一起，便可以构成一个完整的面貌。

（4）综合反馈法。综合反馈法主要是指将不同地区、阶层和单位对某项决策的反映汇集在一起。通过分析归纳，找出其内在联系，形成一套比较完整、系统的观点与材料，并加以集中反馈。

第三节　计算机在建筑工程项目信息管理中的运用

一、工程管理信息化的内涵

1. 工程管理信息化的概念

信息化是指信息资源的开发和利用，以及信息技术的开发和应用。信息化是继人类社会农业革命、城镇化和工业化的又一个新的发展时期的重要标志。工程管理信息化指的是工程管理信息资源的开发和利用，以及信息技术在工程管理中的开发和应用。工程管理信息属于领域信息化的范畴，它和企业信息化也有联系。

我国建筑业和基本建设领域应用信息技术与工业发达国家相比，尚存在较大的数字鸿沟，它反映在信息技术在工程管理中应用的观念上，也反映在有关的知识管理上，还反映在有关技术的应用方面。

工程管理的信息资源包括组织类工程信息、管理类工程信息、经济类工程信息、技术类工程信息和法规类信息等。在建设一个新的工程项目时，应重视开发和充分利用国内和国外同类或类似工程项目的有关信息资源。

信息技术在工程管理中的开发和应用，包括在项目决策阶段的开发管理、实施阶段的项目管理和使用阶段的设施管理中开发和应用信息技术。

2. 工程管理信息化的发展阶段

自 20 世纪 70 年代开始，信息技术经历了一个迅速发展的过程，信息技术在建设工程管理中的应用也有一个相应的发展过程：

（1）20 世纪 70 年代，主要为单项程序的应用，如工程网络计划的时间参数的计算程序，施工图预算程序等。

(2)20 世纪 80 年代，逐步扩展到区域规划、建筑 CAD 设计、工程造价计算、钢筋计算、物资台账管理、工程计划网络制订等，以及经营管理方面程序系统的应用，如项目管理信息系统、设施管理信息系统(Facility Management Information System，FMIS)等。

(3)20 世纪 90 年代，又扩展到工程量计算、大体积混凝土养护、深基坑支护、建筑物垂直度测量、施工现场的 CAD 等。这时出现了程序系统的集成，它是随着工程管理的集成而发展的。

(4)20 世纪 90 年代末期至今，基于网络平台的工程管理。

3. 工程管理信息化的意义

工程管理信息化有利于提高建筑工程项目的经济效益和社会效益，以达到为项目建设增值的目的。

工程管理信息资源的开发和信息资源的充分利用，可吸取类似项目的正反两方面的经验和教训，许多有价值的组织信息、管理信息、经济信息、技术信息和法规信息将有助于项目决策期多种可能方案的选择，有利于项目实施期的项目目标控制，也有利于项目建成后的运行。

通过信息技术在工程管理中的开发和应用能实现：

(1)信息存储数字化和存储相对集中，如图 10-2 所示。

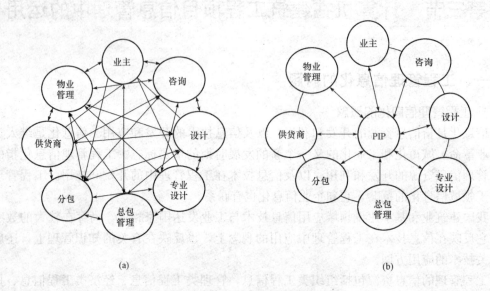

(a)　　　　　　　　　　　　　　　　(b)

图 10-2　信息存储数字化和存储相对集中
(a)传统方式：点对点信息交流；(b)PIP 方式：信息集中存储并共享

(2)信息处理和变换的程序化。

(3)信息传输的数字化和电子化。

(4)信息获取便捷。

(5)信息透明度提高。

(6)信息流扁平化。

信息技术在工程管理中的开发和应用的意义在于：

(1)"信息存储数字化和存储相对集中"不但有利于项目信息的检索和查询，也有利于数据和文件版本的统一，还有利于项目的文档管理。

(2)"信息处理和变换的程序化"既有利于提高数据处理的准确性，又可提高数据处理的效率。

(3)"信息传输的数字化和电子化"可提高数据传输的抗干扰能力，使数据传输不受距离限制并可提高数据传输的保真度和保密性。

(4)"信息获取便捷""信息透明度提高"以及"信息流扁平化"有利于项目参与方之间的信息交流和协同工作。

二、项目管理信息系统

1. 项目管理信息系统的定义

项目管理信息系统(Project Management Information System，PMIS)是基于计算机的项目管理的信息系统，主要用于项目的目标控制。管理信息系统(Management Information System，MIS)是基于计算机管理的信息系统，但主要用于企业的人、财、物、产、供、销的管理。项目管理信息系统与管理信息系统服务的对象和功能是不同的。

项目管理信息系统的应用，主要是借用计算机进行项目管理有关数据的收集、记录、存储、过滤并把数据处理的结果提供给项目管理班子的成员。它是项目进展的跟踪和控制系统，也是信息流的跟踪系统。

2. 工程项目管理信息系统的定义

工程项目管理信息系统是一个全面使用现代计算机技术，网络通信技术，数据库技术，MIS技术，GPS、GIS、RS(3S)技术，土木工程技术，及管理科学、运筹学、统计学、模型论和各种最优化技术，为工程承包企业经营管理和决策服务，为工程项目管理服务的人机系统，是一个由人、计算机、网络等组成的能进行管理信息收集、传递、存储、加工、维护和使用的系统。

3. 工程项目管理信息系统的特点

(1)面向决策管理、职能管理、业务(项目)管理。

(2)人机网络协同系统。在管理信息系统开发过程中，要根据这一特点，正确界定人和计算机在系统中的地位和作用，充分发挥人和计算机各自的长处，使系统的整体性能达到最优。

(3)管理是核心，信息系统是工具。如果只是简单地采用计算机技术以提高处理速度，而不采用先进的管理方法，那么管理信息系统的应用仅仅是用计算机系统仿真原手工管理系统，充其量只是减轻了管理人员的劳动。管理信息系统要发挥其在管理中的作用，就必须与先进的管理手段和方法结合起来，在开发管理信息系统时，融进现代化的管理思想和方法。

三、常见项目管理软件

当前，建筑工程项目管理应用软件种类很多，它们各有不同的功能和操作特点，下面简单介绍几种常用项目管理应用软件。

(一)Microsoft Office Project

Office Project 是 Microsoft 公司开发的项目管理系统，它是应用最普遍的项目管理软件之一，Project4.0、Project98、Project 已经在我国获得了广泛的应用。

借助 Project 和其他辅助工具，可以满足一般要求不是很高的项目管理的需求；但如果项目比较复杂，或对项目管理的要求很高，那么该软件可能很难让人满意，这主要是该软件在处理复杂项目的管理方面还存在一些不足的地方。例如，资源层次划分上的不足，费用管理方面的功能太弱等。但就其市场定位和低廉的价格来说，Project 是一款不错的项目管理软件。

1. 软件的特点

(1)充足的任务节点处理数量。可以处理的任务节点数量多少是一个工程项目管理软件能否胜任大型复杂工程项目管理的最基本的条件。若该系统可以处理的任务节点数已经超过 100 万个，则可以处理的资源数也已经超过 100 万个，实际上节点数只取决于计算机系统的资源情况。

(2)强大的群体项目处理能力。一个大型项目可划分成若干个子项目，以及子子项目。为了实现分级管理，通常按工作分解结构进行分解或是从顶向下分解，先粗后细进行设计；或是从底向上，先制订各子项目计划，再逐级向上集成，最后形成整个大系统。无论采用哪种方式，都要求工程项目管理软件具有同时处理多个项目的能力。

(3)Project 同时处理群体项目的数量已经达到 1 000 多个。这样高的技术指标已经能够满足大型复杂工程项目管理的需求。如何把子项目组成主项目，这也是能否有效地管理大型项目的要素之一。Project 提供了比较完善的解决方案。

(4)突出的易学易用性，完备的帮助文档。Project 是迄今为止易用性最好的项目管理软件之一，其操作界面和操作风格与大多数人平时使用的 Microsoft Office 的 Word、Excel 完全一致。对中国用户来说，该软件有很大吸引力的一个重要原因是在所有引进的国外项目管理软件中，只有该软件实现了"从内到外"的"完全"汉化，包括帮助文档的整体汉化。

(5)强大的扩展能力，与其他相关产品的融合能力。作为 Microsoft Office 的一员，Project 也内置了 Visual Basic for Application(VBA)，VBA 是 Microsoft 开发的交互式应用程序宏语言，用户可以利用 VBA 作为工具进行二次开发，既实现日常工作的自动化，又可以开发该软件所没有提供的功能。此外，用户可以依靠 Microsoft Project 与 Office 家族其他软件的紧密联系，将项目数据输出到 Word 中生成项目报告，输出到 Excel 中生成电子表格文件或图形，输出到 Power Point 中生成项目演示文件，还可以将 Microsoft Project 的项目文件直接存储为数据库文件，实现与项目管理信息系统的直接对接。

2. 软件的功能

(1)进度计划管理。Project 为项目的进度计划管理提供了完备的工具，用户可以根据自己的习惯和项目的具体要求采用"自上而下"或"自下而上"的方式安排整个建设工程项目。

(2)资源管理。Project 为项目资源管理提供了适度、灵活的工具，用户可以方便地定义和输入资源，可以采用软件提供的各种手段观察资源的基本情况和使用状况，同时还提供了解决资源冲突的手段。

(3)费用管理。Project 为项目管理工作提供了简单的费用管理工具，可以帮助用户实现简单的费用管理。

(4)组织信息。只要用户将系统所需要的参数、条件输入后，系统就可自动将这些信息进行整理，这样用户就可以看到项目的全局。同时，该系统还可以根据用户输入的信息来安排完成任务所需要的时间框架，以及设定什么时候将某种资源分配给某种任务等。

(5)信息共享。该系统具有强大的网络发布功能。可以将项目数据导出为 HTML 格式，这样就可以在 Internet 上发布该项目有关的信息。

(6)方案选择。该系统可以对不同的方案进行比较，从而为用户找出最优方案。系统能随时对项目进程进行检验，如发现问题，可以向用户提供解决方案。

(7)拓展功能。该系统可以根据用户输入的数据计算其他信息，然后向用户反映这些结果对项目其他部分以及对整个项目的影响。

(8)跟踪任务。Project 可以将用户项目执行过程中得到的实际数据输入计算机代替计划数据，并据此计算其他信息，然后向用户显示这些变动对项目其他任务及整个日程的影响，并为后面的项目管理提供有价值的依据。

(二)Primavera Project Planner(P3)

在国内外为数众多的大型项目管理软件中，美国 Primavera 公司开发的 Primavera Project Planner(P3)普及程度和占有率是最高的。国内的大型和特大型建设工程项目几乎都采用了 P3。目前，国内广泛使用的 P3 进度计划管理软件主要是指项目级的 P3。P3 是用于项目进度计划、动态控制、资源管理和费用控制的综合进度计划管理软件，也是目前国内大型项目中应用最多的进度计划管理软件。

1. 软件的特点

(1)拥有较为完善的管理复杂、大型建设工程项目的手段。

(2)拥有完善的编码体系，包括 WBS(工作分解结构)编码、作业代码编码、作业分类码编码、资源编码和费用科目编码等。

(3)这些编码以及这些编码所带来的分析、管理手段给项目管理人员的管理以充分的回旋余地，项目管理人员可以从多个角度对工程进行有效管理。

2. 软件的功能

(1)同时管理多个工程，通过各种视图、表格和其他分析、展示工具，帮助项目管理人员有效控制大型、复杂项目。

(2)可以通过开放数据库互联(Open Data Base Connectivity，ODBC)与其他系统结合进行相关数据的采集、数据存储和风险分析。

(3)P3 提供了上百种标准的报告，同时还内置报告生成器，可以生成各种自定义的图形和表格报告。但其在大型工程层次划分上的不足和相对薄弱的工程(特别是对于大型建设工程项目)汇总功能，将其应用限制在了一个比较小的范围内。

(4)某些代码长度上的限制妨碍了该软件与项目其他系统的直接对接，后台的 Btrieve 数据库的性能也明显影响软件的响应速度和与项目信息管理系统集成的便利性，给用户的使用带来了一些不便。这些问题在其后期的 P3E 中得到了一定程度的解决。

(三)PKPM

1. 软件的特点

工程项目管理系统 PKPM 是由中国建筑科学研究院与中国建筑业协会工程项目管理委

员会共同开发的一体化施工项目管理软件。它是以工程数据库为核心，以施工管理为目标，针对施工企业的特点而开发的。其包括三大软件：

（1）标书制作及管理软件，可提供标书全套文档编辑、管理、打印功能，根据投标所需内容，可从模板素材库、施工资料库、常用图库中选取相关内容，任意组合，自动生成规范的标书及标书附件或施工组织设计。还可导入其他模块生成的各种资源图表和施工网络计划图以及施工平面图。

（2）施工平面图设计及绘制软件，提供了临时施工的水、电、办公、生活、仓储等计算功能，生成图文并茂的计算书供施工组织设计使用，还包括从已有建筑生成建筑轮廓，建筑物布置，绘制内部运输道路和围墙，绘制临时设施（水电）工程管线、仓库与材料堆场、加工厂与作业棚、起重机与轨道，标注各种图例符号等。该软件还可提供自主版权的通用图形平台，并可利用平台完成各种复杂的施工平面图。

（3）项目管理软件，是施工项目管理的核心模块，其具有很高的集成性，行业上可以和设计系统集成，施工企业内部可以同施工预算、进度、成本等模块数据共享。该软件以《建设工程项目管理规范》（GB/T 50326—2017）为依据进行开发，软件自动读取预算数据，生成工序，确定资源，完成项目的进度、成本计划的编制，生成各类资源需求量计划、成本降低计划、施工作业计划以及质量安全责任目标，通过网络计划技术、多种优化、流水作业方案、进度报表、前锋线等手段实施进度的动态跟踪与控制。通过质量测评、预控及通病防治实施质量控制。

2. 软件的功能

（1）按照项目管理的主要内容，实现四控制（进度、质量、成本、安全），三管理（合同、现场、信息），一提供（为组织协调提供数据依据）的项目管理软件。

（2）提供了多种自动建立施工工序的方法。

（3）根据工程量、工作面和资源计划安排及实施情况自动计算各工序的工期、资源消耗、成本状况，换算日历时间，找出关键路径。

（4）可同时生成横道图、单代号网络图、双代号网络图和施工日志。

（5）具有多级子网功能，可处理各种复杂工程，有利于工程项目的微观和宏观控制。

（6）自动布图，能处理各种搭接网络关系、中断和强制时限。

（7）自动生成各类资源需求曲线等图表，具有所见即所得的打印输出功能。

（8）系统提供了多种优化、流水作业方案及里程碑功能实现进度控制。

（9）通过前锋线功能动态跟踪与调整实际进度，及时发现偏差并采取调整措施。

（10）利用三算对比、国际上通行的赢得值原理进行成本的跟踪与动态调整。

（11）对于大型、复杂及进度、计划等都难以控制的工程项目，可采用国际上流行的"工作包"管理控制模式。

（12）可对任意复杂的工程项目进行结构分解，在工程项目分解的同时，对工程项目的进度、质量、成本、安全目标等进行分解，并形成结构树，使管理控制清晰、责任目标明确。

（13）利用严格的材料检验、监测制度，工艺规范库，技术交底、预检、隐蔽工程验收、质量预控专家知识库进行质量保证；统计分析"质量验评"结果，进行质量控制。

（14）利用安全技术标准和安全知识库进行安全设计和控制。

(15)可编制月度、旬作业计划、技术交底，收集各种现场资料等进行现场管理。

(16)利用合同范本库签订合同和实施合同管理。

本章小结

在建筑工程项目管理中，信息管理是必不可少的。只有切实做好施工项目的信息管理工作，才能保证项目的有关人员及时获得各自所需的信息，在此基础上才能进一步做好各项管理工作，最终达到项目的目标。随着信息技术、计算机技术和通信技术的飞速发展以及建筑工程项目规模的日益扩大，信息资源的有效组织与管理对建筑工程项目的顺利实施有着越来越重要的意义。本章主要介绍建筑工程项目信息过程管理、计算机在建筑工程项目信息管理中的运用。

思考与练习

一、填空题

1. 建筑工程信息的分类方法有_____、_____。

2. 信息进行加工处理后，必须_____起来，以供随时调用。

3. 工程师代表（驻地工程师）的监理记录，主要包括_____、_____、_____和_____、_____等内容。

4. _____指的是信息资源的开发和利用，以及信息技术的开发和应用。

二、不定项选择题

1. 对建筑工程的信息进行分类必须遵循（   ）基本原则。

   A. 稳定性　　　　　　　　　　B. 兼容性

   C. 可扩展性　　　　　　　　　D. 逻辑性

   E. 单一实用性

2. 信息处理的内容包括信息的（   ）。

   A. 收集　　　　　　　　　　　B. 加工

   C. 传输　　　　　　　　　　　D. 存储

   E. 利用

3. 在建筑工程的施工过程中，信息加工整理的内容主要有（   ）几个方面。

   A. 工程前期准备情况　　　　　B. 工程施工进展情况

   C. 工程质量情况与问题　　　　D. 工程结算情况

   E. 施工索赔情况

4. 信息反馈的方法有（   ）。

   A. 跟踪反馈法　　　　　　　　B. 逻辑反馈法

   C. 典型反馈法　　　　　　　　D. 组合反馈法

   E. 综合反馈法

三、简答题

1. 什么是管理信息？什么是工程项目信息？

2. 建筑工程项目信息的表现形式有哪些？

3. 工程项目信息管理的基本要求有哪些？

4. 工程项目信息收集的方法有哪两种？

5. 需归档整理的资料文档的编制要求有哪些？

6. 建筑工程设计阶段的信息收集应收集哪些资料？

7. 建筑工程竣工阶段需要收集的信息有哪些？

第十一章　建筑工程项目风险管理

知识目标

1. 了解风险的概念、特征及属性；熟悉工程项目风险的分类。
2. 了解风险识别的概念、特点；掌握风险识别的过程、特点。
3. 了解风险评估的概念、原则；熟悉风险评估的程序；掌握风险评估的主要内容、风险程度分析方法。
4. 了解风险响应的概念；熟悉工程项目风险响应计划的内容；掌握工程项目风险的响应措施及项目风险控制。

能力目标

1. 能进行工程建设风险识别。
2. 能进行工程建设风险评估和风险程度分析。
3. 能进行风险控制。

第一节　项目风险管理概述

一、项目风险

1. 风险的概念

经济学家、统计学家、决策理论家和保险学家出于自身研究的目的，分别给风险做了各自不同的定义，对风险有不同的理解。我国学者认为，风险是指损失发生的不确定性，是人们因对未来行为的决策及客观条件的不确定性而可能引起的后果与预定目标发生多种负偏离的总和，并给出数学公式为

$$R = f(P, C)$$

式中　R——风险；

P——不利事件发生的概率；

C——不利事件发生的后果。

综上所述，风险要同时具备两个条件：一是不确定性；二是产生损失后果。

2. 风险的特征及属性

风险具有如下特征：

(1)客观性。风险超越于人的主观意识而存在，由客观事物内在运动规律所决定。

(2)普遍性。风险具有在时间、空间分布上的普遍性，无时不有，无处不在。

(3)随机性。风险的发生时刻、持续时间、作用的大小强弱、作用的对象等均为随机的。因此，现实中作用风险往往表现为突发性、灾难性、出人意料。

(4)可认识性。风险虽然具有很强的随机性，但是其内在的客观规律决定了它具有某种程度的可预测性、可控制性、可认识性。

(5)动态性。同一种风险因素，在不同的时空条件下，会表现出不同的特征。也就是说，风险本身会随时间、空间条件发生演变。

正是由于上述特征的存在，风险具有如下属性：

(1)自然属性。风险均由自然界(包括客观自然和人类自然)的不规则运动所致。

(2)社会属性。风险与人类改造自然的社会活动具有密切关系，因此，具有社会属性。

(3)经济属性。风险的结果最终往往表现为经济上的变化(损失或赢得)。

3. 风险的分类

风险可从不同的角度进行分类，常见的风险分类方式有：

(1)按风险的性质分类。

1)纯风险。纯风险是指只会造成损失而不会带来收益的风险。例如，自然灾害，一旦发生，将会导致重大损失，甚至人员伤亡；如果不发生，只是不造成损失而已，但不会带来额外的收益。政治、社会方面的风险一般也表现为纯风险。

2)投机风险。投机风险是指既可能造成损失也可能创造额外收益的风险。例如，一项大的投资活动可能因决策错误或因遇到不测事件，而使投资者蒙受很大的损失；但如果决策正确、经营有方或赶上好机遇，则有可能给投资人带来很大的利润。投机风险具有极大的诱惑力，人们常常注意其有利可图的一面，而忽视其带来损失的可能。

纯风险和投机风险两者往往同时存在。例如，房产购买者就同时面临纯风险(如房产损坏)和投机风险(如经济形势变化所引起的房产价值的升降)。纯风险与投机风险还有一个重要区别：在相同的条件下，纯风险重复出现的概率较大，表现出某种规律性，因此，人们可能较成功地预测其发生的概率，相对容易采取防范措施。而投机风险则不然，其重复出现的概率较小，即所谓"机不可失，时不再来"，因此，预测的准确性相对较差，也就较难防范。

(2)按风险产生的原因分类。

1)自然风险。自然风险是指因自然力的不规则变化引起的种种现象，导致对人们的经济生活、物质生产及生命造成的损失或损害。

2)人为风险。人为风险是指由于人的活动而带来的风险。人为风险又可以分为行为风险、政治政策风险、经济风险、技术风险、组织风险等。

①行为风险。行为风险是由于个人或团体的行为，包括过失行为、不当行为及故意行为，对社会生产及人们生活造成损失的可能性。如盗窃、抢劫、玩忽职守及故意破坏等行为对他人的财产或人身造成损失或损害的可能性。

②政治政策风险。政治政策风险是指因政治原因或政策变动使项目原定的目标难以实现，使当事人可能遭受损失的风险。如发生战争、内乱及因国家或地方各种政策(包括税收、金融、环保产业政策等)的调整可能带来的不利影响等。

③经济风险。经济风险是指人们在经济活动中由于受市场供求关系、经济贸易条件等因素的影响，或经营者决策失误等，遭受经济损失的风险。如价格的涨落、利率和汇率变化等方面的风险。

④技术风险。技术风险是指人们所采取的技术措施及科学技术现状与发展不适应而带来损失的风险。

⑤组织风险。组织风险是指项目参与者各方面关系不协调而引起的风险。

需要注意的是，除自然风险和技术风险相对独立外，政治政策风险、社会风险和经济风险之间往往存在一定的联系，有时表现为相互影响，有时表现为因果关系，难以截然分开。

(3)按风险的影响范围分类。按风险的影响范围大小，风险可分为基本风险和特殊风险。

1)基本风险。基本风险是指作用于整个经济、社会，某个国别(地区)、行业或大多数人的风险，其具有普遍性，如战争、自然灾害、高通货膨胀率等。显然，基本风险的影响范围大，其后果严重。

2)特殊风险。特殊风险是指仅作用于某一特定单体(如个人或企业)的风险，不具有普遍性，如车被偷、钱财被劫、房屋失火等。特殊风险的影响范围小，虽然就个体而言，其损失有时也相当大，但相对于整个经济、社会而言，其后果不严重。

在某些情况下，特殊风险与基本风险很难严格加以区分，最典型的莫过于"9·11"事件。仅就撞机这个行为而言，属于特殊风险应当说是顺理成章的，但就其对美国和世界航空业、对美国人的心理乃至对美国整个经济的影响却远远超过某些基本风险。而如果从恐怖主义的角度来分析，则"9·11"事件应当说是属于基本风险的。因此，基本风险与特殊风险的界定有时需要考虑具体的出发点。

(4)按风险对象分类。

1)财产风险。财产风险是指导致一切有形财产毁损、灭失或贬值的风险。

2)责任风险。责任风险是指个人或团体行为上的疏忽或过失，造成他人的财产损失或人身伤亡，依照法律、合同或道义应负的经济赔偿责任的风险。

3)信用风险。信用风险是指在经济交往中，权利人与义务人之间，由于一方违约或违法行为给对方造成经济损失的风险。

4)人身风险。人身风险是指可能导致人的伤残、死亡或损失劳动力的风险。

由于风险是多种多样的，从不同的角度，按不同的标准，还可以对风险进行其他方式分类，例如，按风险分析依据可将风险分为客观风险和主观风险；按风险分布情况可将风险分为国别(地区)风险和行业风险；按风险潜在的损失形态可将风险分为财产风险、人身风险和责任风险等。

二、工程项目风险管理

工程项目风险管理是指参与工程项目的各方，包括发包方、承包方和勘察、设计、监理单位等在工程项目的筹划、设计、施工建造，以及竣工后投入使用等各阶段采取的辨识、评估、处理项目风险的措施和方法。

1. 工程项目风险的分类

工程项目风险按构成风险的因素进行分类。

(1)组织风险。

1)承包方管理人员和一般技工人员的知识、经验和能力。

2)施工人员的知识、经验和能力。

3)损失控制和安全管理人员的知识、经验和能力等。

(2)经济与管理风险。

1)工程资金供应条件。

2)合同风险。

3)现场与公用防火设施的可用性及其数量。

4)事故防范措施和计划。

5)人身安全控制计划。

6)信息安全控制计划等。

(3)工程环境风险。

1)自然灾害。

2)沿途地质条件和水文地质条件。

3)气象条件。

4)引起火灾和地震的因素等。

(4)技术风险。

1)工程设计文件。

2)工程施工方案。

3)工程物资。

4)工程机械等。

2. 工程项目风险管理的工作流程

工程项目风险管理的工作流程包括风险识别、风险评估、风险响应和风险控制。

第二节　风险识别

一、风险识别

风险识别是指要识别出建筑工程项目在实施过程中的不同阶段存在哪些风险，这些风险可能对项目的实施产生什么影响，并将这些风险及其特性进行归类，建立风险清单。

二、风险识别的特点

(1)个别性。任何风险都与其他风险有不同之处，没有完全一致的两个风险。即使是统一建筑工程项目，如果建筑地点不同，其风险也不同；即使是建筑地点确定的建筑工程项目，对于不同的项目发包人或承包人，其风险也不同。

（2）主观性。风险识别是由人来完成的，由于个人的专业知识水平（包括风险管理方面的知识）、实践经验等方面的差异，同一风险由不同的人来识别，其结果也会有差异。风险本身是客观存在的，但风险识别是主观行为。在风险识别时，要尽可能减少主观性对风险识别结果的影响。要做到这一点，关键在于提高风险识别水平。

（3）复杂性。建筑工程项目所涉及的风险因素和风险事件均很多，而且关系复杂、相互影响，这给风险识别带来很大的困难。因此，风险识别对风险管理人员要求很高，并且需要准确、详细的依据，尤其是定量的资料和数据。

（4）不确定性。这一特点是由风险识别的主观性和复杂性决定的。在实践中，可能因为风险识别的结果与实际不符而造成损失，这是由于风险识别结论错误导致风险对策决策错误而造成的。因为风险识别本身也是风险，所以，避免和减少风险识别的风险也是风险管理的内容。

三、风险识别的过程

1. 项目风险分解

施工项目风险分解是确认施工活动中客观存在的各种风险，从总体到细节，由宏观到微观，层层分解，并根据项目风险的相互关系，将其归纳为若干个子系统，使人们能比较容易地识别项目的风险。根据项目的特点，一般按目标、时间、结构、环境和因素五个维度相互组合分解。

（1）目标维：按项目目标进行分解，即考虑影响项目费用、进度、质量和安全目标实现的风险的可能性。

（2）时间维：按项目建设阶段分解，也就是考虑工程项目进展不同阶段（项目计划与设计、项目采购、项目施工、试生产及竣工验收、项目保修期）的不同风险。

（3）结构维：按项目结构（单位工程、分部工程、分项工程等）组成分解，同时相关技术群也能按其并列或相互支持的关系进行分解。

（4）环境维：按项目与其所在环境（自然环境、社会、政治、经济等）的关系分解。

（5）因素维：按项目风险因素（技术、合同、管理、人员等）的分类进行分解。

2. 建立初步工程风险清单

建立初步工程风险清单是识别风险的起点。清单中应明确列出客观存在和潜在的各种风险，包括影响各种生产率、操作运行、质量和经济效益的各种因素。人们通常凭借工程项目管理者的经验对其进行判断，并通过对一系列调查表进行深入分析、研究后制定。

3. 确立各种风险事件并推测其结果

根据初步清单中开列的各种重要的风险来源，推测相关联的各种合理的可能性，包括营利和损失、人身伤害、自然灾害、时间和成本、节约或超支等方面，重点应是资金的财务结果。

4. 对潜在风险进行重要性分析和判断

对潜在风险进行重要性分析和判断，通常采用二维结构图（风险预测图），如图 11-1 所示。

图 11-1 中，纵坐标表示不确定因素发生的概率，横坐标表示不确定事件潜在的危害。通过这种二维图形，可评价某一潜在风险的相对重要性。鉴于风险的不确定性，并且与潜在的危害性密切相关，因而可通过一种由曲线群构成的风险预测图来表示。在曲线群中，每一条曲线均表示相同的风险，但不确定性或者说其发生的概率与潜在的危害有所不同，因此，各条曲线所反映的风险程度也就不同。曲线距离原点越远，风险就越大。

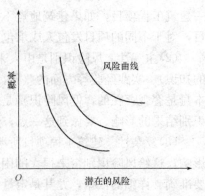

图 11-1 风险预测图

5. 进行风险分类

通过对风险进行分类，不仅可以加深对风险的认识和理解，而且也辨清了风险的性质，从而有助于制定风险管理的目标。风险分类有多种方法，正确的分类方法是依据风险的性质和可能的结果及彼此间可能发生的关系进行风险分类。常见的分类方法是由若干个目录组成框架形式，每个目录中都列出不同种类的风险，并针对各个风险进行全面调查。这样可避免仅重视某一风险而忽视其他风险的现象。

四、风险识别的方法

工程建设风险的识别可以根据其自身特点，采用相应的方法，即专家调查法、财务报表法、流程图法、初始风险清单法、经验数据法和风险调查法。

1. 专家调查法

专家调查法分为两种方式：一种是召集有关专家开会，让专家各抒己见，充分发表意见，起到集思广益的作用；另一种是采用问卷式调查，使各专家不知道其他专家的意见。采用专家调查法时，所提出的问题应具体，并具有指导性、代表性和具有一定的深度。对专家发表的意见要由风险管理人员加以归纳分类、整理分析，有时可能要排除个别专家的个别意见。

2. 财务报表法

财务报表法有助于确定一个特定企业或特定的工程建设可能遭受到的损失以及在何种情况下遭受这些损失。通过分析资产负债表、现金流量表、营业报表及有关补充资料，可以识别企业当前的所有资产、责任及人身损失风险。将这些报表与财务预测、预算结合起来，可以发现企业或工程建设未来的风险。

采用财务报表法进行风险识别，要对财务报表中所列的各项会计科目做深入的分析研究，并提出分析研究报告，以确定可能产生的损失，还应通过一些实地调查以及其他信息资料来补充财务记录。由于工程财务报表与企业财务报表不尽相同，因而对工程建设进行风险识别时需要结合工程财务报表的特点。

3. 流程图法

流程图法是指将一项特定的生产或经营活动按步骤或阶段顺序以若干个模块形式组成一个流程图，在每个模块中都标出各种潜在的风险因素或风险事件，从而给决策者一个清晰的总体印象。一般来说，对流程图中各步骤或各阶段的划分比较容易，关键在于找出各步骤或各阶段不同的风险因素或风险事件。由于流程图的篇幅限制，采用这种方法所得到的风险识别结果较粗。

4. 初始风险清单法

如果对每一个工程建设风险的识别都从头做起，至少有三方面缺陷：第一，耗费的时间和精力过多，风险识别工作的效率低；第二，由于风险识别的主观性，可能导致风险识别的随意性，其结果缺乏规范性；第三，风险识别成果资料不便积累，对今后的风险识别工作缺乏指导作用。因此，为了避免以上三方面的缺陷，有必要建立初始风险清单。

初始清单法在风险识别中的应用

初始风险清单只是为了便于人们较全面地认识风险的存在，而不至于遗漏重要的工程风险，但其并不是风险识别的最终结论。在初始风险清单建立后，还需要结合特定工程建设的具体情况进一步识别风险，从而对初始风险清单做一些必要的补充和修正。为此，需要参照同类工程建设风险的经验数据或针对具体工程建设的特点进行风险调查。

5. 经验数据法

经验数据法也称为统计资料法，即根据已建各类工程建设与风险有关的统计资料来识别拟建工程建设的风险。不同的风险管理主体都应有自己关于工程建设风险的经验数据或统计资料。在工程建设领域，可能有工程风险经验数据或统计资料的风险管理主体，包括咨询公司（含设计单位）、承包商以及长期有工程项目的业主（如房地产开发商）。由于这些不同的风险管理主体所处的角度不同、数据或资料来源不同，其各自的初始风险清单一般多少有些差异。但是，工程建设风险本身是客观事实，有客观的规律性，当经验数据或统计资料足够多时，这种差异性就会大大减小。何况，风险识别只是对工程建设风险的初步认识，还是一种定性分析，因此，这种基于经验数据或统计资料的初始风险清单可以满足对工程建设风险识别的需要。

6. 风险调查法

风险调查法是工程建设风险识别的重要方法。风险调查应当从分析具体工程建设的特点入手。一方面，通过其他方法已识别出的风险（如初始风险清单所列出的风险）进行鉴别和确认；另一方面，通过风险调查有可能发现此前尚未识别出的重要的工程风险。通常，风险调查可以从组织、技术、自然及环境、经济、合同等方面分析拟建工程的特点以及相应的潜在风险。由于风险管理是一个系统的、完整的循环过程，因而风险调查并不是一次性的，应该在工程建设实施全过程中不断地进行，这样才能了解不断变化的条件对工程风险状态的影响。

第三节　风险评估

一、风险评估的概念

从工程项目的风险管理周期来看，风险识别是风险管理的基础。通过风险识别将工程中可能存在的风险定性识别出来，但是仅仅知道风险载体可能存在的风险是不够的，还要掌握风险发生的可能性、风险一旦发生可能造成的损害程度等。这些问题需要风险评估来解决，因而，风险评估不但是工程风险管理量化和深化的过程，也是工程风险管理不可或缺的环节之一。

二、风险评估的原则

(1)系统性原则。本着系统性原则进行风险评估，主要从已识别出的风险的整体考虑，保证技能全面地估计风险，又能有重点地估计风险。

(2)谨慎性原则。风险评估的结论将影响风险响应措施的选择，因而风险评估很重要，应慎重估计，不要不合理地低估风险。

(3)相对性原则。多数风险评估方法得出的结论是相对的，即一种风险的大小，是相对本风险系统内其他风险因素对风险目标的影响程度而言的。

(4)定性评估与定量评估相结合原则。风险评估结果既可以用绝对数或相对数等确定量表示，也可以用大、较大等模糊量表示。不同的风险评估方法将得到不同形式的风险评估结果。综合使用多种风险评估方法，有助于从不同侧面反映风险状态。

三、风险评估的程序

运用各种风险评估方法进行风险评估的程序有所区别，通常的风险评估将经历如下程序：

(1)确定风险评估的目的和要求，并收集资料。资料是风险估计的基础，风险估计资料包括：从施工现场调查分析取得的第一手资料和从工程文件、其他项目资料中取得的第二手资料。

(2)选择风险评估方法。风险评估方法很多，不同的风险评估方法得出的结论形式有所区别，因而应根据风险标的的风险状态特点以及后续风险处置的需要，选择适合的风险评估方法。

(3)施工现场定性分析。通过观察、询问和问卷调查等方法收集信息，形成对工程风险状况总体的定性判断。

(4)定量分析。确定风险估计变量及风险估计变量公式，风险评估应以估计变量的公式进行评估，确定各个变量的表达形式，比如是用相对量、绝对量还是用模糊判断的分数表示。

(5)综合评估。

(6)修正并得出结论。风险估计过程涉及主观判断，因而得出的结论有可能与风险的客观情况有偏差，所以应对风险结论进行检验和修正，使风险评估结果更客观。

四、工程风险评估的主要内容

工程风险评估包括风险估计与风险评价两个内容。风险评估的主要任务是对施工项目各阶段的风险事件发生概率、后果严重程度、影响范围大小以及发生时间的估计和评价。

1. 工程风险评估体系

从工程项目总体的风险评估要求和风险源分布特点来分析，建筑安装工程风险评估主要包括如下方面：工程状况、施工方案、施工组织计划、工程三方的资质、工程安装设备情况、施工机具设备情况、施工现场的防灾救灾设施、施工过程的安全防护。

2. 工程风险评估的具体内容

工程风险评估体系说明了工程风险评估的主要任务。在工程风险管理中，若要进行风险决策，必须从定性和定量两个方面弄清楚工程风险的属性。对于每一具体的工程风险来说，需要估计以下四个方面：

(1)每一工程风险因素最终转化为致损事故的概率和损失分布。在工程风险发展过程中，并不是所有风险因素都能最终发展成导致损失的风险事故，因而判断其发生的概率，就可以对风险的影响程度和严重性做出判断，并据此进行风险处理决策。在估计工程风险分布规律时，需要采用专家调查法、现场观察法、模糊综合评判法等适当的方法，现场观测或试验模拟工程风险，估计目标风险的概率分布。

(2)单一工程风险的损失程度。如果某一风险因素导致事故损失的可能性很大，可能的损失却很小，对于这样的风险，没必要采取复杂的处置措施。只有综合考虑了风险发生概率和损失程度后，才能根据风险损失期望来制定风险处置策略。在估计了目标风险的概率分布，了解其发生的可能性之后，还要估计单一工程风险可能造成的损失程度。工程风险损失可以依据工程风险载体的状况、风险的波及范围和可能造成的损坏程度来估计。

(3)若干关联的工程风险导致同一风险单位损失的概率和损失程度。工程风险管理者在制订工程风险计划时，一般关心在特定的风险管理子系统中承担的风险损失期望值，因此，有必要从某一风险单位整体的角度，分析多种工程风险可能造成的损失总和以及发生风险事故的概率。

(4)所有风险单位的损失期望值和标准差。为了掌握风险管理系统总体的风险状况，还应估计总的风险管理系统中所有风险单位的损失期望值和标准差，也就是将所有风险单位的风险因素叠加后的损失期望值，并且估计这个损失期望值与各种可能的损失值之间的偏差程度。

五、风险程度分析方法

风险程度分析主要应用在项目决策和投标阶段，常用的方法包括：专家评分比较法、风险相关性评价法、期望损失法和风险状态图法。

1. 专家评分比较法

专家评分比较法主要是找出各种潜在的风险并对风险后果做出定性估计。对那些风险很难在较短时间内用统计方法、实验分析方法或因果关系论证得到的情形特别适用。该方法的具体步骤如下：

(1)由投标小组成员及有投标和工程施工经验的成员组成专家小组，共同就某一项目可能遇到的风险因素进行分类、排序。

(2)列出表格，见表11-1。确定每个风险因素的权重 W，W 表示该风险因素在众多因素中影响程度的大小，所有风险因素权重之和为1。

表11-1　专家评分比较法分析风险表

可能发生的风险因素	权重 W	风险因素发生的概率 P					风险因素得分 $W \times P$
		很大	比较大	中等	较小	很小	
		1.0	0.8	0.6	0.4	0.2	
1. 物价上涨	0.15		√				0.12
2. 报价漏项	0.10				√		0.04

可能发生的 风险因素	权重 W	风险因素发生的概率 P					风险因素得分 $W \times P$
		很大	比较大	中等	较小	很小	
		1.0	0.8	0.6	0.4	0.2	
3. 竣工拖期	0.10			√			0.06
4. 业主拖欠工程款	0.15	√					0.15
5. 地质特殊处理	0.20				√		0.08
6. 分包商违约	0.10			√			0.06
7. 设计错误	0.15					√	0.03
8. 违反扰民规定	0.05				√		0.02
合　计							0.56

（3）确定每个风险因素发生的概率等级值 P，按发生概率很大、比较大、中等、较小、很小五个等级，分别以 1.0、0.8、0.6、0.4、0.2 给 P 值打分。

（4）每一个专家或参与的决策人，分别按上表判断概率等级。判断结果画"√"表示，计算出每一风险因素的 $W \times P$，合计得出 $\sum (W \times P)$。

（5）根据每位专家和参与的决策人的工程承包经验、对投标项目的了解程度、投标项目的环境及特点、知识的渊博程度，确定其权威性，即权重值 k，k 可取 0.5～1.0。再确定投标项目的最后风险度值。风险度值的确定采用加权平均值的方法，见表 11-2。

表 11-2　风险因素得分汇总表

决策人或专家	权威性权重 k	风险因素得分 $W \times P$	风险度 $(W \times P) \times (k / \sum k)$
决策人	1.0	0.58	0.176
专家甲	0.5	0.65	0.098
专家乙	0.6	0.55	0.100
专家丙	0.7	0.55	0.117
专家丁	0.5	0.55	0.083
合　计	3.3	—	0.574

（6）根据风险度判断是否投标。一般风险度在 0.4 以下的可视为风险很小，可较乐观地参加投标；0.4～0.6 可视为风险属中等水平，报价时不可预见费也可取中等水平；0.6～0.8 可看作风险较大，不仅投标时不可预见费取上限值，还应认真研究主要风险因素的防范；超过 0.8 时风险很大，应采用回避此风险的策略。

2. 风险相关性评价法

风险之间的关系可以分为三种，即：两种风险之间没有必然联系；一种风险出现，另一种风险一定会发生；一种风险出现后，另一种风险发生的可能性增加。

后两种情况的风险是相互关联的，有交互作用。设某项目中可能会遇到 i 个风险，$i=1，2，\cdots$，P_i 表示各种风险发生的概率（$0 \leqslant P_i \leqslant 1$），$R_i$ 表示第 i 个风险一旦发生给项目造成的损失值。其评价步骤为：

(1)找出各种风险之间的相关概率 P_{ab}。设 P_{ab} 表示一旦风险 a 发生后,风险 b 发生的概率($0 \leqslant P_{ab} \leqslant 1$)。$P_{ab}=0$,表示风险 a、b 之间无必然联系;$P_{ab}=1$,表示风险 a 出现必然会引起风险 b 发生。根据各种风险之间的关系,可以找出各风险之间的 P_{ab},见表 11-3。

表 11-3　风险相关概率分析表

风险	1	2	3	⋯	i	⋯
1	P_1	1	P_{12}	P_{13}	⋯	P_{1i}
2	P_2	P_{21}	1	P_{23}	⋯	P_{2i}
⋮	⋮	⋮	⋮	⋮	⋮	⋮
i	P_i	P_{i1}	P_{i2}	P_{i3}	⋯	1
⋮	⋮	⋮	⋮	⋮	⋮	⋮

(2)计算各风险发生的条件概率 $P(b \mid a)$。已知风险 a 发生的概率为 P_a,风险 b 发生的概率为 P_b,则在 a 发生情况下 b 发生的条件概率 $P(b \mid a)=P_a \cdot P_{ab}$,见表 11-4。

表 11-4　风险发生的条件概率分析表

风险	1	2	3	⋯	i	⋯
1	P_1	$P(2/1)$	$P(3/1)$	⋯	$P(i/1)$	⋯
2	$P(1/2)$	P_2	$P(3/2)$	⋯	$P(i/2)$	⋯
⋮	⋮	⋮	⋮	⋮	⋮	⋮
i	$P(1/i)$	$P(2/i)$	$P(3/i)$	⋯	P_i	⋯
⋮	⋮	⋮	⋮	⋮	⋮	⋮

(3)计算出各种风险损失情况 R_i。

$$R_i = 风险\ i\ 发生后的工程成本 - 工程的正常成本$$

(4)计算各风险损失期望值 W。

$$W = \begin{bmatrix} P_1 & P(2/1) & P(3/1) & \cdots & P(i/1) & \cdots \\ P(1/2) & P_2 & P(3/2) & \cdots & P(i/2) & \cdots \\ \vdots & \vdots & \vdots & \vdots & \vdots & \vdots \\ P(1/i) & P(2/i) & P(3/i) & \cdots & P_i & \cdots \\ \vdots & \vdots & \vdots & \vdots & \vdots & \vdots \end{bmatrix} \times \begin{bmatrix} R_1 \\ R_2 \\ \vdots \\ R_i \\ \vdots \end{bmatrix} = \begin{bmatrix} W_1 \\ W_2 \\ \vdots \\ W_i \\ \vdots \end{bmatrix}$$

其中,$W_i = \sum [P(j/i) \cdot R_i]$。

(5)将损失期望值按从大到小的顺序进行排列,并计算出各期望值在总损失期望值中所占的百分率。

(6)计算累计百分率并分类。损失期望值累计百分率在 80% 以下的风险为 A 类风险,是主要风险;累计百分率在 80%~90% 的风险为 B 类风险,是次要风险;累计百分率在 90%~100% 的风险为 C 类风险,是一般风险。

3. 期望损失法

风险的期望损失是指风险发生的概率与风险发生造成的损失的乘积。期望损失法首先要辨识出工程面临的主要风险,其次推断每种风险发生的概率以及损失后果,求出每种风险的期望损失值，然后将期望损失值累计，求出总和并分析每种风险的期望损失占总价的百分比、占总期望损失的百分比。

4. 风险状态图法

工程建设项目风险有时会有不同的状态，根据其各种状态的概率累计，可画出风险状态曲线，从风险状态曲线上可以反映出风险的特性和规律，如风险的可能性、损失的大小及风险的波动范围等。

第四节 风险响应与控制

一、风险响应的概念

风险响应是对识别出来的风险，经过估计与评价之后，选择并确定最佳的对策组合，将其进一步落实到具体的计划和措施中以消除和降低风险。在建筑工程实施过程中，要对各项风险对策的执行情况进行监控，评价各项风险对策的执行效果；并在项目实施条件发生变化时，确定是否需要提出不同的风险处理方案。除此之外，还需要检查是否有被遗漏的风险或者新发现的风险，也就是进入新一轮的风险识别，开始新一轮的风险管理过程。

二、工程项目风险响应计划的内容

(1)风险响应的费用预算和事件计划。

(2)风险分析及其信息处理过程的安排。

(3)施工项目风险承担人及其应分担的风险。

(4)施工项目已识别风险的描述，包括风险因素、风险成因和对目标的影响等。

(5)针对每项风险，应对措施的选择和实施行动进行计划。

(6)采取措施后，期望残留风险水平的确定。

(7)处置风险的应急计划和退却计划。

三、工程项目风险响应措施

(一)风险规避

1. 拒绝承担风险

(1)承包人对某些存在较大风险的工程有权拒绝投标。

(2)承包人有权利用合同保护自己，不承担应该由业主承担的风险。

(3)承包人有权不接受实力差、信誉不佳的分包商和材料、设备供应商，即使是业主或者有实权的其他任何人推荐的。

(4)承包人不委托道德水平低下或其他综合素质不高的中介组织或个人。

2. 承担小风险规避大风险

对于风险超过自己的承受能力，成功把握不大的项目，承包人不参与投标或合资。甚至有时在工程进行到一半时，预测后期风险很大，必然有更大的亏损，也应采取中断项目的措施。

3. 为了避免风险而损失一定的较小利益

利益可以计算，但风险损失是较难估计的，因此，在特定情况下，可采用为了避免风险而损失一定的较小利益的做法。例如，在建材市场有些材料价格波动较大，承包人与供应商可提前订立购销合同并付一定数量的定金，从而避免因涨价带来的风险；采购物资时应选择信誉好、实力强的分包商，虽然价格略高于市场平均价，但分包商违约的风险相应减小。

(二)风险减轻

在分包合同中，通常要求分包商接受建设单位合同文件中的各项合同条款，使分包商分担一部分风险。有的承包人直接把风险比较大的部分分包出去，将建设单位规定的误期损失赔偿费如数订入分包合同，从而将这项风险分散。

承包人的实力越强，市场占有率越高，抵御风险的能力也就越强，一旦出现风险，其造成的影响就显得相对小些。如果承包人只承担一个项目，出现风险会使其难以承受；若承包若干个工程，其中一旦在某个项目上出现了风险损失，还可以用其他项目的效益来弥补，如此一来，承包人的风险压力就会减轻。

(三)风险转移

风险转移是指承包人在不能规避风险的情况下，将自身面临的风险转移给其他主体来承担。

风险的转移并非转嫁损失，有些承包人无法控制的风险因素，其他主体有可能可以控制。风险转移一般是对分包商和保险机构而言的。

(四)风险自留

风险自留是指承包人将风险留给自己承担，不予转移。这种手段有时是无意识的，即当初并不曾预测的，不曾有意识地采取种种有效措施，以致最后只好由自己承受；但有时也是主动的，即经营者有意识、有计划地将若干风险主动留给自己。决定风险自留应符合的条件有：

(1)自留费用低于保险公司所收取的费用。

(2)企业的期望损失低于保险人的估计。

(3)企业有较多的风险单位，且企业有能力准确地预测其损失。

(4)企业的最大潜在损失或最大期望损失较小。

(5)短期内企业有承受最大潜在损失或最大期望损失的经济能力。

(6)风险管理目标可以承受年度损失的重大差异。

(7)将费用和损失支付分布于很长的时间里，因而导致很大的机会成本。

(8)投资机会很好。

(9)内部服务或非保险人服务优良。

符合上述条件之一的即可自留，但如果实际情况与以上条件相反，则应放弃风险自留的决策。

四、项目风险控制

1. 风险预警

项目风险预警的方式有：

(1)天气预测警报。

(2)股票信息。

(3)各种市场行情、价格动态。

(4)政治形势和外交动态。

(5)各投资企业状况报告。

(6)在工程中通过工期和进度的跟踪、成本的跟踪分析、合同监督、各种质量监控报告、现场情况报告等手段，了解工程风险。

(7)工程实施状况报告中包括的风险状况报告。

2. 项目风险监控

项目风险监控的方法有：

(1)风险审计：专人检查监控机制是否得到执行，并定期做风险审核。例如，在大的阶段点重新识别风险并进行分析，对没有预计到的风险制订新的应对计划。

(2)偏差分析：与基准计划比较，分析成本和时间上的偏差。如未能按期完工、超出预算等都是潜在的问题。

(3)技术指标：比较原定技术指标和实际技术指标的差异。例如，测试未能达到性能要求，缺陷数大大超过预期等。

本章小结

风险管理是项目管理的核心任务，风险管理贯穿于项目管理的整个过程，也可以说项目管理其实就是风险管理。对于项目管理者，要建立风险管理思想，了解风险的定义、风险的特点和风险管理程序。本项目主要介绍了风险识别、风险评估、风险响应与控制等内容。

思考与练习

一、填空题

1. 风险要同时具备两个条件：一是_____；二是_____。

2. 人为风险又可以分为_____、_____、_____、_____等。

3. 按风险的影响范围大小，风险可分为_____和_____。

4. 工程项目风险管理的工作流程包括_____、_____、_____和_____。

5. 项目风险分解一般按_____、_____、_____、_____和_____五个维度相互组合分解。

6. 工程风险评估包括_____与_____两个内容。

7. _____指的是风险发生的概率与风险发生造成的损失的乘积。

8. _____是对识别出来的风险，经过估计与评价之后，选择并确定最佳的对策组合，将其进一步落实到具体的计划和措施中以消除和降低风险。

二、不定项选择题

1. 按风险产生的原因可分为（　　）。
　　A. 自然风险　　　　　　　　　B. 人为风险
　　C. 责任风险　　　　　　　　　D. 技术风险
　　E. 组织风险

2. 风险评估必须遵循（　　）。
　　A. 系统性原则　　　　　　　　B. 综合性原则
　　C. 谨慎性原则　　　　　　　　D. 相对性原则
　　E. 定性评估与定量评估相结合原则

3. 风险程度分析主要应用在项目决策和投标阶段，常用的方法包括（　　）。
　　A. 专家评分比较法　　　　　　B. 风险相关性评价法
　　C. 期望损失法　　　　　　　　D. 风险调查法
　　E. 风险状态图法

4. 工程项目风险响应措施有（　　）。
　　A. 风险投资　　　　　　　　　B. 风险规避
　　C. 风险减轻　　　　　　　　　D. 风险转移
　　E. 风险自留

5. 项目风险监控的方法有（　　）。
　　A. 风险预警　　　　　　　　　B. 风险审计
　　C. 偏差分析　　　　　　　　　D. 技术指标
　　E. 预防措施

三、简答题

1. 风险识别具有哪些特点？
2. 风险识别的方法有哪些？
3. 简述风险评估的程序。
4. 工程项目风险响应计划的内容有哪些？
5. 项目风险预警的方式有哪些？

第十二章　建筑工程项目收尾管理

1. 了解项目收尾管理的概念；熟悉项目收尾管理的内容和基本要求。
2. 熟悉竣工收尾的要求、项目竣工资料整理、竣工图的编制。
3. 了解项目竣工验收的概念、条件和依据；熟悉项目竣工验收的质量标准；掌握竣工验收的程序、内容。
4. 熟悉竣工结算和决算的内容，熟悉项目回访和保修。

1. 能够做好项目收尾的工作。
2. 具备项目竣工验收的能力。
3. 具备项目决算和结算的能力。
4. 能够做好项目的回访和保修。
5. 能够对项目管理进行合理的评价。

第一节　项目收尾管理概述

一、项目收尾管理的概念

项目收尾管理是指对项目的收尾、试运行、竣工验收、竣工结算、竣工决算、考核评价、回访保修等进行的计划、组织、协调、控制等活动。它是建筑工程项目管理全过程的最后阶段。没有这个阶段，建筑工程项目就不能顺利交工，不能生产出符合设计规定的合格产品，不能投入使用，也就不能最终发挥投资效益。

二、项目收尾管理的内容

项目收尾管理的内容主要包括竣工收尾、验收、结算、决算、回访保修、管理考核评价等方面的管理。

项目收尾管理的内容如图 12-1 所示。

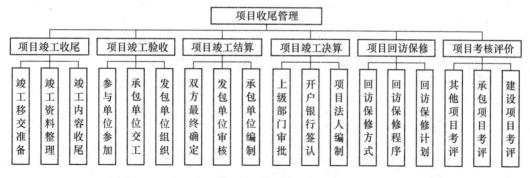

图 12-1　项目收尾管理的内容

三、项目收尾管理的基本要求

1. 项目竣工收尾

在项目竣工验收前，项目经理部应检查合同约定的哪些工作内容已经完成，或完成到什么程度，记录检查结果并形成文件；总、分包之间还有哪些连带工作需要收尾接口，项目近外层和远外层关系还有什么工作需要沟通协调等，以保证竣工收尾工作顺利完成。

2. 项目竣工验收

项目竣工收尾工作内容按计划完成后，除了承包人的自检评定外，应及时地向发包人递交竣工工程申请验收报告。实行建设监理的项目，监理人还应当签署工程竣工审查意见。发包人应按竣工验收法规，向各参与方发出竣工验收通知单，组织进行项目竣工验收。

3. 项目竣工结算

项目竣工验收条件具备后，承包人应按合同约定和工程价款结算的规定，及时编制并向发包人递交项目竣工结算报告及完整的结算资料，经双方确认后，按有关规定办理项目竣工结算。承包人应按时移交工程成品，并建立交接记录，完善移交工程手续。

4. 项目竣工决算

项目竣工决算是由项目发包人（业主）编制的项目从筹建到竣工投产或交付使用全过程的全部实际支出费用的经济文件。竣工决算综合反映了竣工项目建设成果和财务情况，是竣工验收报告的重要组成部分。所有新建、扩建、改建的项目，竣工后都要编制竣工决算。

5. 项目回访保修

项目竣工验收后，承包人应按工程建设法律、法规的规定，履行工程质量保修义务，并采取适宜的回访方式为顾客提供售后服务。项目回访与质量保修制度，应纳入承包人的质量管理体系，明确组织和人员的职责，提出服务工作计划，按管理程序进行控制。

6. 项目考核评价

项目结束后，应对项目管理的运行情况进行全面评价。项目考核评价是项目当事人（建设、勘察设计、施工、监理、咨询等单位）对项目实施效果从不同角度进行的评价和总结。通过定量、定性指标的比较分析，从不同的管理范围总结项目管理经验，找出差距，提出改进处理意见。

第二节　项目竣工收尾

一、项目竣工收尾的要求

项目竣工收尾是直接为竣工验收创造条件的，为此收尾工作必须有目标、有计划地进行。总、分包人分别负责控制竣工总目标和分目标的实现。竣工计划的目标起点要高、要求要严。高起点是指竣工条件必须按法律、行政法规、部门规章和强制性标准的规定执行；严要求是指验收标准的要求要严，检查中发现的问题要强制执行整改，及时处理。

项目竣工收尾的基本要求分为总目标要求和分目标要求。

1. 总目标要求

(1)全部收尾项目完成，工程符合竣工验收文件。

(2)工程质量经过检验合格，各种质量验收记录完整。

(3)工程经过安全和功能检验，各种测试(调试)、运行记录齐全。

(4)施工现场达到工完料净、场退地清，具备工程验收条件。

(5)项目竣工资料整理齐全，符合工程文件归档整理的规定。

2. 分目标要求

(1)建筑收尾落实到位。

(2)安装调试检验到位。

(3)工程质量验收到位。

(4)专业工程、总包和分包交接到位。

(5)文件收集整理到位。

(6)竣工验收准备到位。

(7)竣工结算编制到位。

(8)项目管理总结到位。

对于竣工验收收尾工作应从什么时间开始，实际上并没有一个十分严格的标准和界限。工程收尾工作的开始时间可由工程情况确定，一般是在装修工程接近结束时。工程规模较大或施工工艺比较复杂的工程，往往从进入装修工程的后期即已开始。

在组织竣工收尾时，大量的施工任务已经完成，小的修补任务却十分零碎；在人力和物力方面，主要力量已经转移到新的工程项目上去，只保留少量的力量进行工程的扫尾和清理工作。在业务和技术方面，施工技术指导工作已经不多，却有大量的资料综合、整理工作。收尾工作是现场施工管理的最后一个环节，应把各方面工作做细、做实，保证竣工收尾顺利完成。

由于收尾项目零碎、产值不高、工作量不大，故极易产生轻视竣工收尾的不良习惯，导致工程"尾巴"拉得很长。项目经理应组织领导好竣工验收前的各项收尾工作。尤其要从全局利益出发，从小处着手，组织项目经理部有关专业技术、管理人员，认真反复核对施工图纸和剩余项目内容，把漏项列入竣工收尾计划，明确质量和进度要求，对项目竣工条件要做好记录，签署自查意见。

二、项目竣工收尾

工程项目进入竣工收尾阶段，由项目经理亲自领导收尾工作小组进行收尾。成员包括技术负责人、生产负责人、质量负责人、材料负责人、班组负责人等多方面的人员。收尾项目完工要有验证手续，要建立完善的收尾工作制度，形成目标管理保证体系。

一般情况下，当项目达到竣工报验条件后，承包人应向工程监理机构递交工程竣工报验单，提请监理机构组织竣工预验收，审查工程是否符合正式竣工验收条件。若项目是实行总、分包管理模式的，则应分两步进行：首先，由分包人对工程进行自检，向总包人提交完整的工程技术档案资料，总包人据此对分包工程进行复检和验收；然后，由总包人向工程监理机构递交工程竣工报验单，监理机构据此按规定对工程是否符合竣工验收条件进行审查，符合的予以签认。

三、项目竣工资料整理

项目竣工资料是记录和反映项目实施全过程的工程技术与管理的档案资料的总称。它真实地记录着项目实施全过程的实际情况，承包人应按基本建设项目档案资料管理和城市建设档案管理的有关规定，确保竣工资料齐全、完整。项目经理部的内业技术员负责随施工进度及时收集竣工资料，以单位工程为对象整理保管，不得丢失。在竣工验收后按系统和专业分类组卷，将部分移交发包人，部分资料自己备案。

承包人将本单位在工程建设过程中形成的竣工资料向发包人移交，内容是归档范围规定的，是竣工验收必需的，这些资料是建设单位生产（使用）、维修、改建、扩建的重要依据，也是对项目进行复查的依据。承、发包双方对工程文件档案的移交验收应符合《建设项目（工程）档案验收办法》的规定。竣工资料的整理应执行《建设工程文件归档规范》(GB/T 50328—2014)的规定。

四、竣工图

竣工图是反映工程实际状况的技术文件，是工程竣工验收、投产或交付使用后进行维修、扩建、改建的主要依据，是生产（使用）单位必须长期妥善保存和在城建档案馆进行竣工备案的重要工程档案资料。因此，竣工图必须做到真实、准确、完整地反映和记录各种地下和地上建筑物、构筑物的详细情况。《建设工程监理规范》(GB/T 50319—2013)规定，竣工图应提交监理人审查签认方为有效。

竣工图编制的情况如下：

(1)施工图没有变更、变动的，可由承包人（包括总包和分包）在原施工图（须是新蓝图）上加盖"竣工图"章作为竣工图。

(2)在施工中虽有一般性设计变更，但能将原施工图加以修改补充作为竣工图的，可不再重新绘制，由承包人负责在原施工图（须是新蓝图）上注明修改的部分，并附以设计变更通知单和施工说明，加盖"竣工图"章标志后作为竣工图。

(3)有结构形式改变、工艺改变、平面布置改变、项目改变以及其他重大改变，不宜在原施工图上修改、补充的，应重新绘制改变后的竣工图。由于设计原因造成的，由设计人负责重新绘制；由于施工原因造成的，由承包人重新绘制；由于其他原因造成的，由发包人（或监理人）自行绘制或委托设计人绘制。承包人在新图上加盖"竣工图"章标志，并附以有关记录和说明，作为竣工图。新绘制的竣工图，必须真实反映出变更后的工程情况。

（4）重大的改建、扩建工程涉及原有工程项目变更时，应将相关项目的竣工图资料统一整理归档，并在原案卷内增补必要的说明。

项目经理部完成了项目全部任务，确认达到竣工条件后，应按规定向所在企业报告，提交有关部门组织预验收，填写工程质量竣工验收记录、质量控制资料核查记录、工程质量观感记录，并对工程施工质量做出合格结论。

第三节　项目竣工验收

一、项目竣工验收的概念

工程项目竣工验收是指承包人按施工合同完成了项目全部任务，经检验合格，由发、承包人组织验收的过程。项目的交工主体是合同当事人的承包主体。验收主体应是合同当事人的发包主体，其他项目参与人则是项目竣工验收的相关组织。

建设项目的竣工验收主要由建设单位负责组织和进行现场检查、收集与整理资料，设计、施工、设备制造单位有提供资料及竣工图纸的责任。

二、项目竣工验收的条件和依据

建设工程是否达到竣工验收条件，具有相应的可供遵循的验收标准和要求：

（1）设计文件和合同约定的各项施工内容已经施工完毕。

（2）有完整并经核定的工程竣工资料，符合验收规范。

（3）有工程使用的主要建筑材料、构配件、设备进场的合格证明及试验报告。

（4）有勘察、设计、施工、监理等单位签署确定的工程质量合格文件。

（5）有施工单位签署的质量保修证书。

工程项目竣工验收的主要依据包括以下几个方面：

（1）上级主管部门对该项目批准的各种文件：包括可行性研究报告、初步设计，以及与项目建设有关的各种文件。

（2）工程设计文件：包括施工图纸及说明、设备技术说明书等。

（3）国家颁布的各种标准和规范：包括现行的工程施工质量验收规范、工程施工技术标准等。

（4）合同文件：包括施工承包的工作内容和应达到的标准，以及施工过程中的设计修改变更通知书等。

三、项目竣工验收的程序

1. 发送竣工验收通知书

项目完成后，承包人应在检查评定合格的基础上，向发包人发出预约竣工验收的通知书，并提交工程竣工报告，说明拟交工程项目的情况，商定有关竣工验收事宜。

承包人应向发包人递交预约竣工验收的书面通知，说明竣工验收前的准备情况，包括施工现场准备和竣工资料审查结论。发出预约竣工验收的书面通知应表达两层含义：一是承包人按施工合同的约定已全面完成建设工程施工内容，预验收合格；二是请发包人按合同的约定和有关规定，组织施工项目的正式竣工验收。

2. 组织单项工程验收及全部建设项目验收

（1）单项工程验收阶段。单项工程验收阶段是指建设项目中一个单项工程，按设计图纸的内容和要求建成，并能满足生产或使用要求、达到竣工标准时，可单独整理有关施工技术资料及试车记录等，进行工程质量评定，组织竣工验收并办理固定资产转移手续。

（2）全部验收阶段。全部验收阶段是指整个建设项目按设计要求全部建成，并符合竣工验收标准，可组织竣工验收，办理工程档案移交及工程保修等移交手续。在全部验收时，对已验收的单项工程不再办理验收手续。

3. 进行工程质量评定，签发《竣工验收证明书》

验收小组或验收委员会根据设计图纸和设计文件的要求，以及国家规定的工程质量检验标准，提出验收意见；在确认工程符合竣工标准和合同条款规定之后，应向施工单位签发《竣工验收证明书》。

4. 进行工程档案资料移交

工程档案资料是建设项目施工情况的重要记录，工程竣工后，应立即将全部工程档案资料按单位工程分类立卷，装订成册，然后列出工程档案资料移交清单，注册资料编号、专业、档案资料内容、页数及附注。双方按清单上所列资料查点清楚，移交后，双方在移交清单上签字盖章。移交清单一式两份，双方各自保存一份，以备查对。

5. 办理工程移交手续

工程验收完毕，施工单位要向建设单位逐项办理工程和固定资产移交手续，并签署交接验收证书和工程保修证书。

四、项目竣工验收的内容

1. 隐蔽工程验收

对于基础工程要验收地质情况、标高尺寸、基础断面尺寸，桩的位置、数量。对于钢筋混凝土工程，要验收钢筋的品种、规格、数量、位置、形状、焊接尺寸、接头位置、预埋件的数量和位置以及材料代用情况。对于防水工程要验收屋面、地下室、水下结构的防水层数、防水处理措施的质量。

2. 分项工程验收

对于重要的分项工程，建设单位或其代表应按照工程合同的质量等级要求，根据该分项工程施工的实际情况，参照质量评定标准进行验收。在分项工程验收中，必须严格按照有关验收规范选择检查点数，然后计算检验项目和实测项目的合格或优良的百分比，最后确定出该分项工程的质量等级，从而确定能否验收。

3. 分部工程验收

在分项工程验收的基础上，根据各分项工程质量验收结论，对照分部工程的质量等级，以决定可否验收。另外，对单位或分部土建工程完工后转交安装工程施工前，或中间其他过程，均应进行中间验收，承包单位得到建设单位或其中间验收认可的凭证后，才能继续施工。

4. 单位工程竣工验收

在分项工程的分部工程验收的基础上，通过对分项、分部工程质量等级的统计推断，结合直接反映单位工程结构及性能质量保证资料，便可系统地核查结构是否安全，是否达到设计要求。结合观感等直观检查以及对整个单位工程进行全面的综合评定，从而决定是否验收。

5. 全部验收

全部验收是指整个建设项目已按设计要求全部建设完成，并已符合竣工验收标准，经施工单位预验通过，建设单位初验认可，有设计单位、施工单位、档案管理机关、行业主管部门参加，由建设单位主持的正式验收。

进行全部验收时，对已验收过的单项工程，可以不再进行正式验收和办理验收手续，但应将单项工程验收单独作为全部建设项目验收的附件而加以说明。

为了保证建设工程项目竣工验收的顺利进行，项目竣工验收必须按照建设工程项目总体计划的要求，以及施工进展的实际情况分阶段进行。一般可分为项目中间验收、单项工程验收和全部工程验收三大类。

五、项目竣工验收的质量标准

对各类工程的验收和评定，都有相应的技术标准。对竣工验收而言，必须符合工程建设强制性标准、设计文件和施工合同额的约定，其具体内容如下。

1. 合同约定的工程质量标准

合同约定的质量标准具有强制性，承包人必须确保工程质量达到协议书约定标准，质量标准的评定以国家或行业的质量检验评定标准为依据。因承包人原因工程未达到约定的质量标准的，由承包人承担违约责任。若双方对工程质量有争议，由双方同意到检测机构鉴定，所需费用及因此造成的损失，由责任方承担。如果双方均有责任，由双方根据其责任大小分别承担。

2. 单位工程竣工验收的合格标准

《建筑工程施工质量验收统一标准》(GB 50300—2013)对单位(子单位)工程质量验收合格的规定如下：

(1)单位(子单位)工程所含分部(子分部)工程的质量均验收合格。

(2)质量控制资料完整。

(3)单位(子单位)工程所含分部(子分部)工程有关安全、节能、环境保护和主要使用功能的检测资料完整。

(4)主要使用功能项目的抽查结果符合相关专业质量验收规范的规定。

(5)观感质量验收符合要求。

其他专业工程的竣工验收标准，也必须符合专业工程质量验收标准的规定。合格标准是工程验收的最低标准，不合格的一律不许交付使用。

3. 单项工程达到使用条件或满足生产要求

单项工程已按设计要求完成，即所含单位工程都已竣工、相关的配套工程整体收尾已完成，能满足生产要求或具备使用条件。工程质量经检验合格，竣工资料整理符合规定，发包人可组织竣工验收。

4. 建设项目能满足建成投入使用或生产的各项要求

建设项目的全部子项工程(单项工程)均已完成，符合交付竣工验收的要求。在此基础上，项目除能满足使用或生产要求外，还应达到以下标准：

(1)生产性工程和辅助公用设施已按设计要求建成，能满足生产使用。

(2)主要工艺设备配套，设施经试运行合格，形成生产能力，能生产出设计文件规定的产品。

(3)必要的设施已按设计要求建成。

(4)生产准备工作能适应投产的需要。

(5)其他环保设施、劳动安全卫生、消防系统已按设计要求配套建成。

六、竣工日期

工程经竣工验收合格的，以承包人提交竣工验收申请报告之日为实际竣工日期，并在工程接收证书中载明；因发包人原因，未在监理人收到承包人提交的竣工验收申请报告42天内完成竣工验收，或完成竣工验收不予签发工程接收证书的，以提交竣工验收申请报告的日期为实际竣工日期；工程未经竣工验收，发包人擅自使用的，以转移占有工程之日为实际竣工日期。

七、全部或部分工程的拒绝、接收和移交

(1)对于竣工验收不合格的工程，承包人完成整改后，应当重新进行竣工验收，经重新组织验收仍不合格的且无法采取措施补救的，则发包人可以拒绝接收不合格工程，因不合格工程导致其他工程不能正常使用的，承包人应采取措施确保相关工程的正常使用，由此增加的费用和(或)延误的工期由承包人承担。

(2)移交、接收全部与部分工程。除合同专用条款另有约定外，合同当事人应当在颁发工程接收证书后7天内完成工程的移交。

发包人无正当理由不接收工程的，发包人自应当接收工程之日起，承担工程照管及成品保护、保管等与工程有关的各项费用，合同当事人可以在合同专用条款中另行约定发包人逾期接收工程的违约责任。

承包人无正当理由不移交工程的，承包人应承担工程照管及成品保护、保管等与工程有关的各项费用。合同当事人可以在合同专用条款中另行约定承包人无正当理由不移交工程的违约责任。

第四节 项目竣工结算和决算

一、项目竣工结算

项目结算是指项目在实施过程中，施工项目经理部与建设单位进行的工程进度款结算与竣工验收后的最终结算。结算的主体是施工方，结算的目的是施工单位向建设单位索要工程款，实现商品"销售"。根据项目特点的不同，结算可采取的方式主要如下：

(1)按月结算。这是一种常见的结算方式，一般实行旬末或月中预支，月终结算，竣工后结算。

(2)竣工后一次结算。

(3)分段结算。

(4)目标结算方式。项目结算对于施工单位及时取得流动资金，加速资金周转、保证施工正常进行、缩短工期、使施工单位取得应得利益等，都具有非常重要的意义。

竣工验收合格，并签署《工程竣工验收报告》后，承包人应编制项目竣工结算，承、发包双方应按国家有关规定进行工程价款的最终结算。编制项目竣工结算的目的，一是为承包人确定工程的最终收入、考核工程成本和进行核算提供依据；二是为发包人编制项目竣工决算提供基础资料。

承包人应在规定(28天)或约定时间内递交工程结算报告及完整的结算资料。发包人接到竣工结算报告后，应在规定(28天)或约定时间内审查或委托工程造价咨询单位审核，给予确认或提出修改意见。对修改意见双方可协商达成共识，若出现争议可按约定的解决方式处理。发包人确认竣工结算报告后向承包人支付工程结算价款，承包人收到结算价款后14天内将竣工工程交付发包人，及时转移撤出施工现场，解除施工现场全部管理责任。

编制项目竣工结算的方法，是在原工程投标报价和合同价的基础上，根据所收集、整理的各种结算资料，如设计变更、技术核定、现场签证、工程量核定单等，进行相关费用的增减调整计算，按取费标准的规定计算各项费用，最后汇总为工程结算造价。

竣工结算的依据如下：

(1)施工中发生的设计变更，由原设计单位提供变更的施工图和设计变更通知单。

(2)因施工条件、施工工艺、材料规格、品种数量不能完全满足设计要求，以及合理化建议等原因，发生的施工变更和已执行的技术核定单。

二、项目竣工决算

项目竣工决算(书)是建筑工程项目竣工后，由建设单位向有关主管部门或财务部门报审的项目建设成果和财务情况的总结性文件。按国家竣工验收制度的规定，凡依法立项的新建、改建、扩建的大中小型建筑工程项目，都要编制项目竣工决算。它以实物量和货币为单位，综合反映实际投入，核定交付使用财产和固定资产价值，考核项目投资效果。

1. 项目竣工决算的内容

竣工决算是指项目从筹建开始到建成后交付使用为止的全部工程建设费用的确定。一般应包括竣工财务决算说明书、竣工财务决算报表、造价分析资料表等。

(1)竣工财务决算说明书。竣工财务决算说明书是综合归纳项目竣工情况的报告性文件，其主要反映项目建设成果，各项技术经济指标完成情况，也是全面考核评价工程建设投资和工程造价控制的文字总结说明。决算说明应注重综合性、准确性、系统性的统一，报告和文体要层次清晰、条理分明，其主要内容如下：

1)建设项目概况，主要是对建设工期、工程质量、投资效果、设计以及施工等各方面的情况进行概括分析和说明。

2)对建设项目投资来源、占用(运用)、会计财务处理、财产物资情况，以及项目债权债务等做分析说明。

3)建设项目资金节超、竣工项目资金结余、上交分配等说明。

4)建设项目各项主要技术经济指标的完成比较、分析评价等。

5)建设项目管理及竣工决算中存在的问题和处理意见。

6)建设项目竣工决算中需要说明的其他事项。

(2)项目竣工财务决算报表。为正确反映建设项目的规模，适应分级管理的需要，建设项目划分为大型、中型、小型三类。根据规定，项目竣工财务决算报表分为两种情况编制。

1)大、中型建设项目竣工财务决算报表内容：建设项目竣工财务决算审批表；大、中型建设项目竣工工程概况表；大、中型建设项目竣工财务决算表；大、中型建设项目交付使用资产总表；建设项目交付使用资产明细表。

2)小型建设项目竣工财务决算报表内容：建设项目竣工决算审批表；小型建设项目竣工财务决算总表；建设项目交付使用资产明细表。

(3)工程造价比较分析资料。编制项目竣工决算，还应对工程造价控制中所采取的措施和效果进行比较分析，用以确定竣工项目工程总造价的情况，总结建设项目节约工程造价，提高投资效益的经验，或找出超支的原因，提出改进意见。

工程造价比较分析资料的主要内容应涵盖主要实物工程量、主要材料消耗量和工程造价构成的主要费用等。特别要注意竣工图的编制，它反映了项目竣工的全部内容，是竣工决算的真实记录和长期存档的技术资料。

2. 项目竣工决算编制程序

竣工结算由施工单位编制，建设单位审查，最终由双方确认。而竣工决算是由建设单位编制，报上级有关部门审查批准，其工作流程如下：

(1)保证竣工决算依据的完整性。竣工决算的编制依据是各种研究报告、投资估算、设计文件、设计概算、批复文件、变更记录、招标控制价(标底)、投标报价、工程合同、工程结算、调价文件、基建计划、竣工档案等各种工程文件资料。

在项目竣工决算编制前，应认真收集、整理各种有关决算的依据，做好各项基础工作，保证竣工决算编制的完整性。

(2)清理项目账务债务的准确性。项目账务债务的清理核对是保证竣工决算编制工作准确有效的重要环节。要认真核实项目交付使用资产的成本，做好各种账务、债务和结余物资的清理工作，做到及时清偿、及时回收。清理的具体工作要做到逐项清点、核实项目、整理汇总、妥善管理。

在清理项目债权债务和核对账目的基础上，正确编制项目竣工财务决算，汇总建设期财务决算资料，以保证竣工决算编制的准确性。

(3)填写项目决算报表的符合性。竣工决算报表的编制内容是项目建设成果的综合反映。竣工财务决算报表中的内容应依据编制资料进行计算和统计，并符合有关规定。

决算报表内容应根据项目的大、中、小的不同情况和不同要求分别对号入座，完成报表的填写。

(4)编写竣工决算说明的概括性。决算说明具有建设项目竣工决算系统性的特点，综合反映项目从筹建开始到交付使用为止的全过程的建设情况，包括项目建设成果和主要技术经济指标的完成情况。

编写内容较为全面、概括性较强的项目竣工财务决算说明书，是全面、正确、考核、评价建设项目投资效果的重要文件，应按项目竣工决算编写说明的要求，根据编制报表中的结果，编写成文字总结说明材料。

(5)报送上级审查批准的及时性。项目竣工决算编制完毕，应将编写的说明和填写的各种报表，经过反复认真校稿核对，无误后装帧成册，形成完整的项目竣工决算文件报告，及时上报审批。

项目竣工决算应在项目竣工移交使用后的一个月内编制好，按规定程序报送审批。"建设项目竣工财务决算审批表"的审批程序是先由建设项目开户银行签署意见并盖章，再由建设项目所在地财政监督专员办事机构签署意见并盖章，最后由主管部门或地方财政部门签署审批意见。

第五节　项目回访与保修

一、项目回访

项目回访是落实保修制度和保修方责任的重要措施。因此，回访应以对竣工项目质量的反馈及特殊工程采用的新技术、新材料、新工艺等应用情况为重点，并根据需要及时采取改进措施。

承包人的归口管理部门(生产、技术、质量、水电等)负责组织回访的业务工作，回访可采用电话询问、登门拜访、会议座谈等多种形式。

工程回访主要有以下几种方式：

(1)例行性回访：对已交付竣工验收并在保修期限内的工程，一般半年或一年定期组织一次回访，广泛收集用户对工程质量的反映。

(2)季节性回访：主要是针对具有季节性特点、容易造成负面影响、经常发生质量问题的工程部位进行回访，如夏季回访屋面及墙面工程的防水和渗水情况、空调系统情况，冬季回访采暖系统情况。

（3）技术性回访：主要了解施工过程中采用的新材料、新技术、新工艺的技术性能，从用户那里获取使用后的第一手资料，掌握设备安装竣工使用后的技术状态，运行中有无安装质量缺陷，若发现问题需及时处理。

（4）专题性回访：对某些特殊工程、重点工程、有影响的工程应组织专访，专访工作可往前延伸，包括竣工前对发包人的访问和交工后对使用人的访问，听取他们的意见，为其提供跟踪服务。

二、质量保修

《建设工程质量管理条例》规定，承包人在向发包人提交工程竣工报告时，应当向发包人出具质量保修书，保修书中应当明确建设工程的保修范围、保修期限和保修责任等。

各种类型的建设工程以及工程的各个部位都应实行保修，由于承包人未按照国家标准、规范和设计要求施工造成的质量缺陷，应由承包人负责修理并承担经济责任。

在保修期内，发现项目出现非使用原因的质量缺陷，使用人（用户）可以口头通知或直接到承包人接待处领取"工程质量修理通知书"表格并如实填写质量问题及部位、联系维修方式，表格一式两份，一份交接待处据此安排保修工作，另一份由使用人（用户）自留备查。

三、项目回访保修

建设工程的回访保修是指工程在竣工验收交付使用后，在一定的期限内由承包人主动对发包人和使用人进行工程回访。对工程发生的由于施工原因造成的使用功能不良或无法使用的质量问题，由承包人负责修理，直到达到正常使用的标准。回访用户是一种"售后服务"方式，体现了"顾客至上"的服务宗旨。

实行工程质量保修是促进承包人加强工程施工质量管理，保护用户及消费者合法权益的必然要求，承包人应在工程竣工验收之前，与发包人签订质量保修书，对交付发包人使用的工程在质量保修期内承担质量保修责任。

第六节　项目管理考核评价

一、项目管理考核评价

项目管理考核评价是项目管理活动中很重要的一个环节，它是对项目管理行为、项目管理效果以及项目管理目标实现程度的检验和评定。大型项目应在实施过程中间进行考核评价。

通过考核评价工作使项目管理人员能够正确地认识自己的工作水平和业绩，并且能够进一步地总结经验，找出差距，吸取教训，从而提高企业的项目管理水平和管理人员的素质。通过考核评价，可以使项目经理和项目经理部的经营效果和经营责任制得到公平、公正的评判和总结。考核与评价不是目的而是手段，根据评价来兑现"项目管理目标责任书"的奖罚承诺，给予项目管理者以及相关成员和组织以激励。

总之，考核评价是为了不断深化和规范项目管理行为，鉴定项目管理水平，确认项目管理成果。

二、项目管理考核评价的内容

1. 建筑项目管理考核评价

建筑项目管理的目标包括项目的投资目标、进度目标和质量目标等。其中，投资目标是指项目的总投资目标；进度目标是指项目交付使用的时间目标或工期目标；质量目标涉及勘察、设计、施工、材料、设备、环境的质量目标。

2. 设计项目管理考核评价

设计项目管理的目标主要在设计阶段，考核评价的内容应包括：设计成本、进度、质量和对工程造价的控制，设计合同、信息管理，以及与设计工作有关的沟通管理等。

3. 施工项目管理考核评价

施工项目管理的目标主要在施工承包阶段，考核评价的内容应包括：施工成本、进度、质量和安全的控制，施工合同、采购、资源、信息、环境、风险、收尾管理，以及与施工交叉有关的组织协调等沟通管理。

4. 总承包项目管理考核评价

总承包项目管理的目标涉及项目实施全过程，考核评价的内容应包括：勘察、设计、施工、采购、试车、交工验收的全部实施阶段，考核评价的内容涵盖了与总承包项目管理有关的投资、成本、进度、质量、安全控制，以及合同、信息、环境、采购、风险、沟通、收尾管理等。

5. 其他项目管理考核评价

供货方、专业方、监理方、咨询方的项目管理考核评价，应根据其各自的管理特点和项目实施的内在规律，灵活地进行具有自身特性的项目考核评价工作和管理。

<hr>

本章小结

项目收尾管理是指对项目的收尾、试运行、竣工验收、竣工结算、竣工决算、考核评价、保修回访等进行计划、组织、协调、控制等活动。建筑工程项目收尾管理是建筑工程项目管理的任务之一，其内容繁多且杂乱，控制不好，极易影响工期。本项目主要介绍了建筑工程项目收尾管理的程序、流程和相关内容。

<hr>

思考与练习

一、单项选择题

1. 竣工移交准备属于项目收尾管理中的（ ）。

    A. 项目竣工收尾
    B. 项目竣工验收
    C. 项目回访保修
    D. 项目考核评价

2. 关于竣工图的说法，下列正确的是(　　　)。
    A. 施工图没有更改、变动的，可由承包人将原施工图作为竣工图使用
    B. 在施工中一般性设计变更，需重新绘制才能作为竣工图
    C. 有结构形式改变、工艺改变的，可以在原施工图上修改、补充，由承包人在新图上加盖"竣工图"章标志
    D. 重大的改建、扩建工程涉及原有工程项目变更时，应将相关项目的竣工图资料统一整理归档，并在原案卷内增补必要的说明

3. 项目竣工结算的方式不包括(　　　)。
    A. 按月结算   B. 按季结算
    C. 竣工后一次结算   D. 分段结算

4. 承包人应在(　　　)天内递交工程计算报告及完整的结算资料。
    A. 14   B. 15   C. 20   D. 28

5. 承包人收到结算价款后的(　　　)天内将竣工工程交付发包人，并及时撤出施工现场，解除施工现场全部管理责任。
    A. 7   B. 14   C. 21   D. 28

6. 项目交付使用的时间目标或工期目标属于(　　　)的考核评价。
    A. 建设项目管理   B. 设计项目管理
    C. 施工项目管理   D. 总承包项目管理

二、简答题

1. 项目收尾管理的内容有哪些？
2. 项目竣工收尾的总目标要求有哪些？
3. 项目竣工收尾的分目标要求有哪些？
4. 简述项目竣工验收的条件和依据。
5. 简述竣工验收的程序。
6. 项目竣工结算的方式有哪些？
7. 项目回访的方式有哪些？
8. 项目管理考核评价的内容有哪些？
9. 试述项目收尾管理的基本要求。
10. 试述项目竣工资料的内容。
11. 试述竣工图的编制情况。
12. 试述竣工验收的内容。

参考文献

［1］蒲建明．建筑工程施工项目管理总论［M］．北京：机械工业出版社，2008．

［2］陆彦．工程管理信息系统［M］．2 版．北京：中国建筑工业出版社，2016．

［3］项建国．建筑工程项目管理［M］．3 版．北京：中国建筑工业出版社，2015．

［4］毛桂平，姜远文．建筑工程项目管理［M］．北京：清华大学出版社，2007．

［5］桑培东，亓霞．建筑工程项目管理［M］．北京：中国电力出版社，2007．

［6］丛培经．工程项目管理［M］．4 版．北京：中国建筑工业出版社，2012．

［7］马纯杰．建筑工程项目管理［M］．杭州：浙江大学出版社，2007．